東京大学工学教程

基礎系 数学
偏微分方程式

東京大学工学教程編纂委員会 編　　佐野 理 著

Partial Differential
Equation
SCHOOL OF ENGINEERING
THE UNIVERSITY OF TOKYO

丸善出版

東京大学工学教程

編纂にあたって

　東京大学工学部，および東京大学大学院工学系研究科において教育する工学はいかにあるべきか．1886 年に開学した本学工学部・工学系研究科が 125 年を経て，改めて自問し自答すべき問いである．西洋文明の導入に端を発し，諸外国の先端技術追奪の一世紀を経て，世界の工学研究教育機関の頂点の一つに立った今，伝統を踏まえて，あらためて確固たる基礎を築くことこそ，創造を支える教育の使命であろう．国内のみならず世界から集う最優秀な学生に対して教授すべき工学，すなわち，学生が本学で学ぶべき工学を開示することは，本学工学部・工学系研究科の責務であるとともに，社会と時代の要請でもある．追奪から頂点への歴史的な転機を迎え，本学工学部・工学系研究科が執る教育を聖域として閉ざすことなく，工学の知の殿堂として世界に問う教程がこの「東京大学工学教程」である．したがって照準は本学工学部・工学系研究科の学生に定めている．本工学教程は，本学の学生が学ぶべき知を示すとともに，本学の教員が学生に教授すべき知を示す教程である．

2012 年 2 月

2010–2011 年度
東京大学工学部長・大学院工学系研究科長　北　森　武　彦

東京大学工学教程
刊行の趣旨

　現代の工学は，基礎基盤工学の学問領域と，特定のシステムや対象を取り扱う総合工学という学問領域から構成される．学際領域や複合領域は，学問の領域が伝統的な一つの基礎基盤ディシプリンに収まらずに複数の学問領域が融合したり，複合してできる新たな学問領域であり，一度確立した学際領域や複合領域は自立して総合工学として発展していく場合もある．さらに，学際化や複合化はいまや基礎基盤工学の中でも先端研究においてますます進んでいる．

　このような状況は，工学におけるさまざまな課題も生み出している．総合工学における研究対象は次第に大きくなり，経済，医学や社会とも連携して巨大複雑系社会システムまで発展し，その結果，内包する学問領域が大きくなり研究分野として自己完結する傾向から，基礎基盤工学との連携が疎かになる傾向がある．基礎基盤工学においては，限られた時間の中で，伝統的なディシプリンに立脚した確固たる工学教育と，急速に学際化と複合化を続ける先端工学研究をいかにしてつないでいくかという課題は，世界のトップ工学校に共通した教育課題といえる．また，研究最前線における現代的な研究方法論を学ばせる教育も，確固とした工学知の前提がなければ成立しない．工学の高等教育における二面性ともいえ，いずれを欠いても工学の高等教育は成立しない．

　一方，大学の国際化は当たり前のように進んでいる．東京大学においても工学の分野では大学院学生の四分の一は留学生であり，今後は学部学生の留学生比率もますます高まるであろうし，若年層人口が減少する中，わが国が確保すべき高度科学技術人材を海外に求めることもいよいよ本格化するであろう．工学の教育現場における国際化が急速に進むことは明らかである．そのような中，本学が教授すべき工学知を確固たる教程として示すことは国内に限らず，広く世界にも向けられるべきである．2020年までに本学における工学の大学院教育の7割，学部教育の3割ないし5割を英語化する教育計画はその具体策の一つであり，工学の

教育研究における国際標準語としての英語による出版はきわめて重要である．

　現代の工学を取り巻く状況を踏まえ，東京大学工学部・工学系研究科は，工学の基礎基盤を整え，科学技術先進国のトップの工学部・工学系研究科として学生が学び，かつ教員が教授するための指標を確固たるものとすることを目的として，時代に左右されない工学基礎知識を体系的に本工学教程としてとりまとめた．本工学教程は，東京大学工学部・工学系研究科のディシプリンの提示と教授指針の明示化であり，基礎（2年生後半から3年生を対象），専門基礎（4年生から大学院修士課程を対象），専門（大学院修士課程を対象）から構成される．したがって，工学教程は，博士課程教育の基盤形成に必要な工学知の徹底教育の指針でもある．工学教程の効用として次のことを期待している．

- 工学教程の全巻構成を示すことによって，各自の分野で身につけておくべき学問が何であり，次にどのような内容を学ぶことになるのか，基礎科目と自身の分野との間で学んでおくべき内容は何かなど，学ぶべき全体像を見通せるようになる．
- 東京大学工学部・工学系研究科のスタンダードとして何を教えるか，学生は何を知っておくべきかを示し，教育の根幹を作り上げる．
- 専門が進んでいくと改めて，新しい基礎科目の勉強が必要になることがある．そのときに立ち戻ることができる教科書になる．
- 基礎科目においても，工学部的な視点による解説を盛り込むことにより，常に工学への展開を意識した基礎科目の学習が可能となる．

　　　　　　　　　東京大学工学教程編纂委員会　　委員長　光 石　　衛
　　　　　　　　　　　　　　　　　　　　　　　　幹　事　吉 村　　忍

基礎系 数学
刊行にあたって

　数学関連の工学教程は全17巻からなり，その相互関連は次ページの図に示すとおりである．この図における「基礎」，「専門基礎」，「専門」の分類は，数学に近い分野を専攻する学生を対象とした目安であり，矢印は各分野の相互関係および学習の順序のガイドラインを示している．その他の工学諸分野を専攻する学生は，そのガイドラインに従って，適宜選択し，学習を進めて欲しい．「基礎」は，ほぼ教養学部から3年程度の内容ですべての学生が学ぶべき基礎的事項であり，「専門基礎」は，4年生から大学院で学科・専攻ごとの専門科目を理解するために必要とされる内容である．「専門」は，さらに進んだ大学院レベルの高度な内容で，「基礎」，「専門基礎」の内容を俯瞰的・統一的に理解することを目指している．

　数学は，論理の学問でありその力を訓練する場でもある．工学者はすべてこの「論理的に考える」ことを学ぶ必要がある．また，多くの分野に分かれてはいるが，相互に密接に関連しており，その全体としての統一性を意識して欲しい．

＊　　＊　　＊

　多変数関数の満たす微分方程式—偏微分方程式—は工学に必須のものだが，同時に美しい数学的構造をもっている．フーリエ解析，複素関数論，特殊関数論，など多くの数学分野が合流するところは，それらの有用性を存分に味わうことができる格好の舞台である．また，物理学の法則のほとんどは偏微分方程式で表され，解析力学，量子力学，場の理論などはすべて偏微分方程式を基本とし，その解は物理現象を的確に記述している．本書は，偏微分方程式がどのようにして導出されるか，いかなる方法で解くか，どのような応用があるか，について述べたものである．常微分方程式，フーリエ・ラプラス変換，複素関数論の初歩的知識を仮定しているが，必要な特殊関数の性質については付録に収めた．

東京大学工学教程編纂委員会
数学編集委員会

viii 基礎系 数学 刊行にあたって

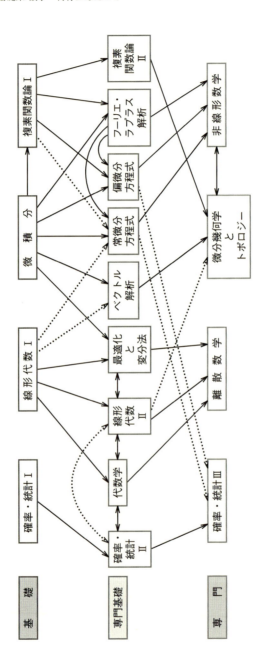

工学教程(数学分野)の相互関連図

目　　次

はじめに 1

1　1階偏微分方程式 3
1.1　線形偏微分方程式 3
1.2　1階偏微分方程式と特性帯 8
1.2.1　積　分　曲　面 8
1.2.2　特性曲線と特性帯 9
1.2.3　準線形1階の偏微分方程式の解法 18
1.3　1階偏微分方程式の初期値問題 20
1.4　完　全　積　分 22
1.4.1　完全解，一般解，特異解 22
1.4.2　完全解が容易に求められる1階の偏微分方程式 27
1.4.3　積分可能条件 28
1.4.4　Lagrange–Charpit の方法 30
1.5　Hamilton–Jacobi の理論 35
1.5.1　極値問題と Euler–Lagrange 方程式 35
1.5.2　Lagrange の方程式と正準方程式 40
1.5.3　正　準　変　換 41
1.5.4　Hamilton–Jacobi の方程式 43
1.6　正準方程式の積分 44

2　2階線形偏微分方程式 49
2.1　2階線形偏微分方程式の例 49
2.1.1　波　動　方　程　式 49
2.1.2　拡　散　方　程　式 50
2.1.3　Laplace–Poisson 方程式 51

目次

- 2.2 2階偏微分方程式の分類と一般論 52
  - 2.2.1 分類 (双曲型, 楕円型, 放物型) 52
  - 2.2.2 積分曲面と初期値問題 56
- 2.3 変数分離と固有値問題 61
  - 2.3.1 直交曲線座標系と変数分離 62
  - 2.3.2 Sturm–Liouville 型方程式の固有値と固有関数 ... 76
  - 2.3.3 固有関数展開 80
  - 2.3.4 Fourier–Bessel 展開 87
- 2.4 Green 関数と境界値問題 89
  - 2.4.1 デルタ関数 89
  - 2.4.2 随伴偏微分方程式と Green の公式 90
  - 2.4.3 Green 関数 93
  - 2.4.4 Laplace 方程式の主要解 94
  - 2.4.5 随伴 Green 関数と相反性 101
  - 2.4.6 波動方程式の主要解 102
  - 2.4.7 拡散方程式の主要解 106
- 2.5 直交座標系における初期値, 境界値問題の解法 109
  - 2.5.1 Laplace 方程式 109
  - 2.5.2 波動方程式 114
  - 2.5.3 拡散方程式 118
- 2.6 中心対称な問題 122
  - 2.6.1 円, 球に対する Dirichlet 問題 122
  - 2.6.2 円形膜の振動 129
  - 2.6.3 円形領域内の拡散問題 131
  - 2.6.4 波の放射と散乱 132

3 積分変換を利用した解法 **137**
- 3.1 積分変換の基本と可能性条件 137
- 3.2 有限積分変換 141
  - 3.2.1 一般論 141
  - 3.2.2 応用例 142
- 3.3 無限積分変換 145

- 3.3.1 一般論 145
- 3.3.2 Fourier 変換とその応用 148
- 3.3.3 Laplace 変換とその応用 162
- 3.3.4 Mellin 変換とその応用 172
- 3.3.5 Hankel 変換とその応用 183
- 3.3.6 積分変換の積分方程式への応用 190

付録 A **197**
- A.1 ガンマ関数とベータ関数 197
  - A.1.1 ガンマ関数 197
  - A.1.2 ベータ関数 198
- A.2 Bessel 関数 198
  - A.2.1 Bessel 関数，Neumann 関数 198
  - A.2.2 Hankel 関数 203
  - A.2.3 球 Bessel 関数 204
  - A.2.4 変形された Bessel 関数 204
- A.3 Legendre 関数 206
  - A.3.1 Legendre 関数 206
  - A.3.2 Legendre 陪関数 209
  - A.3.3 球面調和関数 209

参考文献 **211**

おわりに **213**

索引 **215**

はじめに

　偏微分方程式は，いくつかの変数に依存した現象の時間的あるいは空間的な変化を記述するときにほぼ例外なしに現れる．このため，基礎的な数学としての重要性をもつだけでなく，理工学の広い分野，あるいは農学，医学，経済学など社会や産業のあらゆる分野に登場するといっても過言ではない．このように，偏微分方程式は多くの現象に関わり，またその種類も多岐にわたるため，これを一般に論じることは容易ではない．しかし，個別詳細な事情を捨象し，本質的な部分を抽出して理想化すれば，いくつかの基本的な考え方にまとめられる．すなわち，対象とする方程式に現れる変数の数，微分の階数，とくに2階の偏微分方程式ではその型 (楕円型，双曲型，放物型)，対象とする領域の時間的・空間的な大きさ (有限か，半無限か，無限か) やその領域の形，などに対応していくつかの特徴的な解法が知られている．本書では，そうしたもののうち，とくに変数分離や固有関数展開とよばれる解法，Green 関数を用いた解法，および積分変換を用いた解法を中心に解説する．

　第 1 章では，導入部として 1 階の偏微分方程式を取り上げた．変数の数が少ない場合において方程式と幾何学的なイメージをつなげ，直感的な理解を深めた上で，多変数に一般化するというように，もっとも単純で具体的な例からステップアップしていくよう配置した．

　第 2 章では，理工学分野でとくに重要な 3 つのタイプの 2 階の偏微分方程式について，その物理的背景や導出方法を説明し，解法のいくつかを紹介した．その第一は，変数分離や固有関数展開とよばれる解法である．この方法が有効であるか否かは，対象とする領域の形，したがって，それを表現する座標系に大きく依存する．変数を分離することができれば，より簡単な常微分方程式の組を解く問題に帰着できる．どのような座標系でこれが可能かについて述べ，具体的に境界条件を満たす関数系で展開して解を求める方法を示した．第二は Green 関数を用いた解法である．これは特異点における不連続な条件を反映した基本解や境界での条件を満たす解を重ね合わせて，最終的にはすべての条件を満たす解を構成す

る方法である．Green 関数は「外力に対する応答」あるいは「入力に対する出力」を記述するうえでも理工学では重要な役割を担っている．

第3章では，もう一つの代表的な解法である積分変換について述べた．特定の変数について積分を実行することにより，この変数をそれと対になるパラメタで置き換え，微分方程式を解く過程での独立変数を減らす方法であるが，これにより常微分方程式は代数方程式に，また，2変数の偏微分方程式は常微分方程式に，といった具合に変換後の方程式が簡単化され，解は比較的簡単に求められる．あとは逆変換を施せばよい．

前述のような解法を説明するにあたり，本書では数学的な厳密性にはあまりこだわらずに，具体的に問題を解く力をつけることを重視した．また，課題解決への応用能力を培う意味で，縦方向の論理性と横方向への連携性・発展性にはこだわった．こうしたバランスをとるために，説明の一部は脚注や付録に回し，それらの参照を読者の裁量にまかせることとして，全体の流れを途切れさせないようにしたところもある．もちろん，論理的であることは一通りの考え方しか認めないということではない．別のルートであっても，論理の連鎖を踏まえれば最終的には同じ結論に到達できるはずであり，本書では1つの代表的な考え方を例示したに過ぎない．本書に登場するいくつかの例題には，そうした別解を示したものもある．また，本質を踏まえたうえで可能な限り問題を単純化し，それについてまず直感的なイメージを作ったのちにそれを一般化・高次元化するという方向性や，発見的に展開し順に複雑化していく，という方向性を意識して執筆した．例題には，数学との乖離を最小限にするために，可能な限り実際に理工学の問題に現れるものを題材とするよう心がけた．

本書は工学教程の専門基礎に位置づけられているので，基礎数学のうち，「微積分」や「複素関数論I」は前提としている．また，専門基礎の「常微分方程式」や「ベクトル解析」「フーリエ・ラプラス解析」などの知識が必須ないしは相補的な関係にあるので，本書での記述を簡略化し，必要最小限と思われるものを最終章の付録で補った．もとより，本書だけで工学基礎の知識体系が完結しているわけではないので，不足部分は必要に応じて参照して欲しい．現代の専門分化・深化した学問体系の中で育まれた多くの科学者・技術者が，直面する未知の課題を解決し新たな知を創造していくためには，基礎的・体系的な知識の積み重ねに基づく論理的思考と，関連した課題どうしを横断的に結ぶ知のネットワークの構築が望まれる．本書がその一翼を担うことができれば幸いである．

1 1階偏微分方程式

偏微分方程式とは，独立変数 $x, y, \cdots$ の関数 $u(x, y, \cdots)$ に対する関係式

$$f(x, y, \cdots, u, u_x, u_y, \cdots, u_{xx}, u_{xy}, \cdots) = 0 \tag{1.1}$$

をいう．ここで，従属変数 u は求めようとする未知関数であり，u の添字はその変数に関する u の偏導関数，たとえば

$$u_x = \frac{\partial u}{\partial x}, \quad u_y = \frac{\partial u}{\partial y}, \quad u_{xx} = \frac{\partial^2 u}{\partial x^2}, \quad u_{xy} = \frac{\partial^2 u}{\partial x \partial y}$$

などを表す．この章では，まず1階偏微分方程式について扱う．もっとも簡単な2変数関数の場合において偏微分方程式の基本的な事柄を学び，その幾何学的な意味についても言及する．次に，その考え方を拡張して多変数の偏微分方程式への一般化を試みる．

1.1 線形偏微分方程式

半径 a の円を表す方程式は，それを含む平面内での直角座標系 (x, y) を用いて

$$x^2 + y^2 = a^2 \tag{1.2}$$

で与えられる．しかし，一般に「円」を表す方程式となると，式の中には特定の半径を指定する定数 a が含まれないようにする必要がある．それには，方程式 (1.2) から定数 a を消去し，x, y あるいはその導関数の間の関係式を与えておけばよい．さて，式 (1.2) では x と y は対等であるが，ここで，一方の変数 x を独立変数に選ぶことにしよう．このとき，他方の変数 y は従属変数となり，式 (1.2) を x で微分して

$$\frac{dy}{dx} = -\frac{x}{y} \tag{1.3}$$

を得る．この計算では，式 (1.2) をそのまま x で微分し，

$$2x + 2y \frac{dy}{dx} = 0$$

としてから式 (1.3) を導いてもよいし，式 (1.2) を $y = \pm\sqrt{a^2 - x^2}$ と変形してから x で微分して

$$\frac{dy}{dx} = \pm\frac{-2x}{2\sqrt{a^2 - x^2}}$$

を求め，その後に式 (1.2) を代入して a を消去してもよい．いずれにしても，式 (1.3) は，一般に円を表す方程式—(常) 微分方程式—になっている．

上の例は，2次元の平面内の曲線であったが，もう1つ次元の高い3次元ではどうだろうか？ 空間内の座標を表すために，今度は直角座標系 (x, y, z) を用い，"xy 面内の断面は円であるが，高さ z ごとにその半径が変わる" 回転面を考えてみよう．

例 1.1 空間内での回転楕円体は

$$\frac{x^2 + y^2}{a^2} + \frac{z^2}{c^2} = 1 \tag{1.4}$$

で表される．ここで，a は xy 面内での円の半径，c は z 軸方向の半径である．この場合にも，任意の回転楕円体を表現するために，a, c を消去してみよう．まず，x, y を独立変数，z を従属変数として，式 (1.4) を x, y のそれぞれで偏微分して

$$\frac{x}{a^2} + \frac{z}{c^2}p = 0, \qquad \frac{y}{a^2} + \frac{z}{c^2}q = 0 \tag{1.5}$$

を得る．ただし，表記を簡単にするために

$$p \equiv \frac{\partial z}{\partial x}, \qquad q \equiv \frac{\partial z}{\partial y} \tag{1.6}$$

とおいた．次に，式 (1.5) から a, c を消去すると

$$yp - xq = 0 \tag{1.7}$$

を得る．これが回転楕円体面の満たす方程式である． ◁

- 従属変数を偏微分する回数を**階数**とよび，方程式に含まれる項のなかでもっとも高い階数が n のとき，その偏微分方程式を n 階の偏微分方程式とよぶ．式 (1.7) は，従属変数 z に対する1階の偏導関数 $\partial z/\partial x$, $\partial z/\partial y$ を含むので1階の偏微分方程式であった．一般に，2つの独立変数 x, y の関数 $u(x, y)$ に対する1階の偏微分方程式は

$$f(x, y, u, p, q) = 0, \quad \text{ただし，} \quad p = \frac{\partial u}{\partial x}, \quad q = \frac{\partial u}{\partial y} \tag{1.8}$$

と表すことができる．式 (1.8) のうち，従属変数 u およびそのすべての偏導関数について 1 次式であるときに，方程式は**線形**であるという．さらに詳しい分類についてはのちに述べる．

例 1.2 2 つの独立変数 x, y の関数 $u(x, y)$ に対する偏微分方程式

$$\frac{\partial u}{\partial x} = 0 \quad \text{や} \quad y\frac{\partial u}{\partial x} + x^2 = 0$$

あるいは，式 (1.7) などは，いずれも 1 階線形の偏微分方程式である．また，

$$\frac{\partial^2 u}{\partial x^2} = 0 \quad \text{や} \quad \frac{\partial^2 u}{\partial x \partial y} = 0 \quad \text{や} \quad \frac{\partial^2 u}{\partial x^2} + \frac{\partial^2 u}{\partial y^2} + \frac{\partial u}{\partial x} = 0$$

などは，いずれも 2 階線形の偏微分方程式である． ◁

例 1.3 一般に，xy 面に平行な面内では半径が $r = \sqrt{x^2 + y^2}$ の円であり，この半径が高さによって変わるときにつくられる回転面は $r = F_0(z)$，あるいは

$$z = F(r) \equiv F_0^{-1}(r), \qquad r = \sqrt{x^2 + y^2}, \tag{1.9}$$

のように表される．ただし，F_0 や F は 1 階まで微分可能な任意の関数とする．任意関数 F を消去するために，式 (1.9) を x, y で微分すると

$$p \equiv \frac{\partial z}{\partial x} = F'(r)\frac{x}{r}, \qquad q \equiv \frac{\partial z}{\partial y} = F'(r)\frac{y}{r}$$

となるから，これらから

$$yp - xq = 0 \tag{1.10}$$

を得る．これが回転面の満たす偏微分方程式である． ◁

偏微分方程式 (1.7) と (1.10) はまったく同じものである．これらの方程式を解いて任意関数を含む解 (1.9) が得られたときに，

$$y = 0 \text{ で} \quad z^2 = F^2 = c^2\left(1 - \frac{x^2}{a^2}\right) \text{ に一致する}$$

という条件をつければ，解は式 (1.4) の回転楕円面になるし，

$$y = 0 \text{ で} \quad z^2 = F^2 = c^2\left(\frac{x^2}{a^2} - 1\right) \text{ に一致する}$$

という条件をつければ，解は回転双曲面

$$\frac{x^2+y^2}{a^2} - \frac{z^2}{c^2} = 1 \tag{1.11}$$

になる．

● この例からもわかるように，偏微分方程式を解いた (積分した) ときには任意関数が現れる．n 階の偏微分方程式の解で，階数に等しい数の任意関数を含むものを**一般解**，与えられた条件を満たす特定の解を**特解** (あるいは特殊解) とよぶ．このことは，常微分方程式を解いたときに，階数の数と同じ個数の任意定数を含むものを一般解，特定の条件を満たす解を特解とよんでいたものの拡張になっている．さきに掲げた例では，式 (1.9) が一般解，式 (1.4) や式 (1.11) が特解になっている．なお，解の種類についての詳細は 1.4.1 項を参照．

例 1.4 例 1.2 に掲げた，2 つの独立変数 x, y の関数 $u(x, y)$ に対する偏微分方程式のうち，たとえば

1 階の偏微分方程式　$\dfrac{\partial u}{\partial x} = 0$ の一般解は　$u(x, y) = \varphi(y)$

2 階の偏微分方程式　$\dfrac{\partial^2 u}{\partial x \partial y} = 0$ の一般解は　$u(x, y) = \varphi(y) + \psi(x)$

である．ここで，$\varphi(y), \psi(x)$ はそれぞれ y, x の任意の関数である．(それぞれの $u(x, y)$ が，方程式を満たすことは，直接代入して確かめよ．) ◁

回転双曲面 (1.11) で $a/c \equiv k$ を一定に保ったまま $a \to 0$ とすると

$$x^2 + y^2 - \frac{a^2 z^2}{c^2} = a^2 \quad \to \quad x^2 + y^2 - k^2 z^2 = 0, \text{ すなわち } \left(\frac{x}{z}\right)^2 + \left(\frac{y}{z}\right)^2 = k^2$$

となる．これは円錐面を表す．より一般の錐面はどのように表されるのだろうか? 一般に，3 次元空間 x, y, z の中で，原点を通る直線は

$$z = C_1 x, \qquad z = C_2 y \tag{1.12}$$

と表され，定数 C_1, C_2 を変えることによって任意の直線が与えられる．しかし，錐面ではその横断面での形が決まっており，この直線群が横断面の縁をなぞる必要がある．これは，定数 C_1, C_2 の間に何らかの関数関係

$$F(C_1, C_2) = 0$$

を与えることになる．この関係式を $C_1 = z/x$, $C_2 = z/y$ を用いて表したものが，一般の錐面をあらわす関係式

$$F\left(\frac{z}{x}, \frac{z}{y}\right) = 0 \tag{1.13}$$

となる[*1]．

例 1.5 錐面 (1.13) の満たす偏微分方程式を求めてみよう．

まず，表記を簡単にするために $z/x = \xi$, $z/y = \eta$ とおき，$F(\xi, \eta)$ を独立変数 x, y でそれぞれ偏微分すると，

$$\frac{\partial F}{\partial x} = \frac{\partial F}{\partial \xi}\frac{\partial \xi}{\partial x} + \frac{\partial F}{\partial \eta}\frac{\partial \eta}{\partial x} = \frac{\partial F}{\partial \xi}\left(\frac{p}{x} - \frac{z}{x^2}\right) + \frac{\partial F}{\partial \eta}\frac{p}{y} = 0, \quad \left(p \equiv \frac{\partial z}{\partial x}\right)$$

$$\frac{\partial F}{\partial y} = \frac{\partial F}{\partial \xi}\frac{\partial \xi}{\partial y} + \frac{\partial F}{\partial \eta}\frac{\partial \eta}{\partial y} = \frac{\partial F}{\partial \xi}\frac{q}{x} + \frac{\partial F}{\partial \eta}\left(\frac{q}{y} - \frac{z}{y^2}\right) = 0, \quad \left(q \equiv \frac{\partial z}{\partial y}\right)$$

となる．これらから $\partial F/\partial \xi, \partial F/\partial \eta$ を消去すると，

$$z = xp + yq \tag{1.14}$$

を得る．これが錐面の満たす偏微分方程式である． ◁

例 1.6 一般に，f, g が x, y, u の関数のとき，2つの空間曲面

$$f(x, y, u) = C_1, \qquad g(x, y, u) = C_2 \qquad (C_1, C_2 \text{は定数})$$

を同時に満たすものは，xyu 空間内の1つの空間曲線 C_0 を表す．また，定数 C_1, C_2 に何らかの関係 $F(C_1, C_2) = 0$ を与えると，それは曲線 C_0 を通る1つの空間曲面をつくる．この曲面 $F(f, g) = 0$ が満たす偏微分方程式を求めてみよう．ただし，F の f, g についての1階の微分は存在するものとする．

F を消去するために，まず F を x, y で偏微分して

$$\frac{\partial F}{\partial f}\left(\frac{\partial f}{\partial x} + \frac{\partial f}{\partial u}p\right) + \frac{\partial F}{\partial g}\left(\frac{\partial g}{\partial x} + \frac{\partial g}{\partial u}p\right) = 0$$

[*1] もし，F として特別な関係

$$F(C_1, C_2) \equiv \frac{1}{C_1{}^2} + \frac{1}{C_2{}^2} - k^2 = 0$$

を与えれば，式 (1.13) は z 軸のまわりの円錐面に帰着する．他方，F を任意関数としておけば，これは任意の錐面を表す．

$$\frac{\partial F}{\partial f}\left(\frac{\partial f}{\partial y}+\frac{\partial f}{\partial u}q\right)+\frac{\partial F}{\partial g}\left(\frac{\partial g}{\partial y}+\frac{\partial g}{\partial u}q\right)=0$$

を得る．そこで，上式から $\frac{\partial F}{\partial f}, \frac{\partial F}{\partial g}$ を消去すると，

$$p\,\frac{\partial(f,g)}{\partial(y,u)}+q\,\frac{\partial(f,g)}{\partial(u,x)}=\frac{\partial(f,g)}{\partial(x,y)} \tag{1.15}$$

となる．ここで $\partial(f,g)/\partial(x,y)$ はヤコビアンである[*2]．これが F の満たすべき偏微分方程式である． ◁

- 偏微分方程式 (1.15) は，形としては

$$P(x,y,u)\,p+Q(x,y,u)\,q=R(x,y,u) \tag{1.17}$$

のように，従属関数のすべての偏導関数について (ここでは p, q について) 1 次式になっている．このような偏微分方程式を**準線形**とよぶ[*3]．ただし，P, Q, R は x, y, u の既知関数で，P と Q は同時に 0 にはならないと仮定している．これはまた **Lagrange** (ラグランジュ) **の偏微分方程式**ともよばれる．これに対して，方程式が従属関数およびそのすべての偏導関数について (ここでは u, p, q について)1 次式のもの

$$P(x,y)\,p+Q(x,y)\,q=R(x,y)\,u+S(x,y) \tag{1.18}$$

を**線形偏微分方程式**という (ただし，P, Q, R, S は x, y の既知関数で，$P^2+Q^2\neq 0$)．例 1.1 の式 (1.7)，例 1.3 の式 (1.10) や例 1.5 の式 (1.14) は線形であり，例 1.6 の式 (1.15) は準線形であった．

1.2　1 階偏微分方程式と特性帯

1.2.1　積　分　曲　面

変数 u が 1 つの変数 x だけに依存し，その関係が微分方程式で与えられているときに，それを解くには積分が必要である．積分して得られる関数 $u=f(x)$ は

[*2] ヤコビアン $\partial(u,v)/\partial(x,y)$ は次式で定義される．

$$\partial(u,v)/\partial(x,y)=\frac{\partial(u,v)}{\partial(x,y)}\equiv\frac{\partial u}{\partial x}\frac{\partial v}{\partial y}-\frac{\partial u}{\partial y}\frac{\partial v}{\partial x} \tag{1.16}$$

[*3] 高階の偏微分方程式では，従属関数の最高階の偏導関数のすべてについて 1 次式になっていれば準線形とよぶ．

xu 座標面内での曲線を表す．これを解曲線 (あるいは「積分」) とよぶ．2 変数 x, y の関数 $u(x, y)$ についての偏微分方程式でも同様に，方程式 (1.8) を満たす関数 $u = \psi(x, y)$ を「**解**」または「**積分**」とよぶ．u を 3 次元空間 x, y, z の z 座標に対応させると $z = \psi(x, y)$ は空間内での 1 つの曲面を表すので，これを式 (1.8) の**解曲面**あるいは**積分曲面**とよぶ[*4]．以下では，方程式に現れる関数が，考えている領域で 1 回連続微分可能 (すなわち，関数自身が連続で，その 1 階偏導関数も連続である) と仮定する．このとき解曲面は滑らかな曲面になる．1 階の偏微分方程式 (1.8) では，$f(x, y, u, p, q) = 0$ を積分曲面上の点 (x, y, u) とそこでの接平面の勾配 p, q を与える関係式と考え，直感的，幾何学的な解釈が可能である．

1.2.2 特性曲線と特性帯

a. 特 性 曲 線

簡単な例として，まず，2 つの独立変数 x, y の関数 $u(x, y)$ に対する 1 階の線形偏微分方程式

$$ap + bq = 0, \qquad p = \frac{\partial u}{\partial x}, \quad q = \frac{\partial u}{\partial y} \qquad (a, b \text{ は定数}) \tag{1.19}$$

を考えてみよう．ただし，a と b は同時に 0 にはならないと仮定する (これ以降，式 (1.19) の形の方程式を扱うときは，とくにことわらない限りこの仮定のもとで議論する)．1 つの積分曲面「$u(x, y) = C (\text{定数})$」上の点 P では，式 (1.19) を満たし，また，その近傍で

$$du = p\, dx + q\, dy = 0$$

が成り立つので，上式と式 (1.19) を比較して

$$\frac{dx}{a} = \frac{dy}{b} \tag{1.20}$$

を得る[*5]．これを解いて得られる

[*4] 与えられた偏微分方程式が，独立変数 $x_1, x_2, \cdots, x_n$ とその関数 u，および，ある階数までの u の偏導関数の関係式である場合には，$(x_1, x_2, \cdots, x_n, u)$ を座標とする $(n+1)$ 次元空間内で $u = \psi(x_1, x_2, \cdots, x_n)$ と表される曲面が解曲面である．

[*5] これを一般化すると，$a_1, a_2, \cdots, a_n$ を n 個の独立変数 $x_1, x_2, \cdots, x_n$ の関数として，$u(x_1, x_2, \cdots, x_n)$ に対する 1 階線形の偏微分方程式

$$a_1 \frac{\partial u}{\partial x_1} + a_2 \frac{\partial u}{\partial x_2} + \cdots + a_n \frac{\partial u}{\partial x_n} = 0 \tag{1}$$

$$bx - ay = \text{一定} \tag{1.21}$$

という関係は xy 面内の直線を表し，この直線の上ではどこでも $u(x,y)$ の値が等しい．式 (1.20) で定義される曲線 (この例では直線 (1.21)) を微分方程式 (1.19) の**特性曲線**，また，方程式 (1.20) を**特性微分方程式**とよぶ．

z 軸方向に u をとり，前述の状況を (x,y,z) の空間で考えると，「$u(x,y) = C$(定数)」の関係はこの空間内のひとつの解曲面を，また，式 (1.21) は z 方向には無限に延びた平面になっていて，両者の共通部分がひとつの解曲線になっている．他方，特性曲線上では，u の値が等しいので，解曲面上の特性曲線とこれを xy 面に正射影したものはどちらも同じように，式 (1.21) で与えられる[*6]．xy 面内でみると，特性曲線 (1.21) に沿ったベクトル (接線ベクトル) $\boldsymbol{t}_0 \propto (a,b)$ と，解曲面上の点 P における法線ベクトル $\boldsymbol{n} \propto \nabla u$ を xy 面に正射影したもの $\boldsymbol{n}_0 \propto (p,q)$ が直交しているという幾何学的な関係，すなわち，スカラー積 $\boldsymbol{t}_0 \cdot \boldsymbol{n}_0 = 0$ の関係を述べたものが式 (1.19) になっていることがわかる．(一般に，ベクトル量の表記は $\vec{v}$ のように上付き矢印を用いることも多いが，本書では太字斜体 $\boldsymbol{v}$ を用いる．)

確認のために，たとえば，$\boldsymbol{t}_0$ 方向に $\tilde{\eta}$ 座標，$\boldsymbol{n}_0$ 方向に $\tilde{\xi}$ 座標を選んで，独立変数 x, y を新たな変数 $\tilde{\xi}, \tilde{\eta}$

$$\tilde{\xi} = bx - ay, \qquad \tilde{\eta} = ax + by$$

に変換してみよう．この変換では

$$\frac{\partial u}{\partial x} = \frac{\partial u}{\partial \tilde{\xi}}\frac{\partial \tilde{\xi}}{\partial x} + \frac{\partial u}{\partial \tilde{\eta}}\frac{\partial \tilde{\eta}}{\partial x} = b\frac{\partial u}{\partial \tilde{\xi}} + a\frac{\partial u}{\partial \tilde{\eta}}, \qquad \frac{\partial u}{\partial y} = -a\frac{\partial u}{\partial \tilde{\xi}} + b\frac{\partial u}{\partial \tilde{\eta}}$$

であるから，これらを式 (1.19) に代入すると

$$\frac{\partial u}{\partial \tilde{\eta}} = 0, \qquad \therefore \quad u(\tilde{\xi}, \tilde{\eta}) = u(\tilde{\xi}) = u(bx - ay)$$

を解くことと，連立常微分方程式

$$\frac{dx_1}{a_1} = \frac{dx_2}{a_2} = \cdots = \frac{dx_n}{a_n} \tag{2}$$

を解くことが同等であることが示される．式 (2) は式 (1) の特性微分方程式で，式 (2) の $(n-1)$ 個の独立な積分 $f_1, f_2, \cdots, f_{n-1}$ が求まれば，$(n-1)$ 変数の任意関数 ψ を用いて $u = \psi(f_1, f_2, \cdots, f_{n-1})$ としたものが，式 (1) の一般解となる．

[*6] そのため，「特性曲線」というよび方は，解曲線をさすこともあるし，それを独立変数空間に正射影した曲線をさすこともある．後者を特性基礎曲線とよぶこともあるが，本書では，あまり明確には区別せず，必要に応じて後者を「xy 面内の特性曲線」のようによぶことにする．

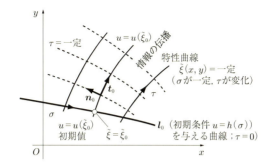

図 1.1 特性曲線のイメージ (σ は曲線 l_0, τ は「$\tilde{\xi} =$ 一定」の曲線に沿った座標).

を得る．これは，u が一方の変数 $\tilde{\xi}$ だけに依存し，他方の変数 $\tilde{\eta}$ にはよらないことを示している．したがって，ある $\tilde{\xi}$ の値 $\tilde{\xi}_0$ に対応した u の値 (初期値) は $bx - ay = \tilde{\xi}_0$ の関係を満たす曲線上のどこでも同じであり，これを xy 面内でみれば初期値がこの曲線上を伝播する[*7]と解釈することができる．他方，この初期値 $\tilde{\xi}_0$ の値を区別するのは $\tilde{\xi}$ とは独立な変数 (「$\tilde{\xi} =$ 一定」の直線と交差する曲線にそった変数) となる．図 1.1 を参照．

このように，**特性曲線**は

- 与えられた条件 (情報) が偏微分方程式に従って伝わっていく道筋を表すものである．したがって，この曲線に沿った u の値はどこでも等しい．
- この曲線上の接線ベクトルと情報の伝わる方向ベクトルはどの点においても平行になっており，それを表す方程式が特性微分方程式である．後者は 1 階の常微分方程式であるから，いつでも解くことができる．
- 特性曲線と交わる曲線上で連続的に初期値を与えると，後者の上の点を起点とした特性曲線群が得られ，それらで覆われた曲面が解曲面になる．特性曲線は解曲面の法線に垂直であり，この関係を表す方程式が 1 階の線形偏微分方程式になっている．(なお，「xy 面内の特性曲線」は，これらを xy 面に正射影したものとなっている．)

などの特徴をもっている．

[*7] 一方の変数，たとえば $x = x_1, x_2$ を与えると，それに対応してこの曲線上の他方の変数 y_1, y_2 も関係式 (1.21) で決まり，それらの点での u の値は等しいので，(x_1, y_1) での u の値 (「情報」) がこの曲線上を伝わって点 (x_2, y_2) に到達したと解釈できる．

例 1.7 具体的な例として

$$u(x,t) = A\cos(kx - \omega t + \delta) \tag{1.22}$$

を用いて，この節で述べたことがらを確認してみよう．この関数 (1.22) は偏微分方程式

$$\omega\frac{\partial u}{\partial x} + k\frac{\partial u}{\partial t} = \omega p + kq = 0 \tag{1.23}$$

を満たす．式 (1.19) と比較すると，変数 y のかわりに時間 t を使用し，(a,b) が (ω,k) に対応している．特性曲線 (1.21) は

$$kx - \omega t = 一定 \tag{1.24}$$

である．この曲線の接線ベクトルの方向 $\boldsymbol{t}_0$ は $\boldsymbol{t}_0 \propto (a,b) \propto (\omega,k)$，また，$\boldsymbol{n}_0 \propto (p,q) \propto (-kA\sin\phi, \omega A\sin\phi)$ であるから，方程式 (1.23) は $\boldsymbol{t}_0$ が (p,q) と直交していることを示している．ただし，簡単のため $\phi = kx - \omega t + \delta$ とおいた．x を直線上の座標，t を時間とすると，式 (1.22) は，速度 $v = \omega/k$ で x 方向に伝播する波を表し，A と ϕ はそれぞれ波の振幅と位相を表す．他方，特性曲線 (1.24) に沿ってみれば振幅は一定であり，波は静止していることになる．また，xtu 空間での解曲面は式 (1.24) に平行な特性曲線群で覆われ，したがって，この方向を母線とする筒面になっている (図 1.2 参照)．

　3 次元空間内を伝わる光の波では，一定の変位をもった波面 (2 次元) が空間内を伝播すると解釈できる．同じ物理対象に対して，着目した点の変位 (あるいは何らかの情報) が伝播する経路をたどったもの (すなわち特性曲線) は 1 次元的な表現手段である光線に対応し，幾何光学の基礎となっている． ◁

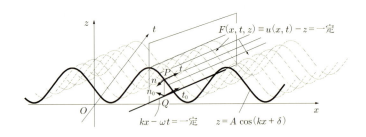

図 **1.2** 　平面波の解曲面と特性曲線

なお，例 1.7 では特性曲線は「直線」になっていたが，一般に，均一でない媒質中を伝わる波や変位の振幅が場所によって異なるような場合には波の伝播する方向は曲がる．すなわち，特性曲線は文字通り「曲線」になる．そのような一例を次に示す．

例 1.8 2 つの独立変数 x, y の関数 $u(x, y)$ に対する 1 階の偏微分方程式

$$p + yq = 0, \qquad p = \frac{\partial u}{\partial x}, \quad q = \frac{\partial u}{\partial y} \tag{1.25}$$

を求める．前に述べたものと同様にして，特性曲線の方程式は

$$\frac{\mathrm{d}x}{1} = \frac{\mathrm{d}y}{y}$$

これを解いて，

$$y = C\,e^x \qquad (C \text{ は任意定数})$$

これが特性曲線で，この例では，特性曲線は「曲線群」になっている．一般解は

$$u(x, y) = \psi(y\,e^{-x})$$

ここで，ψ は任意関数である． ◁

以上を踏まえ，次に，一般の 1 階準線形の偏微分方程式を考えてみよう．ここでも，未知関数 u は 2 つの独立変数 x, y の従属関数とし，積分曲面を「$F(x, y, z) \equiv$

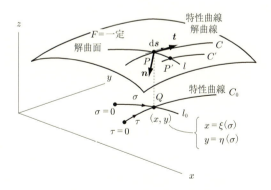

図 **1.3** 積分曲面 (解曲面) と特性曲線

$u(x,y) - z = $ 一定」と表すことにする.図1.3に示したように,この曲面上の点 $P(x,y,z)$ における法線 $\bm{n}$ の方向は[*8]

$$\bm{n} \propto \left(\frac{\partial F}{\partial x}, \frac{\partial F}{\partial y}, \frac{\partial F}{\partial z}\right) = \left(\frac{\partial u}{\partial x}, \frac{\partial u}{\partial y}, -1\right) = (p, q, -1) \tag{1.26}$$

で与えられる.他方,点 P で $\bm{n}$ と垂直な方向のベクトル $\bm{t} \propto (a, b, c)$ を考えると,$\bm{t}$ と $\bm{n}$ が直交することから $\bm{n} \cdot \bm{t} = 0$,すなわち,$ap + bq - c = 0$ が成り立つ.そこで,曲面上でこの関係が成り立つような $\bm{t}$ 方向の隣接点を次々と連ねて生成される曲線 C を考えると,これは

$$a(x, y, u)\, p + b(x, y, u)\, q = c(x, y, u) \tag{1.27}$$

を満たす.式 (1.27) は前節で述べた準線形の偏微分方程式 (1.17) と同じ形をしているので,

$$\frac{P}{a} = \frac{Q}{b} = \frac{R}{c}$$

と選べば,この曲線 C は偏微分方程式 (1.17) の解曲線となっている.さて,曲線 C は,その上の微小線分 $\mathrm{d}\bm{s} = (\mathrm{d}x, \mathrm{d}y, \mathrm{d}u)$ が $\bm{t}$ と平行であることから,

$$\frac{\mathrm{d}x}{a(x,y,u)} = \frac{\mathrm{d}y}{b(x,y,u)} = \frac{\mathrm{d}u}{c(x,y,u)} \tag{1.28}$$

を解いて得られる.したがって,偏微分方程式 (1.17) の解曲線も

$$\frac{\mathrm{d}x}{P(x,y,u)} = \frac{\mathrm{d}y}{Q(x,y,u)} = \frac{\mathrm{d}u}{R(x,y,u)} \tag{1.29}$$

を解いて得られることになる.まえに述べた式 (1.20) と同様に,方程式 (1.29) を**特性微分方程式**,ベクトル (a,b,c) あるいは (P,Q,R) を**特性方向**とよぶ.方程式 (1.29) は,2つの連立微分方程式系であるから,その解として2つの曲面 $F_1(x,y,z) = C_1$,$F_2(x,y,z) = C_2$ (C_1, C_2 は定数) が得られ,その共通部分が解曲線として決まる.これもまえと同様に**特性曲線**とよぶ.ところで,滑らかな曲面

[*8] $F = $ 一定の曲面上で点 P から任意の方向に微小量 $d\bm{r} = (dx, dy, dz)$ だけ変位させた点 P' を考えると,この点でも F の値は同じであるから (微少量 $|d\bm{r}|$ の1次までの近似で)

$$0 = F(x+dx, y+dy, z+dz) - F(x,y,z) = \frac{\partial F}{\partial x} dx + \frac{\partial F}{\partial y} dy + \frac{\partial F}{\partial z} dz = \nabla F \cdot d\bm{r}$$

したがって,∇F は $d\bm{r}$ と直交する.ここで,$d\bm{r}$ は $F = $ 一定の曲面上の点 P の近傍の任意の変位ベクトルであったから,このことは,∇F が $F = $ 一定の曲面上の点 P における接平面の法線 $\bm{n}$ の方向であることを意味する.

上では,点 P の近傍に $\boldsymbol{n}\cdot\boldsymbol{t}=0$ となるような $\boldsymbol{t}$ があるので,点 P の近傍では式 (1.27) が成り立つ.そこで,点 P で曲線 C と交わる曲線 l 上にあって点 P 近傍の点 P' を起点とし,そこでの $\boldsymbol{t}$ 方向,すなわち (a,b,c) あるいは (P,Q,R) を3成分とするベクトルの方向,を連ねた曲線をつくれば,それもあらたな解曲線になる.この過程を繰り返して,曲線 l 上のすべての点を通る解曲線群をつくれば,それらで覆われる曲面はこの方程式の積分曲面 (解曲面) になる.要するに,偏微分方程式 (1.27) は,解曲面の各点での法線が,その点に対応するベクトル (a,b,c) の方向に垂直であるという条件に他ならず,したがって,解曲面は各点で特性方向に接する曲面ということになる.

注意 1.1 上の説明では,特性曲線を2つの連立微分方程式系 (1.28)[あるいは (1.29)] の表す曲面の交線として求めたが,別の見方もできる.いま,方程式 (1.28) を

$$\frac{\mathrm{d}x}{a(x,y,u)} = \frac{\mathrm{d}y}{b(x,y,u)} = \frac{\mathrm{d}u}{c(x,y,u)} = \mathrm{d}\tau$$

と表し,新たなパラメタ τ (今度はこれが独立変数になっていることに注意!) を導入すると,上式は3つの方程式系

$$\frac{\mathrm{d}x}{\mathrm{d}\tau} = a(x,y,u), \quad \frac{\mathrm{d}y}{\mathrm{d}\tau} = b(x,y,u), \quad \frac{\mathrm{d}u}{\mathrm{d}\tau} = c(x,y,u) \tag{1.30}$$

になる.これらはいずれも1階の常微分方程式であるから,積分して

$$x = x(\tau), \quad y = y(\tau), \quad u = u(x(\tau), y(\tau)) \tag{1.31}$$

という曲線が得られる.この曲線上では

$$\frac{\mathrm{d}u}{\mathrm{d}\tau} = \frac{\partial u}{\partial x}\frac{\mathrm{d}x}{\mathrm{d}\tau} + \frac{\partial u}{\partial y}\frac{\mathrm{d}y}{\mathrm{d}\tau}$$

すなわち,$c=pa+qb$ が満たされる.これは,与えられた偏微分方程式 (1.27) である.したがって,式 (1.31) は特性曲線を表し,パラメタ τ はこの曲線に沿った座標とみなせる (図 1.3 を参照).式 (1.30) も特性微分方程式とよばれる.

物理に現れる例として,流体の流れの場をみてみよう.これは,空間の各点 P で速度という方向ベクトル $\boldsymbol{v}$ の場が与えられたものであり,それは流れの場を決める偏微分方程式に従っている.そこで,その速度場という「方向の場」を (a,b,c) と表すことにし,流れに乗って移動するマーカー粒子を考えると,その軌道は式 (1.30) で与えられる.τ を時間,x を x 方向の位置とすれば,a は x 方向の速度成分に対応する.点 P を起点として,マーカー粒子の位置を時間的に追っていったもの,すなわち軌道が特性曲線に相当することになる. ◁

b. 特　性　帯

一般の 2 変数 1 階の偏微分方程式

$$f(x,y,u,p,q) = 0, \qquad p = \frac{\partial u}{\partial x}, \qquad q = \frac{\partial u}{\partial y} \tag{1.8}$$

は 5 つのデータ (x,y,u,p,q) の関係を与えるものであるが，幾何学的には解曲面上の点 (x,y,u) における接平面の勾配 p,q に対する条件を与えるものと考えることもできる．まず，ある曲面上の点を $P(x,y,u)$ とすると，点 P での接平面の法線ベクトル $\boldsymbol{n}$ は

$$\boldsymbol{n} = \frac{(p,q,-1)}{\sqrt{p^2+q^2+1}} \tag{1.32}$$

であるから，接平面の方程式は

$$U - u = p(X - x) + q(Y - y) \tag{1.33}$$

となる．ただし，接平面上での x,y,u 方向の流通座標をそれぞれ X,Y,U とおいた．点 P で考えているので x,y,u を固定していることに注意して，p,q をそれぞれ dp,dq だけ変化させると，式 (1.33) から

$$0 = dp(X - x) + dq(Y - y) \tag{1.34}$$

を得るが，勾配 p,q の間には式 (1.8) の関係があるので，たとえば q を p の関数として $q = g(p)$ と表すと，式 (1.33), (1.34) は

$$U - u = p(X - x) + g(p)(Y - y), \qquad 0 = (X - x) + g'(p)(Y - y) \tag{1.35}$$

となる．式 (1.12) でみたように，連立方程式 (1.35) は直線を表し，p (または q) を変えたものは点 P を頂点とする錐面となる．曲面上の点 P での法線ベクトルの方向を母線としてつくられる面は錐面になるが，点 P での接平面の包絡面がつくる面も錐面になっていることに注意．後者を **Monge** (モンジュ) **の錐面**とよぶ．いま考えている曲面が解曲面であるためには，それが Monge の錐面 (1.35) に接している必要がある．この条件は，式 (1.8) において dp,dq を変化させて得られる関係式

$$\frac{\partial f}{\partial p}dp + \frac{\partial f}{\partial q}dq = 0$$

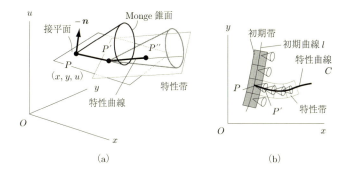

図 1.4　Monge 錐面と特性曲線 (a)，特性帯 (b)

と式 (1.34)，(1.33) から

$$\frac{X-x}{\frac{\partial f}{\partial p}} = \frac{Y-y}{\frac{\partial f}{\partial q}} = \frac{U-u}{\left(\frac{\partial f}{\partial p}\right)p + \left(\frac{\partial f}{\partial q}\right)q} \tag{1.36}$$

により与えられる．ただし，$f_p{}^2 + f_q{}^2 \neq 0$ と仮定した．また，このときの接線の方向が曲面上の特性方向を与える．ここまでは，点 P を固定していたが，次に曲面上で前述の接線の方向に微小な距離だけ離れた点 P' に移り，同様の手順を繰り返す．その過程で，Monge の錐面に接する無限小面要素を特性方向に 1 次元的に並べたものがつくられる．この帯状のものを**特性帯**とよぶ．その接線の方向を連ねた曲線は特性曲線になっている（図 1.4 を参照）．さらに，点 P での特性方向とは異なる方向の初期曲線 l に沿った近傍の点から始めて，同様に特性帯を連ねる操作を続けていけば初期条件を満たす解曲面が得られる．なお，式 (1.36) は，Lagrange–Charpit の方法の原型であり，1.4.4 項でさらに詳しく扱う．

例 1.9 準線形の偏微分方程式では式 (1.36) はどのように表されるか．

準線形の偏微分方程式 (1.27) を $f \equiv ap + bq - c = 0$ と表し，式 (1.36) において $X - x = dx$，$Y - y = dy$，$U - u = du$ などと表すと

$$\frac{\partial f}{\partial p} = a, \quad \frac{\partial f}{\partial q} = b, \quad \left(\frac{\partial f}{\partial p}\right)p + \left(\frac{\partial f}{\partial q}\right)q = ap + bq = c$$

であるから，式 (1.36) は

$$\frac{dx}{a} = \frac{dy}{b} = \frac{du}{c}$$

となる．これは，式 (1.28) に等しい． ◁

線形あるいは準線形の偏微分方程式では，各点で 1 つの定まった方向ベクトルが得られ，求める解曲面の接平面はこの方向を含んでいた．一般の (非線形) 偏微分方程式ではこの方向が 1 つには決まらず，Monge 錐面上にある．そこで，求める解曲面の接平面が錐面に接するという関係を満たすようにして特性曲線を決める必要があった．

1.2.3　準線形 1 階の偏微分方程式の解法

準線形 1 階の偏微分方程式，あるいは Lagrange の偏微分方程式

$$P(x,y,u)p + Q(x,y,u)q = R(x,y,u) \tag{1.17}$$

では，特性微分方程式，あるいは補助方程式

$$\frac{\mathrm{d}x}{P(x,y,u)} = \frac{\mathrm{d}y}{Q(x,y,u)} = \frac{\mathrm{d}u}{R(x,y,u)} \tag{1.29}$$

の解

$$f(x,y,u) = C_1, \qquad g(x,y,u) = C_2 \qquad (C_1, C_2 \text{ は任意定数}) \tag{1.37}$$

を求めれば，

$$\varphi(f,g) = 0, \qquad \text{または} \qquad g = \psi(f) \tag{1.38}$$

が一般解となる．ただし，φ や ψ は任意関数である． ◁

上で求めた $\varphi(f,g) = 0$ が方程式 (1.17) の一般解になっていることは，次のようにして示される．式 (1.37) は滑らかな曲面 $f = C_1$, $g = C_2$ を表しているので，この曲面上で $\mathrm{d}f = 0$, $\mathrm{d}g = 0$, すなわち

$$f_x \mathrm{d}x + f_y \mathrm{d}y + f_u \mathrm{d}u = 0, \quad g_x \mathrm{d}x + g_y \mathrm{d}y + g_u \mathrm{d}u = 0$$

が成り立つ．また，式 (1.29) を満たすので，

$$P f_x + Q f_y + R f_u = 0, \qquad P g_x + Q g_y + R g_u = 0$$

を得る．この連立方程式から P, Q, R を求めると

$$\frac{P}{\partial(f,g)/\partial(y,u)} = \frac{Q}{\partial(f,g)/\partial(u,x)} = \frac{R}{\partial(f,g)/\partial(x,y)} \tag{1.39}$$

を得る．例 1.6 で示したように，一般に $\varphi(f,g) = 0$ の形で表される曲面は

$$p\frac{\partial(f,g)}{\partial(y,u)} + q\frac{\partial(f,g)}{\partial(u,x)} = \frac{\partial(f,g)}{\partial(x,y)} \tag{1.40}$$

を満たすので，この式に式 (1.39) を代入すると式 (1.17) に一致する．与えられた 1 階の偏微分方程式を満たし，1 つの任意関数を含むので，これは一般解である．
◁

例 1.10 例題 1.7 では，補助方程式 (1.29) は

$$\frac{\mathrm{d}x}{\omega} = \frac{\mathrm{d}t}{k} = \frac{\mathrm{d}u}{0}$$

であり[*9]，これから解

$$f(x,t,u) \equiv kx - \omega t = C_1, \quad g(x,t,u) \equiv u = C_2 \quad (C_1, C_2 \text{は任意定数})$$

を得た．そこで，定数 C_1, C_2 を消去すれば，一般解

$$\varphi(kx - \omega t, u) = 0, \quad \text{または} \quad u = \psi(kx - \omega t)$$

が得られる．ただし，φ, ψ は任意関数であり，その関数形 (振幅 A や位相 ϕ も含めて) は初期条件や境界条件から決定される．
◁

例 1.11 偏微分方程式

$$xp + yq = u$$

の一般解を求めよ．

これは，式 (1.17) の形をしており，P, Q, R に対応して x, y, u となっている．補助方程式 (1.29) は

$$\frac{\mathrm{d}x}{x} = \frac{\mathrm{d}y}{y} = \frac{\mathrm{d}u}{u}$$

である．これらを解くと

$$\frac{x}{y} = C_1, \quad \frac{u}{y} = C_2 \quad (C_1, C_2 \text{は任意定数})$$

を得る．したがって，一般解は式 (1.38) より

$$\varphi\left(\frac{x}{y}, \frac{u}{y}\right) = 0, \quad \text{または} \quad u = y\,\psi\left(\frac{x}{y}\right)$$

[*9] これは 0 で割るというわけではない．たとえば，この式の最左辺と等置すれば，$\mathrm{d}u/\mathrm{d}x = 0$ を表しており，これから $u =$ 定数，という結果を得る．

となる．ただし，φ や ψ は任意関数である．なお，$x/y = (u/y)/(u/x)$ を考慮すると，上式の第 1 式は $\tilde{\varphi}$ を任意関数として

$$\tilde{\varphi}\left(\frac{u}{x}, \frac{u}{y}\right) = 0$$

と表してもよい．これは例 1.5 で扱った錐面の式 (1.13) と一致する． ◁

多変数の場合も同様に，u が $x_1, x_2, \cdots, x_n$ の関数，P_i $(i = 1, \cdots, n)$ と R が $x_1, x_2, \cdots, x_n, u$ の関数であるとき，これに対する (Lagrange の) 偏微分方程式

$$P_1 \frac{\partial u}{\partial x_1} + P_2 \frac{\partial u}{\partial x_2} + \cdots + P_n \frac{\partial u}{\partial x_n} = R \tag{1.41}$$

の一般解は，補助方程式 (特性微分方程式)

$$\frac{\mathrm{d}x_1}{P_1} = \frac{\mathrm{d}x_2}{P_2} = \cdots = \frac{\mathrm{d}x_n}{P_n} = \frac{\mathrm{d}u}{R} \tag{1.42}$$

の n 個の独立な解

$$f_i(x_1, x_2, \cdots, x_n, u) = C_i \qquad (i = 1, 2, \cdots, n) \tag{1.43}$$

を用いて

$$\varphi(f_1, f_2, \cdots, f_n) = 0 \tag{1.44}$$

で与えられる．ここで，C_i は任意定数，φ は任意関数である．

1.3　1 階偏微分方程式の初期値問題

a.　初期値問題 (Cauchy 問題)

常微分方程式では，従属変数が初期に満たすべき値や微分係数などの条件を満たす解を求める問題を初期値問題とよんでいた．同様にして，偏微分方程式では，初期において与えられた「関数」を満たす解を求める問題を一般に **初期値問題**，あるいは **Cauchy** (コーシー) **問題** とよんでいる．幾何学的には，これは初期において与えられた「曲線」をとおる曲面を求める問題といってもよい．なお，「初期値」といっても，かならずしも時間的な $t = 0$ である必要はなく，条件を与える時刻が $t = t_0$ ならその時刻でよいし，条件が空間内のある平面 $x = x_0$ 内の曲線上で与えられるときはその位置での条件であってもよい．(後者の場合，通常は境

界値問題とよばれるが，初期値問題は時間に関する境界値問題とみなせる.）たとえば，2 つの独立変数 x, y の従属変数 u を決める前述の 1 階の偏微分方程式

$$f(x, y, u, p, q) = 0, \qquad p = \frac{\partial u}{\partial x}, \qquad q = \frac{\partial u}{\partial y} \tag{1.8}$$

および，$x = 0$ での初期条件

$$u(0, y) = h(y) \tag{1.45}$$

が与えられているとき，$x > 0$ での式 (1.8) の解 $u(x, y)$ を求める問題が，この場合の Cauchy 問題である．ただし，$h(y)$ の連続性や微分可能性は仮定している．

b. 初期値問題と級数展開

初期値問題を解くためのひとつの方法として，$x = 0$ のまわりの級数展開

$$u(x, y) = u(0, y) + \left(\frac{\partial u}{\partial x}\right)_0 x + \frac{1}{2}\left(\frac{\partial^2 u}{\partial x^2}\right)_0 x^2 + \cdots \tag{1.46}$$

を考えてみよう．式 (1.46) 右辺の括弧につけた添字 0 は $x = 0$ での値をとることを意味する．まず，方程式 (1.8) は既知であるから，これを p について解き

$$p \equiv \frac{\partial u}{\partial x} = g(x, y, u, q) \tag{1.47}$$

と表すことができたとすると，g も既知関数であり

$$\left(\frac{\partial u}{\partial x}\right)_0 = g(0, y, h(y), h'(y)), \quad \left(\frac{\partial^2 u}{\partial x \partial y}\right)_0 = \frac{d}{dy}g(0, y, h(y), h'(y)) = \left(\frac{\partial q}{\partial x}\right)_0$$

などが計算される．ただし，関数 g の微分可能性は仮定している．これらを利用すれば，式 (1.47) をさらに x で偏微分したものの初期値

$$\left(\frac{\partial^2 u}{\partial x^2}\right)_0 = \left(\frac{\partial g}{\partial x}\right)_0 + \left(\frac{\partial g}{\partial u}\right)_0\left(\frac{\partial u}{\partial x}\right)_0 + \left(\frac{\partial g}{\partial q}\right)_0\left(\frac{\partial q}{\partial x}\right)_0$$

も計算される．これを進めていけば $\partial^i u / \partial x^i$, $(i = 1, 2, 3, \cdots)$ の $x = 0$ での値はすべて求められる．したがって，このべき級数の収束する範囲内で初期条件を満たす解が得られたことになる．

c. 初期値問題と特性曲線

　初期値問題を解くためのもうひとつの方法として，特性曲線の方法をみてみよう．初期条件が，$x=0$ のような単純な境界ではなく，x,y に依存した曲線 l_0 の上で与えられる場合も視野に入れることにする．曲線 l_0 は，たとえば $y=g(x)$ と表してもよいが，ここでは，パラメタ σ を用いて $x=x(\sigma)$, $y=y(\sigma)$ と表されるとする．この場合は u も σ の関数 $u=u(x(\sigma),y(\sigma))$ となり，初期条件はこの曲線上で $u=h(\sigma)$ のように与えられる（図 1.1, 1.3 参照）．いま，初期曲線 l（l は l_0 に対応した xyu 空間での曲線）上の点 $P(x,y,u)$ では解曲面の法線方向 ∇u や接平面が決まり，偏微分方程式 (1.8) は x,y 方向の勾配 p,q についての関係を与えている．1.2.2 項でみたように，これから Monge の錐面が決まり，接平面と接する方向に特性帯や特性曲線が決まる（図 1.4 参照）．そこで，点 P を曲線 l に沿って移動させれば，そこを起点として初期条件を満たす式 (1.8) の解が次々と決まり，初期値問題は解けたことになる．

注意 1.2 初期値問題が一意的に解けるためには，初期条件を与える曲線 l_0 と特性曲線 C_0 が考えている領域で1回だけ交差している必要がある．初期曲線 l_0 を表すのにパラメタ σ，特性曲線 C_0 を表すのにパラメタ τ を用いて，$x=x(\sigma,\tau)$, $y=y(\sigma,\tau)$ と表したとすると，この条件は関数行列式

$$J \equiv \frac{\partial x}{\partial \sigma}\frac{\partial y}{\partial \tau} - \frac{\partial x}{\partial \tau}\frac{\partial y}{\partial \sigma} = \frac{\partial(x,y)}{\partial(\sigma,\tau)} \tag{1.48}$$

を用いて，$J \neq 0$ で与えられる． ◁

　解の存在や一意性などの詳しい証明は他書[9]にゆずる．2階の偏微分方程式の初期値問題 (Cauchy 問題) では条件 (1.45) にさらに新たな条件が加わるが，これについては 2.2.2 項を参照されたい．

1.4　完　全　積　分

1.4.1　完全解，一般解，特異解

a. 完　全　解

　独立変数を x,y，未知変数を u とする2変数1階偏微分方程式

$$f(x,y,u,p,q) = 0, \qquad p = \frac{\partial u}{\partial x}, \qquad q = \frac{\partial u}{\partial y} \tag{1.8}$$

において，
$$\varphi(x,y,u,C_1,C_2) = 0 \tag{1.49}$$
あるいは
$$u = \psi(x,y,C_1,C_2) \tag{1.50}$$
のように独立変数と同数の任意定数を含んでいる解を，その方程式の**完全解**あるいは完全積分とよぶ．

b. 一般解，特解，特異解

完全解がわかれば，ほかの解も導くことができる．このことを，式 (1.49) の場合について見てみよう．まず，式 (1.49) を x,y で偏微分すると
$$\frac{\partial \varphi}{\partial x} + p\frac{\partial \varphi}{\partial u} = 0, \quad \frac{\partial \varphi}{\partial y} + q\frac{\partial \varphi}{\partial u} = 0 \tag{1.51}$$
を得るが，これらの式と式 (1.49) を用いて C_1,C_2 を消去したものは方程式 (1.8) そのものになる．そこで，さらに C_1,C_2 も x,y の関数と考えて式 (1.49) を x,y で偏微分すると
$$\frac{\partial \varphi}{\partial C_1}\frac{\partial C_1}{\partial x} + \frac{\partial \varphi}{\partial C_2}\frac{\partial C_2}{\partial x} = 0, \quad \frac{\partial \varphi}{\partial C_1}\frac{\partial C_1}{\partial y} + \frac{\partial \varphi}{\partial C_2}\frac{\partial C_2}{\partial y} = 0 \tag{1.52}$$
を得る[*10]．式 (1.49) と式 (1.52) が成り立つ場合として，次の 3 つが考えられる．

- (場合 1) C_1,C_2 が定数の場合：完全解そのものである．
- (場合 2) $\partial \varphi/\partial C_1 = 0, \partial \varphi/\partial C_2 = 0$ が成立する場合：この場合に式 (1.52) が成り立つことは自明であるが，φ が C_1,C_2 によらないので，u,C_1,C_2 を x,y の関数として解くことができる．このような解を**特異解**という．任意定数は含まれない．
- (場合 3) $\partial \varphi/\partial C_1 = 0$ と $\partial \varphi/\partial C_2 = 0$ が同時には成りたたない場合：式 (1.52) は $\partial \varphi/\partial C_1, \partial \varphi/\partial C_2$ についての連立 2 元 1 次方程式であり，(場合 3) の条件下ではそのヤコビアン $J \equiv \partial(C_1,C_2)/\partial(x,y)$ が 0 でなければならない．すな

[*10] 一般には，u,C_1,C_2 を x,y の関数と考えて式 (1.49) を x および y で偏微分し
$$\frac{\partial \varphi}{\partial x} + \frac{\partial \varphi}{\partial u}p + \frac{\partial \varphi}{\partial C_1}\frac{\partial C_1}{\partial x} + \frac{\partial \varphi}{\partial C_2}\frac{\partial C_2}{\partial x} = 0, \quad \frac{\partial \varphi}{\partial y} + \frac{\partial \varphi}{\partial u}q + \frac{\partial \varphi}{\partial C_1}\frac{\partial C_1}{\partial y} + \frac{\partial \varphi}{\partial C_2}\frac{\partial C_2}{\partial y} = 0$$
を得るが，p,q が式 (1.51) を満たすものの中で任意関数 C_1,C_2 を考えても一般性を失わない．これは常微分方程式における定数変化法と同様の考え方である．これから式 (1.52) を得る．

わち，C_1 と C_2 は独立ではなく，何らかの関数関係がある．その関係が 2 つあると，C_1, C_2 は定数となり，これは完全解を与えることになる．そこで，そのような関係が 1 つだけの場合を考え，一方の定数を消去する．たとえば C_2 を消去するには，$C_2 = g(C_1)$ を考え，$\varphi = 0$ と式 (1.52) から導かれる

$$\frac{\partial \varphi}{\partial C_1} + \frac{\partial \varphi}{\partial C_2} g'(C_1) = 0$$

を使って C_1, C_2 を消去すれば，1 つの任意関数 g を含む解が得られる．これを**一般解**という．さらに，一般解のうち特定の条件を満たす 1 つの場合を**特解**（または特殊解）という[*11].

例 1.12 例 1.1 の式 (1.7) や例 1.3 の式 (1.10) に登場した偏微分方程式

$$yp - xq = 0 \tag{1.7}$$

は Lagrange 型である．1.2.3 項で述べた解法に従って補助方程式

$$\frac{\mathrm{d}x}{y} = -\frac{\mathrm{d}y}{x} = \frac{\mathrm{d}u}{0}$$

を解くと，$f \equiv x^2 + y^2 = C_1$, $g \equiv u = C_2$ を得る．ここで，C_1, C_2 は任意定数である．この 2 式から C_1, C_2 を消去すると，$\varphi(u, x^2 + y^2) = 0$，または $u = \psi(x^2 + y^2)$ を得る．ただし，φ や ψ は任意関数である．これらは偏微分方程式 (1.7) の一般解である．

さらに，たとえば

$$y = 0 \text{ で } \quad u = \pm c\sqrt{1 - \frac{x^2}{a^2}}$$

に一致するという条件をつければ

$$u = \psi(x^2) = \pm c\sqrt{1 - \frac{x^2}{a^2}}, \quad \therefore \quad \psi(\xi) = \pm c\sqrt{1 - \frac{\xi}{a^2}}$$

を得る．したがって，一般の x, y に対しては

$$u = \pm c\sqrt{1 - \frac{x^2 + y^2}{a^2}}, \quad \therefore \quad \frac{x^2 + y^2}{a^2} + \frac{u^2}{c^2} = 1$$

となる．これは例 1.1 でみた回転楕円体 (1.4) であり，偏微分方程式 (1.7) の解のうち，与えられた条件を満たす特解である． ◁

[*11] 特解は任意関数も任意定数も含まない．したがって，完全解で定数 C_1, C_2 に特別な値を与えたものも特解といってよい．

例 1.13 偏微分方程式
$$u = xp + yq + p^2 + q^2 \tag{1.53}$$
の解を求めよ．

これは，Clairaut 型とよばれる偏微分方程式であり，式 (1.8) の表現を用いると，与えられた方程式は
$$f(x, y, u, p, q) \equiv u - xp - yq - p^2 - q^2 = 0$$
となる．この偏微分方程式の解き方については後述する (1.4.4 項の **e**) が，次式
$$u = C_1 x + C_2 y + C_1{}^2 + C_2{}^2 \equiv \psi(x, y, C_1, C_2) \quad (C_1, C_2 \text{ は任意定数}) \tag{1.54}$$
が解になっていることは，代入して容易に確かめることができよう．この解は 2 つの任意定数を含んでおり，完全解である．これは平面群を表す．

ここで，もし $C_2 = g(C_1)$ の関係があれば
$$u = C_1 x + g(C_1) y + C_1{}^2 + g(C_1)^2$$
であり，これを C_1 で偏微分して得られる式
$$x + g'(C_1) y + 2 C_1 + 2 g(C_1) g'(C_1) = 0$$
と連立して C_1 を消去すれば，偏微分方程式 (1.53) の一般解が得られる．あるいは，C_1 をパラメタとして表示したものとみなしてもよい．これらの式はいずれも平面を表し，両者の共通部分として直線が与えられる．C_1 を変えたときに，これらの直線群で覆われる曲面が解曲面になっている．

さらに，たとえば $C_2 = \sqrt{1 - C_1{}^2} \equiv g(C_1)$ のような関係があるとすると，
$$u = C_1 x + \sqrt{1 - C_1{}^2}\, y + 1 \equiv \psi(x, y, C_1, \sqrt{1 - C_1{}^2})$$
および
$$\frac{\partial u}{\partial C_1} = 0 \quad \rightarrow \quad x - \frac{C_1 y}{\sqrt{1 - C_1{}^2}} = 0$$
から C_1 を消去して
$$(u - 1)^2 = x^2 + y^2$$
を得る．これは特解の一例である．

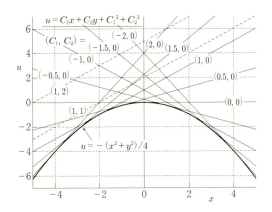

図 1.5 特異解と包絡面 ($y = 0$ の断面内). 括弧内の数値は (C_1, C_2) の値を示す.

ところで，完全解 (1.54) から

$$\frac{\partial \psi}{\partial C_1} = x + 2C_1 = 0, \qquad \frac{\partial \psi}{\partial C_2} = y + 2C_2 = 0$$

すなわち，$C_1 = -x/2, C_2 = -y/2$ が得られるので，これを上で求めた完全解 (1.54) に代入して C_1, C_2 を消去すると

$$u = -\frac{1}{4}(x^2 + y^2) \tag{1.55}$$

が得られる．これは，方程式 (1.53) を満たすので，もちろん解ではあるが，完全解 (1.54) の任意定数をどのように選んでも得られない，すなわち特異解である．

幾何学的には式 (1.55) は回転放物面を表す．回転対称性を考慮して $y = 0$ の断面内での様子を図 1.5 に示す．完全解 (1.54) の $y = 0$ での切り口は，図の中では直線群 $u = C_1 x + C_1^2 + C_2^2$，また，式 (1.55) で表される 2 次曲面の断面は $u = -x^2/4$ である．前者において，定数 $C_2 = 0$ とし，定数 C_1 を変化させたものは，すべて 2 次曲線 $u = -x^2/4$ に接している．すなわち，後者は包絡線になっている．さらに，C_2 を変化させたものはこの 2 次曲線の上の領域に存在する．3 次元の空間全体でみれば，これは式 (1.55) で表される 2 次曲面が完全解 (1.54) の包絡面になっていることを示している．　　　　　　　　　　　　　　◁

1.4.2 完全解が容易に求められる1階の偏微分方程式

次に掲げる1階の偏微分方程式では，完全解が容易に求められる．これらの解の求め方については1.4.4項を参照されたい．

a. $f(p,q) = 0$ の形

これは方程式に x, y, u を含まない場合である．$f(a,b) = 0$ を満たす2つの定数 a, b を用いて，完全解は

$$u = ax + by + C \qquad (C \text{ は任意定数}) \tag{1.56}$$

で与えられる．

b. $f(x, p, q) = 0$ の形

y を含まないので $q \equiv \partial u/\partial y = b$ (定数) とおくと，

$$u = by + g(x), \qquad p \equiv \frac{\partial u}{\partial x} = g'(x)$$

したがって，与えられた方程式は $f(x, g'(x), b) = 0$ となる．これから $g'(x) \equiv h(x, b)$ を求めれば

$$u = \int h(x,b)\, \mathrm{d}x + by + C \qquad (b, C \text{ は任意定数}) \tag{1.57}$$

を得る．これが完全解である．$f(y, p, q) = 0$ の場合も同様で，x と y の役割を入れ替えればよい．

c. $f(u, p, q) = 0$ の形

a を任意定数として $\xi = x + ay$ とおき，$u = g(\xi)$ の形の解を求める．このとき

$$p \equiv \frac{\partial u}{\partial x} = \frac{\mathrm{d}u}{\mathrm{d}\xi}\frac{\partial \xi}{\partial x} = \frac{\mathrm{d}u}{\mathrm{d}\xi}, \qquad q \equiv \frac{\partial u}{\partial y} = \frac{\mathrm{d}u}{\mathrm{d}\xi}\frac{\partial \xi}{\partial y} = a\frac{\mathrm{d}u}{\mathrm{d}\xi}$$

であるから，$u = g(\xi)$ は

$$f\left(u, \frac{\mathrm{d}u}{\mathrm{d}\xi}, a\frac{\mathrm{d}u}{\mathrm{d}\xi}\right) = 0$$

を満たす．これが $\mathrm{d}u/\mathrm{d}\xi$ について解けて，$\mathrm{d}u/\mathrm{d}\xi = h(u, a)$ と表されれば，後者を変数分離して解くことにより，

$$\xi = x + ay = \int \frac{\mathrm{d}u}{h(u,a)} + C \qquad (a, C \text{ は任意定数}) \tag{1.58}$$

を得る．これが完全解である．

d. $f(x,p) = g(y,q)$ の形 **(変数分離形)**

変数が分離されているので，$f(x,p) = g(y,q) = a$ (定数) とおく．これから p, q を解いて

$$p \equiv \frac{\partial u}{\partial x} = \phi(x,a), \qquad q \equiv \frac{\partial u}{\partial y} = \psi(y,a)$$

と表されれば，

$$u = \int \phi(x,a)\,\mathrm{d}x + \int \psi(y,a)\,\mathrm{d}y + C \qquad (a, C \text{ は任意定数}) \tag{1.59}$$

が完全解になる．

1.4.3 積分可能条件

3 変数 x, y, u の関数 $\Phi(x,y,u)$ の全微分をとると

$$\mathrm{d}\Phi = \frac{\partial \Phi}{\partial x}\mathrm{d}x + \frac{\partial \Phi}{\partial y}\mathrm{d}y + \frac{\partial \Phi}{\partial u}\mathrm{d}u \tag{1.60}$$

となる．したがって，式 (1.60) の右辺 $=0$ のような偏微分方程式であれば，これを積分して，解が $\Phi(x,y,u) = C$ (定数) と求められる．そこで，一般に 3 変数 x, y, u に依存した全微分方程式

$$f(x,y,u)\,\mathrm{d}x + g(x,y,u)\,\mathrm{d}y + h(x,y,u)\,\mathrm{d}u = 0 \tag{1.61}$$

が積分できる条件を探ってみよう．

2 変数の全微分方程式の場合と同様に[*12]，式 (1.61) の f, g, h のままでは，その左辺が式 (1.60) のようにまとめられない場合でも，ある関数 λ を掛けることに

[*12] 2 変数 x, y の関数の間の全微分方程式

$$f(x,y)\mathrm{d}x + g(x,y)\,\mathrm{d}y = 0$$

が与えられたとする．もし $f = \partial\Phi/\partial x, g = \partial\Phi/\partial y$ を満たすような関数 Φ があれば，上式は

$$\mathrm{d}\Phi \equiv \frac{\partial \Phi}{\partial x}\mathrm{d}x + \frac{\partial \Phi}{\partial y}\mathrm{d}y = 0$$

となるので，一般解は $\Phi(x,y) = C$ (C は任意定数) となる．このような形に書けるための条件 (積分可能条件) は

$$\frac{\partial f}{\partial y} = \frac{\partial g}{\partial x} \left(= \frac{\partial^2 \Phi}{\partial x \partial y}\right)$$

であり，この形に変形できる全微分方程式を完全微分形という．
もし，もとの方程式がそのままでは完全微分形でなくても，ある関数 $\lambda(x,y)$ を掛けた

$$\lambda(x,y)f(x,y)\,\mathrm{d}x + \lambda(x,y)g(x,y)\,\mathrm{d}y = 0$$

より
$$\lambda f = \frac{\partial \Psi}{\partial x}, \quad \lambda g = \frac{\partial \Psi}{\partial y}, \quad \lambda h = \frac{\partial \Psi}{\partial u} \tag{1.62}$$
を満たすような Ψ が求められたとすると，式 (1.61) は
$$\mathrm{d}\Psi = 0 \tag{1.63}$$
となるので，
$$\Psi(x, y, u) = C \quad (C \text{ は任意定数}) \tag{1.64}$$
は式 (1.61) の解となる．では，どのような場合に，式 (1.61) は式 (1.63) の形の解をもつのであろうか？

これを知るために，式 (1.62) の第 1 式を y で，第 2 式を x で偏微分する．
$$\frac{\partial^2 \Psi}{\partial y \partial x} = \frac{\partial \lambda}{\partial y} f + \lambda \frac{\partial f}{\partial y}, \quad \frac{\partial^2 \Psi}{\partial x \partial y} = \frac{\partial \lambda}{\partial x} g + \lambda \frac{\partial g}{\partial x}$$
ここで，x, y は独立変数であるから，上の 2 式は等しくなければならない．したがって
$$\lambda \left(\frac{\partial f}{\partial y} - \frac{\partial g}{\partial x} \right) = g \frac{\partial \lambda}{\partial x} - f \frac{\partial \lambda}{\partial y}$$
同様にして，式 (1.62) の第 2 と第 3 式，第 3 と第 1 式から
$$\lambda \left(\frac{\partial g}{\partial u} - \frac{\partial h}{\partial y} \right) = h \frac{\partial \lambda}{\partial y} - g \frac{\partial \lambda}{\partial u}$$
$$\lambda \left(\frac{\partial h}{\partial x} - \frac{\partial f}{\partial u} \right) = f \frac{\partial \lambda}{\partial u} - h \frac{\partial \lambda}{\partial x}$$
を得る．これらの 3 式に，それぞれ h, f, g を掛けて辺々加え，自明な解 $\lambda = 0$ を除けば，式 (1.63) の形にまとめられる条件として
$$f \left(\frac{\partial g}{\partial u} - \frac{\partial h}{\partial y} \right) + g \left(\frac{\partial h}{\partial x} - \frac{\partial f}{\partial u} \right) + h \left(\frac{\partial f}{\partial y} - \frac{\partial g}{\partial x} \right) = 0 \tag{1.65}$$
を得る．ここでは証明を省くが，逆に，式 (1.65) が成り立てば，式 (1.64) は式 (1.61) の解となる．式 (1.65) は**積分可能条件**とよばれる．

に対して
$$\lambda f = \frac{\partial \Psi}{\partial x}, \quad \lambda g = \frac{\partial \Psi}{\partial y}$$
を満たすような関数 Ψ があれば，同様にして一般解が求められる．ここで用いた関数 $\lambda(x, y)$ を積分因数とよぶ．

1.4.4　Lagrange–Charpit の方法

1階の偏微分方程式の解を求める方法をもう少し眺めてみよう．未知関数 $u(x,y)$ に対する1階の偏微分方程式は一般に，前述のように

$$f(x,y,u,p,q)=0, \qquad p=\frac{\partial u}{\partial x}, \qquad q=\frac{\partial u}{\partial y} \qquad (1.8)$$

の形に書ける．まず u を全微分すると

$$\mathrm{d}u = \frac{\partial u}{\partial x}\mathrm{d}x + \frac{\partial u}{\partial y}\mathrm{d}y = p\,\mathrm{d}x + q\,\mathrm{d}y$$

あるいは

$$p\,\mathrm{d}x + q\,\mathrm{d}y + (-1)\,\mathrm{d}u = 0 \qquad (1.66)$$

となっている．式 (1.61) と比較すると，f,g,h がそれぞれ $p,q,-1$ に対応している．したがって，この方程式が積分可能であれば，式 (1.65) より

$$\frac{\partial q}{\partial x} - \frac{\partial p}{\partial y} + p\frac{\partial q}{\partial u} - q\frac{\partial p}{\partial u} = 0 \qquad (1.67)$$

が成り立つ (p,q を x,y,u の関数とみなしたことに注意)．

ここで補助関数

$$\varphi(x,y,u,p,q) = C \qquad (C \text{ は任意定数}) \qquad (1.68)$$

を導入する (もし，関数 φ が決まれば，式 (1.8) と式 (1.68) 式を連立させて p,q を x,y,u の関数として求めることができる)．φ を決定するために式 (1.8) と式 (1.68) を x で偏微分すると，

$$\frac{\partial f}{\partial x} + \frac{\partial f}{\partial p}\frac{\partial p}{\partial x} + \frac{\partial f}{\partial q}\frac{\partial q}{\partial x} = 0$$

$$\frac{\partial \varphi}{\partial x} + \frac{\partial \varphi}{\partial p}\frac{\partial p}{\partial x} + \frac{\partial \varphi}{\partial q}\frac{\partial q}{\partial x} = 0$$

となる．これから式 (1.67) の $\partial q/\partial x$ が計算できる．同様にして，式 (1.8) と式 (1.68) を y で偏微分した式から $\partial p/\partial y$ を，u で偏微分した式から $\partial q/\partial u, \partial p/\partial u$ が計算できる．これらを積分可能条件の式 (1.67) に代入すると

$$\frac{\partial f}{\partial p}\frac{\partial \varphi}{\partial x} + \frac{\partial f}{\partial q}\frac{\partial \varphi}{\partial y} + \left(p\frac{\partial f}{\partial p} + q\frac{\partial f}{\partial q}\right)\frac{\partial \varphi}{\partial u}$$

$$- \left(\frac{\partial f}{\partial x} + p\frac{\partial f}{\partial u}\right)\frac{\partial \varphi}{\partial p} - \left(\frac{\partial f}{\partial y} + q\frac{\partial f}{\partial u}\right)\frac{\partial \varphi}{\partial q} = 0$$

を得る.これは Lagrange の偏微分方程式 (1.41) である.そこで,補助方程式 (1.42) の形をもつ次の方程式

$$\frac{\mathrm{d}x}{\frac{\partial f}{\partial p}} = \frac{\mathrm{d}y}{\frac{\partial f}{\partial q}} = \frac{\mathrm{d}u}{p\frac{\partial f}{\partial p} + q\frac{\partial f}{\partial q}} = -\frac{\mathrm{d}p}{\frac{\partial f}{\partial x} + p\frac{\partial f}{\partial u}} = -\frac{\mathrm{d}q}{\frac{\partial f}{\partial y} + q\frac{\partial f}{\partial u}} \quad (1.69)$$

を解く.この式から

$$p = \phi(x, y, u), \qquad q = \psi(x, y, u)$$

のような形の解が求められる.このとき式 (1.66) に対応して

$$\phi(x, y, u)\,\mathrm{d}x + \psi(x, y, u)\,\mathrm{d}y - \mathrm{d}u = 0 \quad (1.70)$$

は積分可能になっているので,これから解が求められる.この解法は **Lagrange–Charpit** (ラグランジュ–シャルピー) の方法とよばれている[*13]. ◁

Lagrange–Charpit の方法を応用して,1.4.2 項の **a–d** で扱った例題を再び考えてみよう.

a. $f(p, q) = 0$ の形

$f(p, q) = 0$ の形では,補助方程式 (1.69) は

$$\frac{\mathrm{d}x}{\frac{\partial f}{\partial p}} = \frac{\mathrm{d}y}{\frac{\partial f}{\partial q}} = \frac{\mathrm{d}u}{p\frac{\partial f}{\partial p} + q\frac{\partial f}{\partial q}} = \frac{\mathrm{d}p}{0} = \frac{\mathrm{d}q}{0}$$

となるので,$p = a, q = b$ (a, b は定数) を得る[*14].したがって式 (1.70) から

$$\mathrm{d}u = p\,\mathrm{d}x + q\,\mathrm{d}y = a\,\mathrm{d}x + b\,\mathrm{d}y$$

となり,積分して

$$u = ax + by + C \qquad (C \text{ は任意定数})$$

を得る [式 (1.56) と一致].要するに,この形の偏微分方程式では,$p = a, q = b$ とおけばよいのであるが,a, b は独立な定数ではなく $f(a, b) = 0$ を満たしている必要がある.

[*13] 補助方程式 (1.69) を一般に解く必要はなく,p と q の一方または両方を含む解を求めることができれば,それを式 (1.66) に代入すればよい.

[*14] 上の式で $\mathrm{d}p/0$ のように,分母に 0 が現れたが,その意味については,1.2.3 項の脚注を参照.

例 1.14 $p^2+q^2=1$ の完全解は,$p=a$,$q=b$ とおき,上のステップにしたがって $u=ax+by+C$ で与えられる.ただし,a,b は $a^2+b^2=1$ を満たす.したがって,

$$u = ax \pm \sqrt{1-a^2}\,y + C \qquad (a, C \text{ は任意定数})$$

となる.あるいは,$a=\cos\alpha, b=\sin\alpha$ とおけば,解は

$$u = x\cos\alpha \pm y\sin\alpha + C \qquad (\alpha, C \text{ は任意定数})$$

と表すこともできる. ◁

b. $f(x,p,q)=0$ の形

$f(x,p,q)=0$ の形では,補助方程式 (1.69) は

$$\frac{\mathrm{d}x}{\dfrac{\partial f}{\partial p}} = \frac{\mathrm{d}y}{\dfrac{\partial f}{\partial q}} = \frac{\mathrm{d}u}{p\dfrac{\partial f}{\partial p}+q\dfrac{\partial f}{\partial q}} = -\frac{\mathrm{d}p}{\dfrac{\partial f}{\partial x}} = -\frac{\mathrm{d}q}{0}$$

となるので,$q=b$(定数),したがって $f(x,p,b)=0$ となる.この式を解いて $p=\omega(x,b)$ を求めれば,式 (1.70) は

$$\mathrm{d}u = \omega(x,b)\,\mathrm{d}x + b\,\mathrm{d}y$$

となり,積分して

$$u = \int \omega(x,b)\,\mathrm{d}x + by + C \qquad (b, C \text{ は任意定数})$$

が完全解となる [式 (1.57) と一致].要するに,この形の偏微分方程式では,$q=b$ とおけばよい.

例 1.15 $xp-q^2=0$ の解を求めてみよう.まず $q=b$ とおいて p を解くと $p=b^2/x$,したがって

$$\mathrm{d}u \equiv p\,\mathrm{d}x + q\,\mathrm{d}y = b^2\frac{\mathrm{d}x}{x} + b\,\mathrm{d}y$$

これを積分して,完全解

$$u = b^2\log x + b\,y + C \qquad (b, C \text{ は任意定数})$$

を得る. ◁

c. $f(u, p, q) = 0$ の形

$f(u, p, q) = 0$ の形では，補助方程式 (1.69) は

$$\frac{\mathrm{d}x}{\dfrac{\partial f}{\partial p}} = \frac{\mathrm{d}y}{\dfrac{\partial f}{\partial q}} = \frac{\mathrm{d}u}{p\dfrac{\partial f}{\partial p} + q\dfrac{\partial f}{\partial q}} = -\frac{\mathrm{d}p}{p\dfrac{\partial f}{\partial u}} = -\frac{\mathrm{d}q}{q\dfrac{\partial f}{\partial u}}$$

となるので，最右辺の 2 項から

$$\frac{\mathrm{d}p}{p} = \frac{\mathrm{d}q}{q}$$

となる．したがって，$q = ap$ を得る (a は定数)．これをもとの方程式に代入すれば $f(u, p, ap) = 0$ となるので，これを解いて $p = \omega(u, a)$，したがって，式 (1.70) は $\mathrm{d}u = \omega(u, a)(\mathrm{d}x + a\,\mathrm{d}y)$ を得る．変数分離して解くと

$$x + ay = \int \frac{\mathrm{d}u}{\omega(u, a)} + C \qquad (a, C \text{ は任意定数})$$

が完全解となる [式 (1.58) と一致]．要するに，この形の偏微分方程式では，$q = ap$ とおけばよい．

例 1.16 $upq - p - q = 0$ の解を求めてみよう．まず $q = ap$ とおいて p, q を解くと

$$uap^2 - p - ap = 0, \qquad \therefore \quad p = q = 0 \quad \text{または} \quad p = \frac{1+a}{au},\ q = \frac{1+a}{u}$$

前者から $u = $ 定数 を得るが，これは自明な解である．他方，後者から

$$\mathrm{d}u \equiv p\,\mathrm{d}x + q\,\mathrm{d}y = \frac{1+a}{au}(\mathrm{d}x + a\,\mathrm{d}y)$$

すなわち

$$\frac{1}{2}\mathrm{d}u^2 = \frac{1+a}{a}(\mathrm{d}x + a\,\mathrm{d}y)$$

となるので，これを積分し，完全解

$$u^2 = \frac{2(1+a)}{a}(x + ay) + C \qquad (a, C \text{ は任意定数})$$

を得る． ◁

d. $f(x,p) = g(y,q)$ の形 **(変数分離形)**

$f(x,p) = g(y,q)$ の形では，$f(x,p) - g(y,q)$ に対して補助方程式 (1.69) をつくると

$$\frac{\mathrm{d}x}{\frac{\partial f}{\partial p}} = -\frac{\mathrm{d}y}{\frac{\partial g}{\partial q}} = \frac{\mathrm{d}u}{p\frac{\partial f}{\partial p} - q\frac{\partial g}{\partial q}} = -\frac{\mathrm{d}p}{\frac{\partial f}{\partial x}} = \frac{\mathrm{d}q}{\frac{\partial g}{\partial y}}$$

となるので，第1項と第4項，第2項と第5項を組み合わせて

$$\frac{\partial f}{\partial x}\mathrm{d}x + \frac{\partial f}{\partial p}\mathrm{d}p = 0, \qquad \frac{\partial g}{\partial y}\mathrm{d}y + \frac{\partial g}{\partial q}\mathrm{d}q = 0$$

したがって，$f(x,p) = a(\text{一定}) = g(y,q)$ を得る．これらを逆に解いて，$p = \omega(x,a)$, $q = \chi(y,a)$ を求め，式 (1.70) から

$$\mathrm{d}u = \omega(x,a)\,\mathrm{d}x + \chi(y,a)\,\mathrm{d}y$$

これを積分して

$$u = \int \omega(x,a)\,\mathrm{d}x + \int \chi(y,a)\,\mathrm{d}y + C \qquad (a, C \text{ は任意定数})$$

を得る [式 (1.59) と一致]．要するに，この形の偏微分方程式では，変数分離した左右両辺を定数 a とおいて p, q をそれぞれ求めればよい．

例 1.17 $p + q = x^2 + y^2$ の解を求めてみよう．これを $p - x^2 = -q + y^2$ と表せば，変数分離形であることがわかるので，分離定数を a とおいて

$$p = x^2 + a, \qquad q = y^2 - a$$

したがって

$$\mathrm{d}u \equiv p\mathrm{d}x + q\mathrm{d}y = (x^2 + a)\mathrm{d}x + (y^2 - a)\mathrm{d}y$$

これを積分して，完全解

$$u = \frac{1}{3}(x^3 + y^3) + a(x - y) + C \qquad (a, C \text{ は任意定数})$$

を得る． ◁

e. Clairaut の方程式

常微分方程式で $y = xp + f(p)$ の形の方程式は Clairaut の方程式として知られている．これを拡張したものに相当する1階の偏微分方程式

$$u = xp + yq + f(p,q)$$

も **Clairaut** (クレイロー) **の方程式**とよばれている．この場合も同様にして，補助方程式 (1.69) をつくると

$$\frac{\mathrm{d}x}{x + \dfrac{\partial f}{\partial p}} = \frac{\mathrm{d}y}{y + \dfrac{\partial f}{\partial q}} = \frac{\mathrm{d}u}{xp + yq + p\dfrac{\partial f}{\partial p} + q\dfrac{\partial f}{\partial q}} = -\frac{\mathrm{d}p}{0} = -\frac{\mathrm{d}q}{0}$$

となるので，$p = a, q = b$ (定数) とすれば完全解

$$u = ax + by + f(a,b) \quad (a,b \text{ は任意定数})$$

を得る．これは平面群を表し，一般に特異解 (包絡面) が存在する．要するに，この形の偏微分方程式では，$p = a, q = b$ とおけばよい．

例 1.18 1.4.1 項の式 (1.53) ですでに登場した Clairaut 型の偏微分方程式

$$u = xp + yq + p^2 + q^2$$

の解を求めてみよう．

上で述べたステップにしたがって $p = a, q = b$ とおけば，完全解

$$u = ax + by + a^2 + b^2 \quad (a,b \text{ は任意定数})$$

を得る．これは平面群を表し，特異解 (包絡面) が存在する．例 1.13 を参照． ◁

1.5 Hamilton–Jacobi の理論

1.5.1 極値問題と Euler–Lagrange 方程式

関数 $y = f(x)$ の極値問題を考えてみよう．図 1.6a に示したように，滑らかな関数 f が $x = a$ で極値をとるとすると，ここから微小量 ϵ だけ離れた点での関数の値との差 δf は

$$\delta f \equiv f(a+\epsilon) - f(a) = \epsilon f'(a) + O(\epsilon^2) \tag{1.71}$$

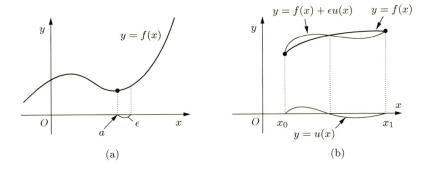

図 1.6　(a) 関数の極値と (b) 汎関数の極値

である．$x = a$ が f の極値であることは，この点が停留点であることを意味する．したがって，$f'(a) = 0$ が極値の条件となる．ただし，これが極大か極小かは，さらに高次の変化量 (具体的には 2 階の微分係数) をしらべる必要がある．

　同様にして，今度は積分汎関数の極値問題を考えてみよう．通常の関数は「数値」に「数値」を対応させるものであった．これに対して，**汎関数**は「関数」に「関数」を対応させるものである．汎関数のうち，関数を与えて，ある区間や領域での長さや面積などの積分値を計算する場合には「関数」に対して「数値」が対応することになる．積分を含むので，これを積分汎関数という．ここでは，もっとも簡単な場合として，関数 y およびその微分係数 $y' \equiv v$ を含む滑らかな関数 $F(y, v, x)$ を区間 $[x_0, x_1]$ で積分する場合を考えてみよう．すなわち

$$J[y] \equiv \int_{x_0}^{x_1} F(y, v, x)\,dx, \quad \text{ただし，} \quad y(x_0) = y_0, \quad y(x_1) = y_1 \quad (1.72)$$

である．問題は，境界条件 $y(x_0) = y_0, y(x_1) = y_1$ を満たす関数 y の中で，J に極値をとらせるのはどのようなものか，というものである．関数の極値問題と同様に，関数 y が $f(x)$ のときに J が極値をとるとして，ここから y を微小量 $\epsilon u(x)$ だけ変化させたときの積分値の変化 (これを**変分**という) δJ を評価する．ただし，$u(x)$ には問題の前提条件を満たすために，$u(x_0) = u(x_1) = 0$ の条件が課される以外は任意である (図 1.6b 参照)．式 (1.71) に対応して

$$\delta J = \int_{x_0}^{x_1} \left[F(y + \epsilon u, v + \epsilon u', x) - F(y, v, x) \right] dx$$

$$= \int_{x_0}^{x_1} \left[\epsilon u \frac{\partial F}{\partial y} + \epsilon u' \frac{\partial F}{\partial v} \right] dx + O(\epsilon^2)$$

$$= \epsilon \int_{x_0}^{x_1} u \left[\frac{\partial F}{\partial y} - \frac{d}{dx}\left(\frac{\partial F}{\partial v} \right) \right] dx + O(\epsilon^2)$$

ここで，積分の第 2 項を部分積分し，u についての境界条件を用いた．$y = f(x)$ が J の極値であることは，この関数が停留値を与えることを意味する．これは，$O(\epsilon)$ で $\delta J = 0$，すなわち

$$\int_{x_0}^{x_1} u(x) \left[\frac{\partial F}{\partial y} - \frac{d}{dx}\left(\frac{\partial F}{\partial v} \right) \right] dx = 0$$

を意味するが，$u(x)$ が $x = x_0$, x_1 での条件以外は任意関数であることから，被積分関数が 0 でなければならないことが導かれる．したがって，

$$\frac{\partial F}{\partial y} - \frac{d}{dx}\left(\frac{\partial F}{\partial v} \right) = 0 \tag{1.73}$$

を得る．これを **Euler–Lagrange** (オイラー–ラグランジュ) **方程式**とよぶ．この場合にも，これが極大か極小かを知るには 2 次の変分をしらべる必要がある．◁

なお，Euler–Lagrange 方程式 (1.73) は，F そのものではなく，F の偏導関数に対する方程式である．このため，任意の関数の x に関する全微分を加えても条件 (1.73) は変わらない．このことは直接確かめることができる．すなわち，もとの関数に全微分の形の付加項 $df(y,v,x)/dx$ を付け加えたとき，式 (1.72) は

$$\tilde{J}[y] \equiv \int_{x_0}^{x_1} \left(F(y,v,x) + \frac{df}{dx} \right) dx = \int_{x_0}^{x_1} F(y,v,x) dx + \left[f(y,v,x) \right]_{x_0}^{x_1} \tag{1.74}$$

となっているが，座標の両端 x_0, x_1 での変分は 0 であるから，変分をとると f を含む項は消えて $\delta \tilde{J} = \delta J$ となり，最終結果に影響を及ぼさない．これは変分関数の「不定性」とよばれている．

以上の方法は変分法として知られている．簡単な例題を示しておこう．

例 1.19 鉛直面内にある 2 つの地点の間を滑り台 (あるいは，ジェットコースター) で結ぶときに，もっとも短い時間で滑り降りることのできる斜面の形はどのようなものか? (これは**最速降下線**として知られている問題である.)

この問題をより正確に述べるために，いくつかの仮定をおいてモデル化する．図 1.7 に示したように，水平面内に x 軸，鉛直下向きに y 軸を選び，出発点を原点

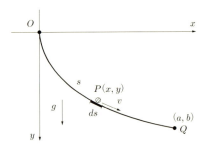

図 1.7 　最速降下線

O, 到達点を $Q(a,b)$ とする. 滑り降りる物体の質量を m, 鉛直下向きに働く重力加速度の大きさを g (一定) とする. ただし, 物体の大きさや物体と斜面との間のまさつは無視できるものとする. 物体が斜面上の点 $P(x,y)$ にあるときの斜面に沿った速さを v とする. 物理学でよく知られているように, まさつがないと力学的エネルギー保存則「$\frac{1}{2}mv^2 + mg(-y) = $一定」が成り立つので, 出発点 O で静止していたとすると, 点 P での速さは $v = \sqrt{2gy}$ となる. さて, 斜面に沿って原点から測った長さを s とすると, 点 P の近傍の線分 ds は $ds = \sqrt{(dx)^2 + (dy)^2} = \sqrt{1 + y'^2}\, dx$ と表され, この線分を通過するのに必要な時間 dt は $dt = ds/v$ となる. したがって, 点 O から点 Q まで到達するのに必要な時間 T は, これを積分し

$$T = \int_O^Q \frac{ds}{v} = \int_0^a \frac{\sqrt{1+y'^2}}{\sqrt{2gy}}\, dx = \frac{1}{\sqrt{2g}}\int_0^a F(y, y')\, dx, \quad F(y, y') = \sqrt{\frac{1+y'^2}{y}}$$

となる. これは, 式 (1.72) と同じ形をしており, 到達時間 T の極小値 (物理的な考察からこれは最小値であることは明らか) を与える関数 y の満たすべき方程式は式 (1.73) で与えられる.

一般に, 関数 F が y, $y'(=v)$ だけで表されるときは, 式 (1.73) は次のような積分が可能である. すなわち, 式 (1.73) の両辺に y' を掛けて変形すると

$$y'\left[\frac{\partial F}{\partial y} - \frac{d}{dx}\left(\frac{\partial F}{\partial y'}\right)\right] = \frac{d}{dx}\left(F - y'\frac{\partial F}{\partial y'}\right) = 0$$

となるので[*15], これを積分して

[*15] $\dfrac{d}{dx}F(y,y') = \dfrac{\partial F}{\partial y}\dfrac{dy}{dx} + \dfrac{\partial F}{\partial y'}\dfrac{dy'}{dx} = y'\dfrac{\partial F}{\partial y} + \dfrac{dy'}{dx}\dfrac{\partial F}{\partial y'}$

$$F - y'\frac{\partial F}{\partial y'} = C \quad (任意定数) \tag{1.75}$$

を得る．

この例題では，式 (1.75) に $F(y,y') = \sqrt{(1+y'^2)/y}$ を代入して

$$\sqrt{\frac{1+y'^2}{y}} - \frac{y'^2}{\sqrt{y(1+y'^2)}} = C \quad (定数), \qquad \therefore \quad \frac{\mathrm{d}y}{\mathrm{d}x} = \sqrt{\frac{k-y}{y}} \tag{1.76}$$

を得る．ただし，$k \equiv 1/C^2$ は正の定数であり，変形の途中で平方根を選ぶときに物理的な考察から $\mathrm{d}y/\mathrm{d}x \geq 0$ とした．式 (1.76) は，変数分離型の常微分方程式であるから，容易に積分できて (工学教程「常微分方程式」を参照)

$$x = \frac{k}{2}(\theta - \sin\theta), \qquad y = \frac{k}{2}(1 - \cos\theta) \tag{1.77}$$

を得る[*16]．式 (1.77) の表す曲線はサイクロイド (cycloid) とよばれるものである．

サイクロイドは，円を転がすときに円周上の点が描く軌跡として知られている (図 1.8a を参照)．とくに $\theta = 2\pi$ に対応する点 Q は，経路の最下点を通り過ぎたのち再びもとの高さに戻ってくる位置を表し，そのときの水平移動距離 l は $2\pi a$，また，それまでに要した時間 T は，

$$T = \sqrt{\frac{2\pi l}{g}} = 2\pi\sqrt{\frac{a}{g}}$$

となることがわかる．これを応用し，同じ高さで水平距離 l だけ離れた 2 地点 O, Q をサイクロイドで結ぶようなジェットコースターをつくると，移動に必要な時間

$$\frac{\mathrm{d}}{\mathrm{d}x}\left(y'\frac{\partial F}{\partial y'}\right) = \frac{\mathrm{d}y'}{\mathrm{d}x}\frac{\partial F}{\partial y'} + y'\frac{\mathrm{d}}{\mathrm{d}x}\left(\frac{\partial F}{\partial y'}\right)$$

[*16] 式 (1.76) から

$$\mathrm{d}x = \sqrt{\frac{y}{k-y}}\mathrm{d}y$$

となるので，左辺を x で，右辺を y でそれぞれ積分する．積分するにあたり，$y = k\sin^2(\theta/2) = (k/2)(1-\cos\theta)$ とおくと

$$x = \int^y \sqrt{\frac{y}{k-y}}\mathrm{d}y = k\int^\theta \sin^2\frac{\theta}{2}\mathrm{d}\theta = \frac{k}{2}(\theta - \sin\theta) + C_1 \quad (C_1 は積分定数)$$

出発点は原点 O であるから，$\theta = 0$ で $x = y = 0$，したがって，$C_1 = 0$ となる．以上より

$$y = \frac{k}{2}(1 - \cos\theta), \qquad x = \frac{k}{2}(\theta - \sin\theta)$$

を得る．定数 k は，この曲線が点 Q を通るという条件から決定される．

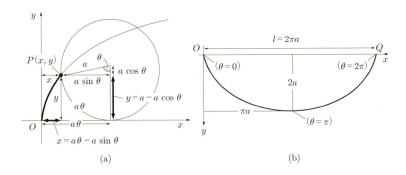

図 1.8 サイクロイド

は $l = 100\,\mathrm{m}$ では $T = 8.01$ 秒程度，$l = 1\mathrm{km}$ では $T = 25.3$ 秒程度，$l = 100\,\mathrm{km}$ では $T = 4$ 分 13 秒程度，$l = 1000\,\mathrm{km}$ では $T = 13$ 分 21 秒程度，などと計算される (図 1.8b を参照). ◁

変分法についてのさらに詳しい説明は工学教程「最適化と変分法」にゆずる．

1.5.2 Lagrange の方程式と正準方程式

力学の問題では，座標 x と速度 $v\,(= \mathrm{d}x/\mathrm{d}t)$ で定義された関数 L [これを **La-grange** (ラグランジュ) 関数 とよぶ] の積分汎関数

$$J = \int_{t_0}^{t_1} L(x, v, t)\,\mathrm{d}t \tag{1.78}$$

の極値問題を考える．ここで $t = t_0,\ t_1$ での境界条件は $x(t_0) = x_0,\ x(t_1) = x_1$ であり，前項と同様に J の変分 δJ を計算すると

$$\frac{\mathrm{d}}{\mathrm{d}t}\left(\frac{\partial L}{\partial v}\right) - \frac{\partial L}{\partial x} = 0 \tag{1.79}$$

を得る．そこで

$$p = \frac{\partial L}{\partial v} \tag{1.80}$$

とおき，また，v を p で表して $L(x, v, t)$ から $x,\ p,\ t$ の関数 $H(x, p, t) \equiv pv - L$ に変換する[*17]．力学的には H はエネルギーの意味があり，これを座標と運動量

[*17] この例のように，関連する変数の組の間で独立変数を変える変換を **Legendre** (ルジャンドル) 変換という．

で表現したものは **Hamilton** (ハミルトン) 関数とよばれる．H と L は相反的で，$L = pv - H$ によって変数 v と p は入れ替わる．したがって，

$$v = \frac{\partial H}{\partial p} \left(= \frac{\mathrm{d}x}{\mathrm{d}t} \right) \tag{1.81}$$

また，式 (1.79) は

$$\frac{\mathrm{d}p}{\mathrm{d}t} = \frac{\partial L}{\partial x} = -\frac{\partial H}{\partial x} \tag{1.82}$$

となる．方程式 (1.81), (1.82) の組

$$\frac{\mathrm{d}x}{\mathrm{d}t} = \frac{\partial H}{\partial p}, \qquad \frac{\mathrm{d}p}{\mathrm{d}t} = -\frac{\partial H}{\partial x} \tag{1.83}$$

を正準方程式，あるいは **Hamilton** (ハミルトン) の方程式とよぶ． ◁

なお，多変数の場合の一般表現を掲げておく．位置 x_i，速度 v_i $(i = 1, 2, \cdots, n)$ の場合には，Lagrange 関数は $L = L(x_1, \cdots, x_n, v_1, \cdots, v_n, t)$ であり，式 (1.79) は

$$\frac{\mathrm{d}}{\mathrm{d}t}\left(\frac{\partial L}{\partial v_i}\right) - \frac{\partial L}{\partial x_i} = 0 \qquad (i = 1, 2, \cdots, n) \tag{1.84}$$

となる．また，式 (1.80) は

$$p_i = \frac{\partial L}{\partial v_i} \qquad (i = 1, 2, \cdots, n) \tag{1.85}$$

である．Legendre 変換 $L = \sum_{i=1}^{n} p_i v_i - H$ によって，$H = H(x_1, \cdots, x_n, p_1, \cdots, p_n, t)$ と表され，正準方程式は

$$\frac{\mathrm{d}x_i}{\mathrm{d}t} = \frac{\partial H}{\partial p_i}, \qquad \frac{\mathrm{d}p_i}{\mathrm{d}t} = -\frac{\partial H}{\partial x_i} \qquad (i = 1, 2, \cdots, n) \tag{1.86}$$

となる．

1.5.3 正 準 変 換

座標と運動量の組 x_i, p_i $(n = 1, \cdots, n)$ から，新しい変数の組 Q_i, P_i $(n = 1, \cdots, n)$ への変数変換を考える．これによって，$H(x_i, p_i, t)$ も $K(Q_i, P_i, t)$ に変わる．このとき，

$$\frac{\mathrm{d}Q_i}{\mathrm{d}t} = \frac{\partial K}{\partial P_i}, \qquad \frac{\mathrm{d}P_i}{\mathrm{d}t} = -\frac{\partial K}{\partial Q_i} \tag{1.87}$$

となるようなものを**正準変換**とよぶ．

　正準変換であるためには，新たな変数についても Lagrange 関数の変分が 0，すなわち，

$$\delta \left(\int_{t_0}^{t_1} L \, \mathrm{d}t \right) = \delta \left(\int_{t_0}^{t_1} \left[\sum_{i=1}^{n} \dot{x}_i p_i - H(x_i, p_i, t) \right] \mathrm{d}t \right) = 0$$

が成り立たなければならない．ここで，簡単のために，時間微分を上付きドットで表記した．式 (1.74) でみたように，変分計算では被積分関数に任意関数の全微分を付加しておいても，結果には影響しないので，

$$\dot{x}_i p_i - H(x_i, p_i, t) = \dot{Q}_i P_i - K(Q_i, P_i, t) + \frac{\mathrm{d}}{\mathrm{d}t} F \tag{1.88}$$

の関係があればよい．ここに現れた関数 F を**母関数**とよぶ．　　　　　　　◁

　母関数の選び方に次の 4 種類がある．（これらも，Legendre 変換の一例であり，母関数の独立変数を変えることにより，互いに入れ替わる．）

a. $F = F_1(x_i, Q_i, t)$ の場合

$$\dot{Q}_i P_i - K(Q_i, P_i, t) + \frac{\mathrm{d}}{\mathrm{d}t} F_1(x_i, Q_i, t) = \dot{Q}_i P_i - K + \frac{\partial F_1}{\partial t} + \frac{\partial F_1}{\partial x_i} \dot{x}_i + \frac{\partial F_1}{\partial Q_i} \dot{Q}_i$$

$$= \dot{x}_i p_i - H$$

が成り立つための条件は，

$$P_i = -\frac{\partial F_1}{\partial Q_i}, \quad p_i = \frac{\partial F_1}{\partial x_i}, \quad K = H + \frac{\partial F_1}{\partial t} \tag{1.89}$$

となる．

b. $F = F_2(x_i, P_i, t) - P_i Q_i$ の場合

　$F = F_2(x_i, P_i, t) - P_i Q_i$ とおいて，同様の計算を行うと[18]

$$p_i = \frac{\partial F_2}{\partial x_i}, \quad Q_i = \frac{\partial F_2}{\partial P_i}, \quad K = H + \frac{\partial F_2}{\partial t}, \tag{1.90}$$

---

[18] $F = F_2(x_i, P_i, t)$ のままで計算を実行すると

$$\dot{x}_i p_i - H = \dot{Q}_i P_i - K(Q_i, P_i, t) + \frac{\partial F_2}{\partial t} + \frac{\partial F_2}{\partial x_i} \dot{x}_i + \frac{\partial F_2}{\partial P_i} \dot{P}_i$$

となり，$\dot{P}_i$ と釣り合う項がない．そこで，右辺第 1 項を $\dot{Q}_i P_i = \frac{\mathrm{d}}{\mathrm{d}t}(Q_i P_i) - Q_i \dot{P}_i$ と書き換え，全微分 $\frac{\mathrm{d}}{\mathrm{d}t}(Q_i P_i)$ を母関数に繰り込んでおけばよい．

c. $F = F_3(Q_i, p_i, t) + p_i x_i$ の場合

$F = F_3(Q_i, p_i, t) + p_i x_i$ とおいて，同様の計算を行うと

$$P_i = -\frac{\partial F_3}{\partial Q_i}, \quad x_i = -\frac{\partial F_3}{\partial p_i}, \quad K = H + \frac{\partial F_3}{\partial t} \tag{1.91}$$

d. $F = F_4(p_i, P_i, t) - P_i Q_i + p_i x_i$ の場合

$F = F_4(p_i, P_i, t) - P_i Q_i + p_i x_i$ とおいて，同様の計算を行うと

$$Q_i = \frac{\partial F_4}{\partial P_i}, \quad x_i = -\frac{\partial F_4}{\partial p_i}, \quad K = H + \frac{\partial F_4}{\partial t} \tag{1.92}$$

などが得られる. ◁

例 1.20 $F = F_2 = x_i P_i$ とすると $p_i = P_i$, $Q_i = x_i$ となる．これは恒等変換である． ◁

例 1.21 $F = F_1 = x_i Q_i$ とすると $p_i = Q_i$, $P_i = -x_i$ となり，座標と運動量が (符号は別として) 入れ替わる．このように正準変換を行うと座標と運動量の区別も意味がなく，きわめて一般的な変数として扱われることになる． ◁

1.5.4 Hamilton–Jacobi の方程式

正準変換 $(x_i, p_i) \to (Q_i, P_i)$ を行い，新しい Hamilton 関数 K が恒等的に 0 となるような母関数 F がみつかったと仮定する．このときには

$$\dot{Q}_i = \frac{\partial K}{\partial P_i} = 0, \quad \dot{P}_i = -\frac{\partial K}{\partial Q_i} = 0 \quad (i = 1, \cdots, n)$$

であるから

$$P_i = \alpha_i (\text{定数}), \quad Q_i = \beta_i (\text{定数}) \quad (i = 1, \cdots, n)$$

となる．これを逆に解くと

$$x_i = x_i(\alpha_1, \cdots, \alpha_n, \beta_1, \cdots, \beta_n, t), \quad p_i = p_i(\alpha_1, \cdots, \alpha_n, \beta_1, \cdots, \beta_n, t)$$

が得られるので，これら $2n$ 個の定数を決めれば問題は解けたことになる．こうして，問題は前述のような母関数 F を求めることに帰着される．

母関数として，前項の b のタイプを採用すると

$$Q_i = \frac{\partial F}{\partial P_i}, \qquad p_i = \frac{\partial F}{\partial x_i}$$

であり，

$$H\left(x_1, \cdots, x_n, \frac{\partial F}{\partial x_1}, \cdots, \frac{\partial F}{\partial x_n}, t\right) + \frac{\partial F}{\partial t} = 0 \tag{1.93}$$

を得る．式 (1.93) を **Hamilton–Jacobi** (ハミルトン–ヤコビ) の**方程式**とよぶ．これは F についての 1 階の偏微分方程式で，独立変数は $x_1, \cdots, x_n, t$ の $(n+1)$ 個である．

1.6　正準方程式の積分

力学の応用では，正準方程式 (Hamilton–Jacobi の方程式) の一般解を求めるよりも，独立変数の数と同じ個数の独立な定数を含む解，すなわち完全解をみつければよいという場合が多い．したがって，式 (1.93) の解としては $(n+1)$ 個の定数を含むものを探すことが重要となる．ところで，F についての式 (1.93) は F の偏導関数だけで構成されているので，任意の定数を加えても影響はない．これを考慮して $F = W + \alpha_{n+1}$ (定数) とおくと，W は

$$\frac{\partial W}{\partial t} + H\left(x_1, \cdots, x_n, \frac{\partial W}{\partial x_1}, \cdots, \frac{\partial W}{\partial x_n}, t\right) = 0 \tag{1.94}$$

を満たす．α_{n+1} は任意定数であり，力学の問題に直接現れることはない．ここに現れた関数 W は **Hamilton** (ハミルトン) の**主関数**とよばれている．これにより，定数を 1 つ減らすことができたので，今度はこれを解いて n 個の定数 α_i $(i = 1, \cdots, n)$ を含む解

$$W = W(x_1, \cdots, x_n, \alpha_1, \cdots, \alpha_n, t) \tag{1.95}$$

をみつければよい．これがみつかったなら，その定数 α_i を新しい運動量に選んで

$$P_i = \alpha_i \qquad (i = 1, \cdots, n) \tag{1.96}$$

とする．また，

$$Q_i = \frac{\partial W}{\partial P_i} = \frac{\partial}{\partial \alpha_i} W(\boldsymbol{x}, \boldsymbol{\alpha}, t) = \beta_i \qquad (i = 1, \cdots, n) \tag{1.97}$$

を新しい座標に選ぶ．ここで，表記を簡単にするために $\boldsymbol{x} = (x_1, \cdots, x_n)$, $\boldsymbol{\alpha} = (\alpha_1, \cdots, \alpha_n)$, $\boldsymbol{\beta} = (\beta_1, \cdots, \beta_n)$ などと表した．式 (1.97) から x_i を解くと

$$x_i = \phi_i(\boldsymbol{\alpha}, \boldsymbol{\beta}, t) \qquad (i = 1, \cdots, n) \tag{1.98}$$

となる．また，p_i も

$$p_i = \frac{\partial}{\partial x_i} W(\boldsymbol{x}(\boldsymbol{\alpha}, \boldsymbol{\beta}, t), \boldsymbol{\alpha}, t) = \psi_i(\boldsymbol{\alpha}, \boldsymbol{\beta}, t) \qquad (i = 1, \cdots, n) \tag{1.99}$$

のように，いずれも $2n$ 個の積分定数を含んだ解が得られる． ◁

残された課題は，いかにして W を求めるかということになるが，これは 1 階の準線形偏微分方程式の解法の一般論に従えばよい．まず

$$\frac{\partial W}{\partial t} = p, \quad \frac{\partial W}{\partial x_1} = p_1, \quad \cdots, \quad \frac{\partial W}{\partial x_n} = p_n \tag{1.100}$$

を用いて，式 (1.94) を

$$p + H(x_1, \cdots, x_n, p_1, \cdots, p_n, t) = 0 \tag{1.101}$$

と表し，Lagrange–Charpit の方法を適用する．補助方程式は

$$\frac{\mathrm{d}x_1}{\frac{\partial H}{\partial p_1}} = \cdots = \frac{\mathrm{d}x_n}{\frac{\partial H}{\partial p_n}} = \frac{\mathrm{d}p_1}{-\frac{\partial H}{\partial x_1}} = \cdots = \frac{\mathrm{d}p_n}{-\frac{\partial H}{\partial x_n}} = \frac{\mathrm{d}p}{-\frac{\partial H}{\partial t}} = \frac{\mathrm{d}t}{1} \tag{1.102}$$

である．あとは，具体的な問題が与えられたときに，それに応じて式 (1.102) を解いて解を求めればよい． ◁

例 1.22 簡単な例として，自由粒子の運動を考えてみよう．ここで，自由粒子とは外力の働いていない粒子のことで，力学的なエネルギーは運動エネルギーだけとなる．

3 次元空間での粒子の位置を (x_1, x_2, x_3)，速度を (v_1, v_2, v_3)，運動量を (p_1, p_2, p_3) と表すことにする．空間座標 (x, y, z) のかわりに (x_1, x_2, x_3) を用いたのは本文での表記 x_i などに合わせたものであり，運動量は粒子の質量を m として $p_i = mv_i$ $(i = 1, 2, 3)$ の関係にある．

まず，Hamilton 関数は

$$H = \frac{1}{2m}(p_1{}^2 + p_2{}^2 + p_3{}^2)$$

と表せる[*19]．一般論に従って，Hamilton の主関数 W (1.5.3 項の **b** のタイプ) を導入する．ここで

$$p_i = \frac{\partial W}{\partial x_i} \qquad (i=1,2,3)$$

である．これから，式 (1.94) の形の Hamilton–Jacobi の方程式

$$\frac{\partial W}{\partial t} + \frac{1}{2m}\left[\left(\frac{\partial W}{\partial x_1}\right)^2 + \left(\frac{\partial W}{\partial x_2}\right)^2 + \left(\frac{\partial W}{\partial x_3}\right)^2\right] = 0$$

を得る．次に，これを解く．たとえば $W = T(t) + U_1(x_1) + U_2(x_2) + U_3(x_3)$ のような変数分離を行うと，

$$\frac{dT}{dt} = -E, \quad \frac{dU_1}{dx_1} = \alpha_1, \quad \cdots, \quad \frac{dU_3}{dx_3} = \alpha_3$$

ただし

$$E = \frac{1}{2m}(\alpha_1{}^2 + \alpha_2{}^2 + \alpha_3{}^2)$$

を得る．これを積分して

$$T = -Et + 定数, \quad U_1 = \alpha_1 x_1 + 定数, \quad \cdots, \quad U_3 = \alpha_3 x_3 + 定数$$

したがって

$$W = -Et + \sum_{i=1}^{3} \alpha_i x_i + 定数$$
$$= -\frac{1}{2m}(\alpha_1{}^2 + \alpha_2{}^2 + \alpha_3{}^2)t + \sum_{i=1}^{3}\alpha_i x_i + \alpha_4 (定数)$$

を得る．ここに現れている定数 α_4 は，Hamilton–Jacobi の方程式が偏導関数だけから構成されていて，任意の定数が解になることからもわかるように，特別な意味はない．そこで，これ以降は $\alpha_4 = 0$ とする．

母関数 (Hamilton の主関数) W がわかったので，これを微分し，

$$Q_i = \frac{\partial W}{\partial \alpha_i} = -\frac{\alpha_i t}{m} + x_i = \beta_i (一定), \qquad p_i = \frac{\partial W}{\partial x_i} = \alpha_i \qquad (i=1,2,3)$$

[*19] 式 (1.80) より，
$$\boldsymbol{p} = \frac{\partial L}{\partial \boldsymbol{v}} = m\boldsymbol{v}, \qquad \therefore L = \frac{1}{2}mv^2$$
Legendre 変換により
$$H = \boldsymbol{p}\cdot\boldsymbol{v} - L = \frac{p^2}{2m}$$

を得る.

ここで $\alpha_i/m = v_i$ と書き直すと,この結果は

$$x_i = \beta_i + v_i t, \qquad p_i = m v_i$$

となり,粒子が等速直線運動をしていることがわかる.もし,一定速度 v_i で移動している慣性系に移ると

$$Q_i = x_i - v_i t = \beta_i \,(\text{一定}) \quad (i = 1, 2, 3)$$

となり,この座標系では粒子が静止していることを表している. ◁

2 2階線形偏微分方程式

　この章では，理工学でとくに重要な2階の線形偏微分方程式について，その分類や解法についての基本的な事柄を説明する．とくに，偏微分方程式を解くのに有効な方法として，変数分離により常微分方程式に帰着させる方法や直交関数展開，Green関数を用いた初期値・境界値問題の解法などについて述べる．もう1つの重要な解法である積分変換については次章で扱う．

2.1　2階線形偏微分方程式の例

　物理学や工学で現れる偏微分方程式は，線形2階のものが多い．線形微分方程式とは，その解が重ね合わせの原理で構成できるような微分方程式であり，2階とは，変数に関して2階微分までを含んでいるという意味である．その例として，以下に波動方程式，拡散方程式，Poisson方程式(その特別な場合としてLaplace方程式)，の3つについて述べる．この節では，方程式の導出に重点を置き，それらの解法についてはのちに述べる．

2.1.1　波 動 方 程 式

　1次元の弦の振動を考えよう．図2.1aに示すように，両端が壁に固定されており，張力 T が各部分に働いているとする．位置 x における長さ dx の微小部分を考え，その線密度を ρ，時刻 t における z 方向の変位を $u(x,t)$ とすると，Newtonの運動方程式は

$$\rho\,dx \frac{\partial^2 u(x,t)}{\partial t^2} = T\left(\frac{\partial u(x+dx,t)}{\partial x} - \frac{\partial u(x,t)}{\partial x}\right) \tag{2.1}$$

と書ける．ここで，張力は接線方向に働くので，運動方程式にはその z 成分のみを考慮した(図2.10b参照)．右辺を dx について1次まで展開し，両辺を dx で割ると

$$\frac{\partial^2 u(x,t)}{\partial t^2} = c^2 \frac{\partial^2 u(x,t)}{\partial x^2} \tag{2.2}$$

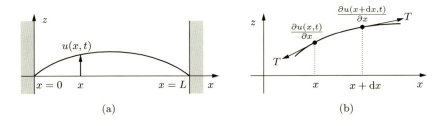

図 2.1 (a) 両端が固定された弦の振動 (b) 弦の微小部分とそれに働く張力

を得る[11]. ここで $c = \sqrt{T/\rho}$ とおいた. この c は, 物理的には速度を表す. これは**波動方程式**とよばれ, 光, 音波, 電波など波動現象を広く記述する基本方程式である. この方程式は, 時間に関して反転対称性をもつ, つまり $t \to -t$ の変換に対して不変である. ここで両端が固定されているという条件は $u(0,t) = u(L,t) = 0$ という式で表現され, これを**境界条件**とよぶ.

2.1.2 拡散方程式

インクを一滴, 水の中に垂らすと, 時間とともに広がっていき, 最後には一様に分布する. この過程を記述する方程式を以下に導く. 簡単のために 1 次元の場合を考え, 時刻 t, 位置 x におけるインクの密度を $u(x,t)$ とする. インクの流束[*1] $J(x,t)$ は密度勾配に比例している (向きは逆, つまり密度の高いところから低いところに流れる) ので, D を正の係数として

$$J(x,t) = -D\frac{\partial u(x,t)}{\partial x} \tag{2.3}$$

と書ける. いま, x 軸に垂直な面 (断面積 S) で x と $x+dx$ の間にある領域 $S dx$ の中にあるインク総量の単位時間あたりの増加量を考えると, その時間内に $x + dx$ での面から出ていく流量と x での面から入って来る流量の差がそれに相当するので

$$\frac{\partial u(x,t)}{\partial t}(S\,dx) = -J(x+dx,t)S + J(x,t)S = -\frac{\partial J(x,t)}{\partial x}S\,dx \tag{2.4}$$

という式が立つ. 式 (2.3) と式 (2.4) を合わせると,

$$\frac{\partial u(x,t)}{\partial t} = D\frac{\partial^2 u(x,t)}{\partial x^2} \tag{2.5}$$

[*1] 単位時間に単位断面積を垂直に通過する流量.

が得られる．ここで D は**拡散定数**とよばれ，この方程式を**拡散方程式**とよぶ．前述の波動方程式とは対照的に，この方程式は $t \to -t$ の変換に対して不変ではない．これは，インクの拡散過程のフィルムを逆回しにして，一様な分布からインクが一箇所に集まる過程は起こりえないこと，つまりこの方程式が不可逆な過程を記述していることを表している．インクが初期時刻 $t=0$ で $x=0$ に集中していることは，$u(x,0) = \delta(x)$ という式で表現される．これを**初期条件**とよぶ．ここで $\delta(x)$ はデルタ関数 (デルタ関数については 2.4.1 項を参照) である．

2.1.3　Laplace–Poisson 方程式

電磁気学で，静電気学ポテンシャル問題がある．簡単のために 2 次元問題を考え，スカラーポテンシャル $u(x,y)$ によって電場 $\boldsymbol{E}$ が $\boldsymbol{E} = (E_x, E_y) = -\nabla u(x,y) = -(\partial u/\partial x, \partial u/\partial y)$ と表現されている場合を考える．Maxwell 方程式によると

$$\nabla \cdot \boldsymbol{E}(x,y) = \frac{\partial E_x(x,y)}{\partial x} + \frac{\partial E_y(x,y)}{\partial y} = \frac{\rho(x,y)}{\varepsilon_0} \tag{2.6}$$

である．ここで，$\rho(x,y)$ は電荷密度，ε_0 は真空の誘電率である．これを u に対する方程式に直すと $f(x,y) = -\rho(x,y)/\varepsilon_0$ として

$$\frac{\partial^2 u(x,y)}{\partial x^2} + \frac{\partial^2 u(x,y)}{\partial y^2} = f(x,y) \tag{2.7}$$

となる．これを **Poisson** (ポアソン) **方程式**とよぶ．

特に右辺 f が 0 の場合の方程式

$$\frac{\partial^2 u(x,y)}{\partial x^2} + \frac{\partial^2 u(x,y)}{\partial y^2} = 0 \tag{2.8}$$

を **Laplace** (ラプラス) **方程式**とよび，その解を**調和関数**とよぶ．一般に，空間変数による 2 階微分は曲率[*2]を特徴づける．したがって，2 次元の Laplace 方程式は曲面上の各点で x 方向の曲率と y 方向の曲率の和が 0 になることを示している．これはたとえば針金でつくった枠に張った石鹸水の膜の形のように，滑らかな曲

[*2] $y = u(x)$ の曲率 κ は

$$\kappa = \frac{u''(x)}{(1+u'^2)^{3/2}}$$

であり，その逆数が曲率半径 R である．緩やかに変化する関数では $u'^2 \ll 1$ なので，$\kappa \approx u''(x)$ と考えてよい．

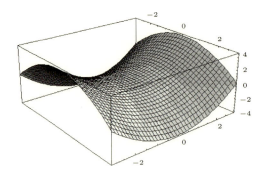

図 2.2　Laplace 方程式と積分曲面

面上のどの点においても，1つの方向が凸であればそれと直交するもう1つの方向が凹になっていることになる (図 2.2 参照)．面の裏側と表側で圧力は等しい．これに対して，シャボン玉のように凸の曲面で囲まれているときは，曲率の和は 0 ではない．これはシャボン玉の内部が外部より高い圧力になっていることを表している．電磁気学でも同様で，電荷がないときの電場のポテンシャルは Laplace 方程式に従い，平均曲率が 0 の滑らかな曲面になる．これに対して，内部に電荷が存在しているときは Poisson 方程式によって表される．

2.2　2階偏微分方程式の分類と一般論

2.2.1　分類 (双曲型，楕円型，放物型)

2つの独立変数 (x, y とする) に依存した従属変数 u に対する 2 階の線形偏微分方程式の一般形は

$$A\frac{\partial^2 u}{\partial x^2} + 2B\frac{\partial^2 u}{\partial x \partial y} + C\frac{\partial^2 u}{\partial y^2} + D\frac{\partial u}{\partial x} + E\frac{\partial u}{\partial y} + Fu = G \tag{2.9}$$

と表される．ここで，$A, B, \cdots, G$ は x, y の連続関数 (既知) で，A, B, C が同時に 0 になることはないと仮定している．この方程式を簡単にするために変数変換 $\xi = \xi(x, y)$, $\eta = \eta(x, y)$ を行ってみよう．これにより式 (2.9) は，一般に

$$A^*\frac{\partial^2 u}{\partial \xi^2} + 2B^*\frac{\partial^2 u}{\partial \xi \partial \eta} + C^*\frac{\partial^2 u}{\partial \eta^2} + D^*\frac{\partial u}{\partial \xi} + E^*\frac{\partial u}{\partial \eta} + F^*u = G^* \tag{2.10}$$

$$A^* = A{\xi_x}^2 + 2B\xi_x\xi_y + C{\xi_y}^2 \tag{2.11}$$

$$B^* = A\xi_x\eta_x + B(\xi_x\eta_y + \xi_y\eta_x) + C\xi_y\eta_y \tag{2.12}$$

$$C^* = A{\eta_x}^2 + 2B\eta_x\eta_y + C{\eta_y}^2 \tag{2.13}$$

$$D^* = A\xi_{xx} + 2B\xi_{xy} + C\xi_{yy} + D\xi_x + E\xi_y \tag{2.14}$$

$$E^* = A\eta_{xx} + 2B\eta_{xy} + C\eta_{yy} + D\eta_x + E\eta_y \tag{2.15}$$

$$F^* = F(x(\xi,\eta), y(\xi,\eta)) \tag{2.16}$$

$$G^* = G(x(\xi,\eta), y(\xi,\eta)) \tag{2.17}$$

$$B^{*2} - A^*C^* = (\xi_x\eta_y - \xi_y\eta_x)^2(B^2 - AC) \tag{2.18}$$

と表されるので，$A^*, \cdots, C^*$ が都合のよい数になるように ξ, η を選べばよい[*3]．なお，この項での $\xi_x, \xi_y, \eta_x, \cdots$ などの添字 x, y はベクトルの成分ではなく，それぞれの変数についての偏微分を表す．

ここで，係数 A^*, C^* の関係式を

$$\frac{A^*}{{\xi_y}^2} = A\left(\frac{\xi_x}{\xi_y}\right)^2 + 2B\left(\frac{\xi_x}{\xi_y}\right) + C \tag{2.19}$$

$$\frac{C^*}{{\eta_y}^2} = A\left(\frac{\eta_x}{\eta_y}\right)^2 + 2B\left(\frac{\eta_x}{\eta_y}\right) + C \tag{2.20}$$

と書き直し，これらを 2 次方程式 $Az^2 + 2Bz + C = 0$ の解 $z(A, B, C)$ と比較すると，式 (2.10) は次の 3 つの型に分類できる．

a. $B^2 - AC > 0$ のとき

$Az^2 + 2Bz + C = 0$ は 2 つの実数解をもつ．そこで z の 2 つの実数解として $\xi_x/\xi_y, \eta_x/\eta_y$ を選べば，$A^* = 0, C^* = 0$ とすることができる．これによって，式 (2.10) は

$$2B^*\frac{\partial^2 u}{\partial\xi\partial\eta} + D^*\frac{\partial u}{\partial\xi} + E^*\frac{\partial u}{\partial\eta} + F^*u = G^* \tag{2.21}$$

すなわち

$$\frac{\partial^2 u}{\partial\xi\partial\eta} = P\left(\xi, \eta, u, \frac{\partial u}{\partial\xi}, \frac{\partial u}{\partial\eta}\right) \tag{2.22}$$

[*3] もとの変数の組 (x, y) から新たな変数の組 (ξ, η) に変換をするときに，これらが 1 対 1 に対応するためには，関数行列式 $J \equiv \xi_x\eta_y - \xi_y\eta_x$ が 0 でないことが必要十分である．したがって，上の変換は $J \neq 0$ が成り立つ点の近傍 (領域) で行っている．

あるいは，さらに $\xi = (1/2)(s+ct)$, $\eta = (1/2)(s-ct)$ と変数変換して

$$\frac{\partial^2 u}{\partial s^2} - \frac{1}{c^2}\frac{\partial^2 u}{\partial t^2} = \tilde{P}\left(s, t, u, \frac{\partial u}{\partial s}, \frac{\partial u}{\partial t}\right) \tag{2.23}$$

を得る．これらを**双曲型偏微分方程式**の標準形とよぶ．

理工学によく登場するものは

$$\frac{\partial^2 u}{\partial x^2} = \frac{1}{c^2}\frac{\partial^2 u}{\partial t^2} \tag{2.24}$$

で，その物理的な意味から**波動方程式**とよばれる (2.1.1 項参照)．とくに，空間座標については x だけに依存しているので，1 次元の波動方程式である．膜の振動の問題のように，空間座標 x, y の 2 変数に依存する場合には 2 次元の波動方程式

$$\frac{\partial^2 u}{\partial x^2} + \frac{\partial^2 u}{\partial y^2} = \frac{1}{c^2}\frac{\partial^2 u}{\partial t^2} \tag{2.25}$$

となる．また，1 点から生じた圧力波，地震波，電磁波などの 3 次元的な広がりをもつ問題では，空間座標 x, y, z に依存するので

$$\frac{\partial^2 u}{\partial x^2} + \frac{\partial^2 u}{\partial y^2} + \frac{\partial^2 u}{\partial z^2} = \frac{1}{c^2}\frac{\partial^2 u}{\partial t^2} \tag{2.26}$$

となる．

例 2.1 A, B, C が定数のとき，x, y から ξ, η への変換によって，式 (2.22) の形にするにはどのような変換をすればよいのであろうか？

この項のはじめに述べたように，それには $A^* = 0$, $C^* = 0$ とする必要がある．前者については，式 (2.11) [あるいは，式 (2.19)] から，ξ の満たすべき方程式が

$$A\xi_x + (B + \sqrt{B^2 - AC})\xi_y = 0 \quad \text{または} \quad A\xi_x + (B - \sqrt{B^2 - AC})\xi_y = 0$$

であることがわかる．これは前章 1.2.2 項で述べた方程式 (1.19) で

$$a = A, \quad b = B \pm \sqrt{B^2 - AC}, \quad p = \frac{\partial \xi}{\partial x}, \quad q = \frac{\partial \xi}{\partial y}$$

とおいたものと同じである．式 (1.21) を参考にして，上式を解くと

$$(B \pm \sqrt{B^2 - AC})x - Ay = \text{定数}$$

を得る．後者 (変数 η) についても同様であるが，ξ, η が異なる座標となるように選ぶと，たとえば

$$\xi = (B + \sqrt{B^2 - AC})x - Ay, \quad \eta = (B - \sqrt{B^2 - AC})x - Ay \tag{2.27}$$

とすればよい． ◁

b. $B^2 - AC < 0$ のとき

この場合には z は 2 つの共役複素数解をもつ．これを $\xi_x/\xi_y, \eta_x/\eta_y$ に選べば，$A^* = 0$, $C^* = 0$ とすることができる．したがって，式 (2.10) から

$$\frac{\partial^2 u}{\partial \xi \partial \eta} = Q\left(\xi, \eta, u, \frac{\partial u}{\partial \xi}, \frac{\partial u}{\partial \eta}\right) \tag{2.28}$$

を得る．ここまでは **a** と同様であるが，$\eta = \overline{\xi}$ を考慮して，さらに $\xi = (1/2)(\sigma + i\tau)$, $\eta = (1/2)(\sigma - i\tau)$ と変数変換すれば

$$\frac{\partial^2 u}{\partial \sigma^2} + \frac{\partial^2 u}{\partial \tau^2} = \tilde{Q}\left(\sigma, \tau, u, \frac{\partial u}{\partial \sigma}, \frac{\partial u}{\partial \tau}\right) \tag{2.29}$$

となる．これらを**楕円型偏微分方程式**の標準形とよぶ．

理工学によく登場する形は

$$\frac{\partial^2 u}{\partial x^2} + \frac{\partial^2 u}{\partial y^2} = 0 \tag{2.30}$$

である．これは式 (2.8) で述べた **Laplace 方程式** である．空間座標の x, y に依存することを明確にするために 2 次元の Laplace 方程式ということもある．また，その従属変数 u はポテンシャルとよばれる．右辺が 0 でない場合の方程式

$$\frac{\partial^2 u}{\partial x^2} + \frac{\partial^2 u}{\partial y^2} = g(x, y) \tag{2.31}$$

は **Poisson 方程式**とよばれている (2.1.3 項参照)．3 つの空間座標 x, y, z に依存する 3 次元の問題では式 (2.30)，式 (2.31) のそれぞれに対応して $\triangle u = 0$, $\triangle u = g$ となる．ここで $\triangle$ は

$$\triangle = \frac{\partial^2}{\partial x^2} + \frac{\partial^2}{\partial y^2} + \frac{\partial^2}{\partial z^2} \tag{2.32}$$

と定義され，**ラプラス演算子**，あるいは**ラプラシアン**とよばれる．

c. $B^2 - AC = 0$ のとき

この場合には z は 1 つの重解をもつので，A^*, C^* のいずれかを 0 とすることができる．そこで，たとえば，$C^* = 0$ と選ぶ．また，式 (2.18) で $\xi_x/\xi_y = \eta_x/\eta_y$ とすると $B^{*2} - A^*C^* = (\xi_x\eta_y - \xi_y\eta_x)^2(B^2 - AC) = 0$ となるので，$B^* = 0$ でなければならない．したがって

$$A^*\frac{\partial^2 u}{\partial \xi^2} + D^*\frac{\partial u}{\partial \xi} + E^*\frac{\partial u}{\partial \eta} + F^*u = G^* \tag{2.33}$$

すなわち
$$\frac{\partial^2 u}{\partial \xi^2} = R\left(\xi, \eta, u, \frac{\partial u}{\partial \xi}, \frac{\partial u}{\partial \eta}\right) \tag{2.34}$$
となる．これを**放物型偏微分方程式**の標準形とよぶ．

理工学によく登場するものは
$$\frac{\partial u}{\partial t} = D\frac{\partial^2 u}{\partial x^2} \tag{2.35}$$
で，**拡散方程式**または**熱伝導方程式**とよばれる (2.1.2 項参照)．

2.2.2 積分曲面と初期値問題

a. 積分曲面と初期値問題

1.2.1 項では 2 つの変数 x, y の関数 u が満たす 1 階の偏微分方程式 (1.8) の積分曲面について説明したが，このことは変数がさらに多い関数やさらに階数の高い偏微分方程式でも同様である．すなわち，変数 u が $x, y, \cdots, t$ などに依存し，その関係が偏微分方程式によって与えられているときに，これを解いて得られる関数 $u = \psi(x, y, \cdots, t)$ は $x, y, \cdots, t, u$ を座標軸とする空間内で 1 つの曲面をなす．これを**解曲面**あるいは**積分曲面** とよぶ．1.3 節で述べたのと同様に，高階の偏微分方程式でも，初期に与えられた条件を満たす解を求める問題は一般に**初期値問題**とよばれる．ただし，高階の偏微分方程式の場合は関数の値だけでなく，そこでの偏導関数も含まれてくる．

以下では，2 つの独立変数 (x, y とする) に依存した従属変数 u に対する 2 階の線形偏微分方程式に限定し，「与えられた偏微分方程式
$$Au_{xx} + 2Bu_{xy} + Cu_{yy} + Du_x + Eu_y + Fu = G \tag{2.36}$$
(ただし，関数 $A, B, \cdots, G$，およびそれらの偏導関数は x, y の連続関数) において，xy 平面内の曲線 l_0 上の点で
$$u = f(\sigma), \qquad \frac{\partial u}{\partial n} = g(\sigma) \tag{2.37}$$
を満たす解を求めよ」という初期値問題を考える．図 1.3 にも示したように，σ は曲線 l_0 に沿う座標 (パラメタ) であり，この曲線 l_0 上の点 Q の座標は $x = \xi(\sigma)$, $y = \eta(\sigma)$, 点 P は点 Q に対応する解曲面上の点で，$(\xi(\sigma), \eta(\sigma), u(\xi, \eta))$ と表すことに

する．また，$\partial/\partial n$ は曲線 l_0 に垂直な方向の微分である．このように，(時間変数や空間変数に限らず) 考えている領域の境界にあたるの曲線の上で，従属変数の値とその勾配を与えるタイプの条件を **Cauchy** (コーシー) **条件**とよび，これを満たす解を求める問題を **Cauchy** (コーシー) **問題**とよぶ．1 階の偏微分方程式の Cauchy 問題では，x, y 面内の初期曲線上で u が与えられたが，2 階の偏微分方程式の Cauchy 問題では x, y 面内の初期曲線上で u, p, q を，したがって，境界曲線上での値と接平面が与えられた問題ということになる．

b. 初期値問題と級数展開

曲線 l_0 の近傍の u を計算するために，次のような二重級数展開

$$u(x,y) = u(\xi,\eta) + [(x-\xi)u_x + (y-\eta)u_y] + \frac{1}{2}[(x-\xi)^2 u_{xx} + \cdots] + \cdots \quad (2.38)$$

を行う．ただし，右辺の u やその偏微分係数は曲線 l_0 上の点 $Q(\xi,\eta)$ で評価する．これにより，この級数の収束半径内であれば $u(x,y)$ は一意的に決まる．同様にして，曲線 l_0 上のすべての点に対してこの計算をすれば，曲線 l_0 に隣接する領域において u の値を一意的に決めることができる．

ところで，式 (2.38) の計算をするには，x, y, u に加えて $p, q, u_{xx}, \cdots$ を σ の関数として求める必要がある．まず，p, q について考える．曲線 l_0 に沿った接線ベクトル $\boldsymbol{t}_0$ とこれに垂直な法線ベクトル $\boldsymbol{n}_0$ が

$$\boldsymbol{t}_0 = (\dot{\xi}, \dot{\eta}), \qquad \boldsymbol{n}_0 = (\dot{\eta}, -\dot{\xi})$$

[ただしドット ($\dot{}$) は $d/d\sigma$ を意味する] で与えられることに着目すると

$$\frac{\partial u}{\partial \sigma} = \nabla u \cdot \boldsymbol{t}_0 = u_x \dot{\xi} + u_y \dot{\eta} = p\dot{\xi} + q\dot{\eta}$$
$$\frac{\partial u}{\partial n} = \nabla u \cdot \boldsymbol{n}_0 = u_x \dot{\eta} - u_y \dot{\xi} = p\dot{\eta} - q\dot{\xi}$$

が得られる．ここで，$\partial/\partial \sigma$ は $\boldsymbol{t}_0$ 方向の，また，$\partial/\partial n$ は $\boldsymbol{n}_0$ 方向の微分を表す．この連立方程式を解くと

$$p = \dot{\xi}\frac{\partial u}{\partial \sigma} + \dot{\eta}\frac{\partial u}{\partial n} = \dot{\xi}f + \dot{\eta}g, \qquad q = \dot{\eta}\frac{\partial u}{\partial \sigma} - \dot{\xi}\frac{\partial u}{\partial n} = \dot{\eta}f - \dot{\xi}g \quad (2.39)$$

を得るが，右辺はすべて σ の既知関数なので，これらはいつでも計算できる．では，p, q の偏微分係数 $u_{xx}, u_{xy}, u_{yy}, \cdots$ などはどうであろうか？

これを実際に計算するには，まず

$$\frac{\partial p}{\partial \sigma} = \frac{\partial p}{\partial x}\frac{\partial x}{\partial \sigma} + \frac{\partial p}{\partial y}\frac{\partial y}{\partial \sigma} = u_{xx}\dot{x} + u_{xy}\dot{y}$$

などを，点 $Q(\xi,\eta)$ で評価して

$$\dot{\xi}\,u_{xx} + \dot{\eta}\,u_{xy} = \frac{\partial p}{\partial \sigma} \tag{2.40}$$

同様に

$$\dot{\xi}\,u_{xy} + \dot{\eta}\,u_{yy} = \frac{\partial q}{\partial \sigma} \tag{2.41}$$

を得る．方程式 (2.40), (2.41) の右辺の値や $\dot{\xi},\dot{\eta}$ は，起点で与えられているので，これにもとの偏微分方程式 (2.36)

$$A(\sigma)\,u_{xx} + 2B(\sigma)\,u_{xy} + C(\sigma)\,u_{yy} = G(\sigma) - D(\sigma)\,u_x - E(\sigma)\,u_y - F(\sigma)\,u \tag{2.42}$$

を加えたものは u_{xx}, u_{xy}, u_{yy} についての 3 元連立 1 次方程式系を構成する．この方程式系 (2.40), (2.41), (2.42) の解が一意的に決まるためには，係数行列式

$$\Delta \equiv \begin{vmatrix} \dot{\xi} & \dot{\eta} & 0 \\ 0 & \dot{\xi} & \dot{\eta} \\ A & 2B & C \end{vmatrix} = A\dot{\eta}^2 - 2B\dot{\xi}\dot{\eta} + C\dot{\xi}^2 \tag{2.43}$$

が 0 であってはならない．すなわち，曲線 l_0 上のどの点でも $\Delta \neq 0$ であれば，これに沿って 2 次の偏導関数が一意的に決まる．さらに高階の偏導関数も同様である．したがって，このときは，曲線 l_0 上の点から順に解を広げていくことができ，初期値問題 (Cauchy 問題) が解けたことになる．

c. 初期値問題と特性曲線

式 (2.43) の Δ が 0 の場合には u_{xx}, u_{xy}, u_{yy} は 1 次従属になるので，前項の方法では解は決まらないが，1.2.2 項でみた**特性曲線**の方法で解が求まる場合がある．

まず，以下に示すように，$\Delta = 0$ の関係式は xy 面内での特性曲線に対する方程式 (特性微分方程式) の別の形

$$A\,(\mathrm{d}y)^2 - 2B\,\mathrm{d}x\,\mathrm{d}y + C\,(\mathrm{d}x)^2 = 0 \tag{2.44}$$

であることに着目する．2.2.1 項では A, B, C の値により，3 つの場合に分類したので，ここでもそれを踏襲する．

(a) $B^2 - AC > 0$ の場合

前項では，x, y から ξ, η への変数変換によって $A^* = 0$ となる場合を考えた．これが可能であるためには $A\xi_x^2 + 2B\xi_x\xi_y + C\xi_y^2 = 0$，すなわち

$$A\xi_x + (B + \sqrt{B^2 - AC})\xi_y = 0 \text{ または } A\xi_x + (B - \sqrt{B^2 - AC})\xi_y = 0 \quad (2.45)$$

を満たす曲線「$\xi(x, y) = $ 一定」が存在する必要がある．このような性質をもつ曲線は特性曲線にほかならない．その「$\xi(x, y) = $ 一定」の曲線に沿っては

$$\xi_x \, dx + \xi_y \, dy = 0 \quad (2.46)$$

が成り立つので，式 (2.45) と式 (2.46) から ξ_x, ξ_y を消去すると，

$$A\, dy - (B + \sqrt{B^2 - AC})\, dx = 0, \text{ または } A\, dy - (B - \sqrt{B^2 - AC})\, dx = 0 \quad (2.47)$$

となり，これらを掛け合わせて式 (2.44) を得る．

式 (2.44) あるいは式 (2.47) の解「$\varphi_1(x, y) = $ 定数，$\varphi_2(x, y) = $ 定数」は特性曲線を与える：

$$\varphi_1 = Ay - (B + \sqrt{B^2 - AC})x, \qquad \varphi_2 = Ay - (B - \sqrt{B^2 - AC})x \quad (2.48)$$

これらの特性曲線に沿う方向のベクトルは $(\dot{\xi}, \dot{\eta})$ に比例するから，

$$\frac{\dot{\eta}}{\dot{\xi}} = \frac{B \pm \sqrt{B^2 - AC}}{A}$$

すなわち

$$A\dot{\eta} - (B + \sqrt{B^2 - AC})\dot{\xi} = 0 \text{ または } A\dot{\eta} - (B - \sqrt{B^2 - AC})\dot{\xi} = 0$$

の関係が成り立ち，これらを掛け合わせて，

$$A\dot{\eta}^2 - 2B\dot{\xi}\dot{\eta} + C\dot{\xi}^2 = 0 \quad (2.49)$$

すなわち，$\Delta = 0$ を得る．逆に，$\Delta = 0$ から特性曲線 (2.48) が得られる．(以上の結果は，「$\eta = $ 一定」の曲線について議論しても，同様である．) 結局，$B^2 - AC > 0$ の場合には，異なる 2 つの特性曲線が存在することがわかった．

初期条件を与えている曲線 l_0 が式 (2.48) で表される曲線のおのおのと 1 回だけ交差するなら，曲線 l_0 との交点 $Q(\xi, \eta)$ での Cauchy 条件を満たす解 $u(\xi, \eta)$ は，式 (2.48) で与えられた曲線上のどこでも同じであり，したがって，この曲線に沿っ

て一意的に決まる．曲線 l_0 上の任意の点を起点としてこの操作を行えば，曲線 l_0 上の初期条件を満たす解を $B^2 - AC > 0$ の全領域内に広げることができる．こうして，$\Delta = 0$ であっても，初期値問題が解けることがわかった．

(b) $B^2 - AC = 0$ の場合

この場合には，式 (2.47) の 2 つの式は一致してしまうので，特性曲線は 1 つだけしか存在しない．この場合の特性曲線は

$$A\,\mathrm{d}y - B\,\mathrm{d}x = 0 \tag{2.50}$$

の解として決まるので，これを「$\xi(x,y) = $ 一定」の曲線群とすればよい．初期曲線 l_0 がこれと交差する場合には，前述 (a) と同様にして初期値問題が解ける．

(c) $B^2 - AC < 0$ の場合

この場合には，実の特性解 (特性曲線) は存在しない． ◁

例 2.2 理工学でよく登場する方程式 (2.2) の特性曲線を考察してみよう．

式 (2.2) の各項を並び替えて

$$c^2 \frac{\partial^2 u(x,t)}{\partial x^2} - \frac{\partial^2 u(x,t)}{\partial t^2} = 0$$

とおくと，一般式 (2.36) の y が t に対応し，$A = c^2$, $B = 0$, $C = -1$ であるから，$B^2 - AC > 0$ の場合に該当する．また，式 (2.45) から，特性曲線は

$$x - ct = C_1, \quad x + ct = C_2 \quad (C_1, C_2 \text{ は定数})$$

であることがわかる．

ところで，式 (2.2) の一般解は，任意の関数 F, G を用いて

$$u(x,t) = F(x - ct) + G(x + ct) \tag{2.51}$$

で与えられる (後述の 2.5.2, 3.3.2 項も参照)．この一般解は **d'Alembert** (ダランベール) **の解** とよばれている．

物理的には，これらの解はいずれも進行波を表している．すなわち，右辺第 1 項の寄与 $u(x,t) = F(x - ct)$ では $t = 0$ での変位が $u = F(x)$ で与えられるから，$t = 0, x = x_0$ での変位も $u(x_0, 0) = F(x_0)$ であり，時間 Δt 後の $x = x_0 + c\Delta t$ での変位も $u(x_0 + c\Delta t, \Delta t) = F((x_0 + c\Delta t) - c(\Delta t)) = F(x_0)$ である．これは，同じ変位を与える点が Δt の時間の間に $c\Delta t$ だけ右に移動したことを示して

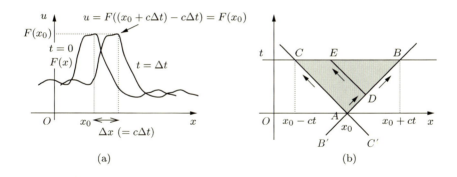

図 2.3 (a) 波動の伝播 [$u = F(x - ct)$ の例] と (b) 特性曲線

いる (図 2.3a). この状況は着目点 x_0 だけに限らず，すべての点 x でも同じである．したがって，$F(x - ct)$ は速度 c で x の正の方向に伝播する波 [同様にして，$u(x,t) = G(x + ct)$ は速度 c で x の負の方向に伝播する波] を表す．たとえば，$x - ct = a$ (一定) を満たす x, t については u が一定値 $F(a)$ をとるので，xt 平面上のこの直線に沿って変位 u が伝播し，同様に，右辺第 2 項で $x + ct = b$ (一定) を満たす x, t に沿っても $u = G(b)$ の値をもつ点が伝播することになる．これらが特性曲線であり，着目した点の変位 (あるいは何らかの情報) がこれらの曲線に沿って "伝播する" 経路となっていることを示している．1 階の偏微分方程式 (1.2.2 項) と異なり，2 つの特性曲線があることから，xt 平面上のある点 $(x_0, 0)$ で発生した事象が，その点を通り勾配が $\pm 1/c$ の 2 直線に沿って $A \to B, A \to C$ のように伝わるとともに，たとえば，$A \to D$ と点 D まで進んだのちにそこを波源として $D \to E$ にも伝わるというようなことが起こる．その結果，時刻 $t = 0$ に点 $(x_0, 0)$ で発生した事象が，時刻 t では ABC で囲まれたくさび形領域内全体に伝わることになる (図 2.3b). これは因果律を表し，図の領域 ABC は点 $A(x_0, 0)$ で発生した事象の "影響領域"，また，点 A にいたる $t < 0$ 側の領域 $AB'C'$ は点 $A(x_0, 0)$ における事象を決めるので "決定領域" (あるいは依存領域) とよばれる． ◁

2.3 変数分離と固有値問題

工学の多くの問題は次のような偏微分方程式の解を求めることに帰着する．
Laplace 方程式

$$\triangle \Psi = 0 \tag{2.52}$$

拡散または熱伝導方程式

$$\triangle \Psi = \frac{1}{D}\frac{\partial \Psi}{\partial t} \tag{2.53}$$

波動方程式

$$\triangle \Psi = \frac{1}{c^2}\frac{\partial^2 \Psi}{\partial t^2} \tag{2.54}$$

ただし,

$$\triangle \equiv \frac{\partial^2}{\partial x^2} + \frac{\partial^2}{\partial y^2} + \frac{\partial^2}{\partial z^2} \tag{2.55}$$

である.時間 t について $\exp(-\mu t)$ あるいは $\cos(\omega t), \sin(\omega t)$ のような依存性をもつ場合には式 (2.53) や式 (2.54) は

$$\triangle \Psi + \kappa \Psi = 0 \tag{2.56}$$

の形になる.これは **Helmholtz** (ヘルムホルツ) **の方程式**とよばれている.

以下では,まず,これらの微分方程式を解く際に,境界条件の形に応じて適切な曲線座標系への変換

$$u_1 = f_1(x,y,z), \qquad u_2 = f_2(x,y,z), \qquad u_3 = f_3(x,y,z) \tag{2.57}$$

を行い,

$$\Psi = \Psi_1(u_1)\Psi_2(u_2)\Psi_3(u_3) \tag{2.58}$$

のように変数を分離した形の解を求めるための条件を探る.なお,この節での添字はとくに断らないかぎり,(微分を行う変数ではなく) ベクトル変数の成分を表すものとする.

2.3.1 直交曲線座標系と変数分離

a. 曲線座標系

直角座標系 x, y, z と

$$x = x(u_1,u_2,u_3), \qquad y = y(u_1,u_2,u_3), \qquad z = z(u_1,u_2,u_3) \tag{2.59}$$

の関係にある座標 u_1, u_2, u_3 を考える．これから

$$\begin{aligned}
\mathrm{d}x &= \frac{\partial x}{\partial u_1}\mathrm{d}u_1 + \frac{\partial x}{\partial u_2}\mathrm{d}u_2 + \frac{\partial x}{\partial u_3}\mathrm{d}u_3 \\
\mathrm{d}y &= \frac{\partial y}{\partial u_1}\mathrm{d}u_1 + \frac{\partial y}{\partial u_2}\mathrm{d}u_2 + \frac{\partial y}{\partial u_3}\mathrm{d}u_3 \\
\mathrm{d}z &= \frac{\partial z}{\partial u_1}\mathrm{d}u_1 + \frac{\partial z}{\partial u_2}\mathrm{d}u_2 + \frac{\partial z}{\partial u_3}\mathrm{d}u_3
\end{aligned} \tag{2.60}$$

の関係が成り立つから，線素 $\mathrm{d}s = \sqrt{\mathrm{d}x^2 + \mathrm{d}y^2 + \mathrm{d}z^2}$ は

$$\begin{aligned}
\mathrm{d}s^2 = &\, g_{11}\,\mathrm{d}u_1{}^2 + g_{22}\,\mathrm{d}u_2{}^2 + g_{33}\,\mathrm{d}u_3{}^2 + g_{12}\,\mathrm{d}u_1\,\mathrm{d}u_2 \\
& + g_{23}\,\mathrm{d}u_2\,\mathrm{d}u_3 + g_{31}\,\mathrm{d}u_3\,\mathrm{d}u_1
\end{aligned} \tag{2.61}$$

と表される．ただし，

$$g_{ij} = \varepsilon\left(\frac{\partial x}{\partial u_i}\frac{\partial x}{\partial u_j} + \frac{\partial y}{\partial u_i}\frac{\partial y}{\partial u_j} + \frac{\partial z}{\partial u_i}\frac{\partial z}{\partial u_j}\right) \qquad (i,j=1,2,3) \tag{2.62}$$

で，$i=j$ のときは $\varepsilon=1$，$i\neq j$ のときは $\varepsilon=2$ とする．ここに現れた係数 g_{ij} は**計量**とよばれる 2 階のテンソルである．ところで，$i\neq j$ に対して $g_{ij}=0$，したがって

$$\mathrm{d}s^2 = g_{11}\,\mathrm{d}u_1{}^2 + g_{22}\,\mathrm{d}u_2{}^2 + g_{33}\,\mathrm{d}u_3{}^2 \tag{2.63}$$

の形に書ける場合には，これを逆に解いて得られる

$$u_1 = u_1(x,y,z), \qquad u_2 = u_2(x,y,z), \qquad u_3 = u_3(x,y,z) \tag{2.64}$$

の座標面 $u_i = $ 一定 $(i=1,2,3)$ は互いに直交する．すなわち，変換で得られる座標系 u_1, u_2, u_3 は**直交曲線座標系**を構成する．これ以降，直交曲線座標系 (したがって $g_{ij}=0, i\neq j$ の場合) に話を限定し，簡単のために

$$g_{11} = h_1{}^2, \qquad g_{22} = h_2{}^2, \qquad g_{33} = h_3{}^2 \tag{2.65}$$

と記述することにする．したがって，他の 2 つの座標を一定にして 1 つの座標だけを変化させたときの線要素は

$$\mathrm{d}s_1 = h_1\,\mathrm{d}u_1, \qquad \mathrm{d}s_2 = h_2\,\mathrm{d}u_2, \qquad \mathrm{d}s_3 = h_3\,\mathrm{d}u_3 \tag{2.66}$$

となる．この場合には，ベクトル解析でよく使われる演算の勾配 (gradient)，発散 (divergence)，回転 (rotation) は次のように表される．

$$\operatorname{grad}\Psi = \left(\frac{1}{h_1}\frac{\partial \Psi}{\partial u_1}, \frac{1}{h_2}\frac{\partial \Psi}{\partial u_2}, \frac{1}{h_3}\frac{\partial \Psi}{\partial u_3}\right) \tag{2.67}$$

$$\operatorname{div} \boldsymbol{v} = \frac{1}{h_1 h_2 h_3} \left[\frac{\partial}{\partial u_1}(h_2 h_3 v_1) + \frac{\partial}{\partial u_2}(h_3 h_1 v_2) + \frac{\partial}{\partial u_3}(h_1 h_2 v_3) \right] \tag{2.68}$$

$$(\operatorname{rot} \boldsymbol{v})_1 = \frac{1}{h_2 h_3} \left[\frac{\partial}{\partial u_2}(h_3 v_3) - \frac{\partial}{\partial u_3}(h_2 v_2) \right] \tag{2.69}$$

さらに,回転 (rot) の第 2,第 3 成分は,式 (2.69) で $i = 1, 2, 3$ をサイクリックに替えた表現で与えられる.ただし,$\boldsymbol{v} = (v_{u_1}, v_{u_2}, v_{u_3}) = (v_1, v_2, v_3)$ とした.また,ラプラシアンは $\triangle = \operatorname{div} \operatorname{grad}$ であるから

$$\triangle \Psi = \frac{1}{h_1 h_2 h_3} \left[\frac{\partial}{\partial u_1} \left(\frac{h_2 h_3}{h_1} \frac{\partial \Psi}{\partial u_1} \right) + \frac{\partial}{\partial u_2} \left(\frac{h_3 h_1}{h_2} \frac{\partial \Psi}{\partial u_2} \right) + \frac{\partial}{\partial u_3} \left(\frac{h_1 h_2}{h_3} \frac{\partial \Psi}{\partial u_3} \right) \right] \tag{2.70}$$

となる. ◁

b. 直 角 座 標 系

まず

$$u_1 = x, \qquad u_2 = y, \qquad u_3 = z \tag{2.71}$$

においては $h_1 = h_2 = h_3 = 1$ であり,

$$\triangle \Psi = \frac{\partial^2 \Psi}{\partial x^2} + \frac{\partial^2 \Psi}{\partial y^2} + \frac{\partial^2 \Psi}{\partial z^2} \tag{2.72}$$

であるから,Helmholtz の方程式 $(\triangle + \kappa)\Psi = 0$ の解を $\Psi = X(x)Y(y)Z(z)$ と表すと

$$\frac{d^2 X}{dx^2} + \lambda X = 0, \qquad \frac{d^2 Y}{dy^2} + \mu Y = 0, \qquad \frac{d^2 Z}{dz^2} + \nu Z = 0 \tag{2.73}$$

と変数分離される.ただし $\kappa = \lambda + \mu + \nu$ である.Schrödinger 方程式

$$\triangle \Psi + (E - U)\Psi = 0 \tag{2.74}$$

(Ψ は波動関数,E はエネルギー,U はポテンシャルエネルギーを表す) においても $U = U_x(x) + U_y(y) + U_z(z)$ のように表される場合には,同様にして変数分離で解くことができる.

c. 変数分離の条件

ところで,式 (2.63) のように書けるためには $i \neq j$ $(i, j = 1, 2, 3)$ に対して

$$g_{ij} = 2 \left(\frac{\partial x}{\partial u_i} \frac{\partial x}{\partial u_j} + \frac{\partial y}{\partial u_i} \frac{\partial y}{\partial u_j} + \frac{\partial z}{\partial u_i} \frac{\partial z}{\partial u_j} \right) = 0 \tag{2.75}$$

が成り立たなければならない．式 (2.75) を示すために，x, y, z 空間内での座標面と u_1, u_2, u_3 空間内での座標面の幾何学的関係をしらべてみよう．まず，x, y, z 空間内での一般的な曲面

$$F(\lambda, x, y, z) \equiv \frac{x^2}{\lambda - a_1} + \frac{y^2}{\lambda - a_2} + \frac{z^2}{\lambda - a_3} - 1 \tag{2.76}$$

を考える．ただし，a_1, a_2, a_3 は $a_1 > a_2 > a_3 > 0$ を満たす定数とする．工学教程「微分幾何学とトポロジー」でみるように，$F = 0$ を満たす x, y, z は，$\infty > \lambda > a_1$ のときには楕円体面，$a_1 > \lambda > a_2$ のときには 1 葉双曲面，$a_2 > \lambda > a_3$ のときには 2 葉双曲面を表す．また，x, y, z を固定すると，$F = 0$ は λ に関する 3 次方程式となり，3 つの実解 u_1, u_2, u_3 ($u_1 > u_2 > u_3$) をもつ．これらの実解と定数との大小関係は

$$\infty > u_1 > a_1 > u_2 > a_2 > u_3 > a_3 > 0 \tag{2.77}$$

となっている．これは $F(\infty) = -1, F(a_1 \pm 0) = \pm\infty, F(a_2 \pm 0) = \pm\infty, F(a_3 \pm 0) = \pm\infty$ から明らかである．逆に，

$$F(u_i, x, y, z) = 0, \quad \text{あるいは} \quad u_i = u_i(x, y, z) \quad (i = 1, 2, 3) \tag{2.78}$$

は 3 つの曲面を表し，それらの交点は 1 つの x^2, y^2, z^2 を与える．

式 (2.78) を x, y, z について解いてみよう．$F = 0$ が λ の 3 次式で，その解が u_1, u_2, u_3 であることに注意すれば，式 (2.76) は

$$\frac{x^2}{\lambda - a_1} + \frac{y^2}{\lambda - a_2} + \frac{z^2}{\lambda - a_3} - 1 = -\frac{(\lambda - u_1)(\lambda - u_2)(\lambda - u_3)}{f(\lambda)} \tag{2.79}$$

と表せるはずである．ただし，$f(\lambda) = (\lambda - a_1)(\lambda - a_2)(\lambda - a_3)$ とおいた．そこで，式 (2.79) に $f(\lambda)$ を掛け，$\lambda = a_1, a_2, a_3$ とおくと

$$\begin{aligned} x^2 &= \frac{(u_1 - a_1)(u_2 - a_1)(u_3 - a_1)}{(a_1 - a_2)(a_1 - a_3)} \\ y^2 &= \frac{(u_1 - a_2)(u_2 - a_2)(u_3 - a_2)}{(a_2 - a_3)(a_2 - a_1)} \\ z^2 &= \frac{(u_1 - a_3)(u_2 - a_3)(u_3 - a_3)}{(a_3 - a_1)(a_3 - a_2)} \end{aligned} \tag{2.80}$$

などが得られる．これらを用いて線素を計算する．それには，式 (2.80) の対数をとって微分し，

$$dx = \frac{x}{2}\left(\frac{du_1}{u_1 - a_1} + \frac{du_2}{u_2 - a_1} + \frac{du_3}{u_3 - a_1}\right) \tag{2.81}$$

などを計算し，$ds^2 = dx^2 + dy^2 + dz^2$ をつくればよい．これは

$$4ds^2 = \left[\frac{x^2}{(u_1-a_1)^2} + \frac{y^2}{(u_1-a_2)^2} + \frac{z^2}{(u_1-a_3)^2}\right]du_1{}^2 + 2\left[\frac{x^2}{(u_1-a_1)(u_2-a_1)}\right.$$
$$\left. + \frac{y^2}{(u_1-a_2)(u_2-a_2)} + \frac{z^2}{(u_1-a_3)(u_2-a_3)}\right]du_1du_2 + \cdots \quad (2.82)$$

の形にまとめられる．ところで，式 (2.82) の右辺第 1 項は，式 (2.79) の左辺を λ で微分し，$\lambda = u_1$ とおいたもの (さらに -1 を掛けている) になっている．これは式 (2.79) の右辺でも同様に成り立っていることから

$$\frac{(u_1-u_2)(u_1-u_3)}{f(u_1)} \quad (2.83)$$

に等しい．他方，式 (2.82) の右辺第 2 項の du_1du_2 の係数は，$F(u_1,x,y,z) - F(u_2,x,y,z)$ を u_2-u_1 で割ったものに等しく，その値は式 (2.78) から 0 である．これらの結果は $du_2{}^2$, $du_3{}^2$, du_2du_3, du_3du_1 の係数についても同様であるから，線素は

$$ds^2 = \frac{1}{4}\sum_{1,2,3}\frac{(u_1-u_2)(u_1-u_3)}{f(u_1)}du_1{}^2 \quad (2.84)$$

と計算される．したがって，前述の h_1 とは

$$h_1{}^2 = \frac{(u_2-u_1)(u_3-u_1)}{4f(u_1)} \quad (2.85)$$

の関係があることがわかった．また，h_2, h_3 については，添字 1, 2, 3 をサイクリックに替えるものとする．この座標系を用いると，たとえば $(\triangle + \kappa)\Psi = 0$ は，式 (2.70) より

$$\sum_{1,2,3}\frac{\sqrt{f(u_1)}}{(u_1-u_2)(u_1-u_3)}\frac{\partial}{\partial u_1}\left(\sqrt{f(u_1)}\frac{\partial\Psi}{\partial u_1}\right) + \frac{\kappa}{4}\Psi = 0 \quad (2.86)$$

になる (Laplace 方程式を扱う場合には $\kappa = 0$ とすればよい)． ◁

式 (2.86) に $\Psi = \Psi_1(u_1)\Psi_2(u_2)\Psi_3(u_3)$ を代入し，Ψ で割れば

$$\sum_{1,2,3}\frac{1}{(u_1-u_2)(u_1-u_3)}\left[\frac{\sqrt{f(u_1)}}{\Psi_1}\frac{d}{du_1}\left(\sqrt{f(u_1)}\frac{d\Psi_1}{du_1}\right)\right] + \frac{\kappa}{4} = 0 \quad (2.87)$$

を得る．大括弧 [ ] の中の関数は u_1 の関数であり，これを $G_1(u_1)$ と表す．同様にして添字 2, 3 についても $G_2(u_2), G_3(u_3)$ の表現を用いると，式 (2.87) は

$$G_1(u_1)(u_2 - u_3) + G_2(u_2)(u_3 - u_1) + G_3(u_3)(u_1 - u_2)$$
$$= \frac{\kappa}{4}(u_1 - u_2)(u_2 - u_3)(u_3 - u_1) \tag{2.88}$$

の形になる．式 (2.88) を u_i について 2 回微分すると

$$G_i''(u_i) = -\frac{\kappa}{2} \qquad (i = 1, 2, 3) \tag{2.89}$$

となるので，これを積分し

$$G_i(u_i) = -\frac{1}{4}(\kappa u_i{}^2 + \alpha_i u_i + \beta_i) \qquad (i = 1, 2, 3) \tag{2.90}$$

を得る．しかも式 (2.88) より $\alpha_1 = \alpha_2 = \alpha_3, \beta_1 = \beta_2 = \beta_3$ がいえる．そこで，$\alpha_i = \alpha, \beta_i = \beta, u_i = z, \Psi_i = w$ と表すと，$\Psi_i(u_i)$ はいずれも次の形の微分方程式を満たし，変数分離される．

$$\sqrt{f(z)}\frac{\mathrm{d}}{\mathrm{d}z}\left(\sqrt{f(z)}\frac{\mathrm{d}w}{\mathrm{d}z}\right) + \frac{1}{4}(\kappa z^2 + \alpha z + \beta)w = 0 \tag{2.91}$$

上式に $f(z) = (z - a_1)(z - a_2)(z - a_3)$ を代入してまとめると，最終的に

$$\frac{\mathrm{d}^2 w}{\mathrm{d}z^2} + \frac{1}{2}\left(\frac{1}{z - a_1} + \frac{1}{z - a_2} + \frac{1}{z - a_3}\right)\frac{\mathrm{d}w}{\mathrm{d}z} + \frac{\kappa z^2 + \alpha z + \beta}{4(z - a_1)(z - a_2)(z - a_3)}w = 0 \tag{2.92}$$

を得る．

d. 偏長回転楕円体座標系

われわれがこれまで考えてきた楕円体は主軸の半径が $\sqrt{u_1 - a_3} > \sqrt{u_1 - a_2} > \sqrt{u_1 - a_1}$ になっているが，これらの長さの違いによりいろいろな場合が得られる．

まず，短軸の $\sqrt{u_1 - a_2}$ と $\sqrt{u_1 - a_1}$ が等しくなる極限を考えてみよう．そのために式 (2.80) において $a_1 - a_2 = \varepsilon, a_1 - a_3 = l^2$, $u_1 = a_3 + l^2 u^2$, $u_2 = a_2 + \varepsilon \sin^2 \varphi, u_3 = a_3 + l^2 v^2$ $(u > 1, |v| < 1)$ とおき，$\varepsilon \to 0$ とすれば，

$$\begin{aligned} x &= l\sqrt{(u^2 - 1)(1 - v^2)}\cos\varphi & (u \geq 1) & \\ y &= l\sqrt{(u^2 - 1)(1 - v^2)}\sin\varphi & (|v| \leq 1) & \quad (2.93) \\ z &= luv & (0 \leq \varphi < 2\pi) & \end{aligned}$$

を得る．これは z 軸を対称軸とする偏長回転楕円体座標系とよばれる座標系である．u, v, φ が一定 の座標面はそれぞれ回転楕円体面，回転 2 葉双曲面，共軸平面を与える．偏長回転楕円体座標系を例示した図 2.4a においては，q_2 軸を z 軸としてそのまわりの回転角を φ に選び，子午面 $\varphi = 0$ 内での q_1 軸を x 軸として表している．また，

$$\sqrt{f(u_1)} \to l^3 u(u^2 - 1), \quad \sqrt{f(u_2)} \to il\varepsilon \cos\varphi \sin\varphi, \quad \sqrt{f(u_3)} \to l^3 v(1-v^2)$$

$$\mathrm{d}u_1 \to 2l^2 u\, \mathrm{d}u, \quad \mathrm{d}u_2 \to 2\varepsilon \cos\varphi \sin\varphi\, \mathrm{d}\varphi, \quad \mathrm{d}u_3 \to 2l^2 v\, \mathrm{d}v$$

であるから，式 (2.91) に相当して，$\Psi = U(u)V(v)\Phi(\varphi)$ のそれぞれの変数に分離された Helmholtz 方程式は

$$\begin{aligned}
&\frac{\mathrm{d}}{\mathrm{d}u}\left((u^2-1)\frac{\mathrm{d}U}{\mathrm{d}u}\right) + \left(\kappa l^2 u^2 - \Lambda - \frac{m^2}{u^2-1}\right)U = 0 \\
&\frac{\mathrm{d}}{\mathrm{d}v}\left((1-v^2)\frac{\mathrm{d}V}{\mathrm{d}v}\right) + \left(-\kappa l^2 v^2 + \Lambda - \frac{m^2}{1-v^2}\right)V = 0 \quad (2.94) \\
&\frac{\mathrm{d}^2}{\mathrm{d}\varphi^2}\Phi + m^2\Phi = 0
\end{aligned}$$

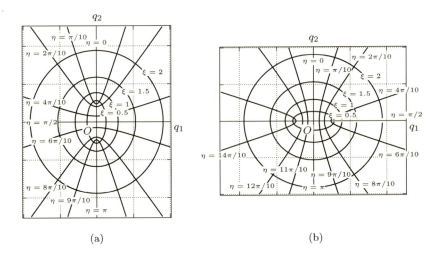

図 **2.4** (a) 偏長回転楕円体座標系, (b) 偏平回転楕円体座標系

の形になる. ここで m, Λ は分離定数である. なお, 上の表現で $u = \cosh\xi$, $v = \cos\eta$ とおくと

$$x = l\sinh\xi\sin\eta\cos\varphi, \qquad y = l\sinh\xi\sin\eta\sin\varphi,$$
$$(\rho \equiv \sqrt{x^2+y^2} = l\sinh\xi\sin\eta), \qquad z = l\cosh\xi\cos\eta \tag{2.95}$$

となる. また, ξ, η, φ を u_1, u_2, u_3 とみなせば

$$h_1 = h_2 = l\sqrt{\sinh^2\xi + \sin^2\eta}, \qquad h_3 = l\sinh\xi\sin\eta \tag{2.96}$$

であるから

$$\triangle\Psi = \frac{1}{l^2(\sinh^2\xi + \sin^2\eta)}\left[\frac{1}{\sinh\xi}\frac{\partial}{\partial\xi}\left(\sinh\xi\frac{\partial\Psi}{\partial\xi}\right) + \frac{1}{\sin\eta}\frac{\partial}{\partial\eta}\left(\sin\eta\frac{\partial\Psi}{\partial\eta}\right)\right]$$
$$+ \frac{1}{l^2\sinh^2\xi\sin^2\eta}\frac{\partial^2\Psi}{\partial\varphi^2} \tag{2.97}$$

と表すこともできる.

e. 偏平回転楕円体座標系

偏平回転楕円体座標系にするには, 式 (2.93) で $u \to iu$, $il \to l$ と置き換えて $\sqrt{u_1-a_1} = \sqrt{u_1-a_2} > \sqrt{u_1-a_3}$ とすれば

$$x = l\sqrt{(1+u^2)(1-v^2)}\cos\varphi \qquad (0 \leq u < \infty)$$
$$y = l\sqrt{(1+u^2)(1-v^2)}\sin\varphi \qquad (|v| \leq 1) \tag{2.98}$$
$$z = luv \qquad (0 \leq \varphi < 2\pi)$$

が得られる. あるいは, $u = \sinh\xi$, $v = \cos\eta$ とおいて

$$x = l\cosh\xi\sin\eta\cos\varphi, \qquad y = l\cosh\xi\sin\eta\sin\varphi,$$
$$(\rho = \sqrt{x^2+y^2} = l\cosh\xi\sin\eta), \qquad z = l\sinh\xi\cos\eta \tag{2.99}$$

と表してもよい. 偏平回転楕円体座標系を例示した図 2.4b においては, q_2 軸を z 軸としてそのまわりの回転角を φ に選び, 子午面 $\varphi = 0$ 内での q_1 軸を x 軸として表している. この場合には, ξ, η, φ を u_1, u_2, u_3 とみなせば

$$h_1 = h_2 = l\sqrt{\cosh^2\xi - \sin^2\eta}, \qquad h_3 = l\cosh\xi\sin\eta \tag{2.100}$$

であるから

$$\triangle \Psi = \frac{1}{l^2(\cosh^2 \xi - \sin^2 \eta)} \left[\frac{1}{\cosh \xi} \frac{\partial}{\partial \xi} \left(\cosh \xi \frac{\partial \Psi}{\partial \xi} \right) + \frac{1}{\sin \eta} \frac{\partial}{\partial \eta} \left(\sin \eta \frac{\partial \Psi}{\partial \eta} \right) \right]$$
$$+ \frac{1}{l^2 \cosh^2 \xi \sin^2 \eta} \frac{\partial^2 \Psi}{\partial \varphi^2} \qquad (2.101)$$

となる.

f. 球 座 標 系

式 (2.93) で $u = r/l, v = \cos\theta$ とおいて $l \to 0$ とすれば,球座標系

$$x = r \sin\theta \cos\varphi, \qquad y = r \sin\theta \sin\varphi, \qquad z = r \cos\theta \qquad (2.102)$$

が得られる (図 2.5a を参照). 座標面 $r \equiv \sqrt{x^2 + y^2 + z^2} = $ 一定 は,原点からの距離が一定の面,すなわち球面を表す.この場合には, r, θ, φ を u_1, u_2, u_3 とみなせば

$$h_1 = 1, \qquad h_2 = r, \qquad h_3 = r \sin\theta \qquad (2.103)$$

であり,

$$\triangle \Psi = \frac{1}{r^2} \frac{\partial}{\partial r} \left(r^2 \frac{\partial \Psi}{\partial r} \right) + \frac{1}{r^2} \left[\frac{1}{\sin\theta} \frac{\partial}{\partial \theta} \left(\sin\theta \frac{\partial \Psi}{\partial \theta} \right) + \frac{1}{\sin^2 \theta} \frac{\partial^2 \Psi}{\partial \varphi^2} \right] \qquad (2.104)$$

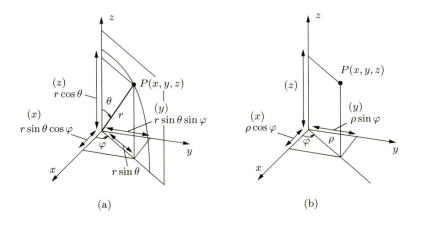

図 **2.5** (a) 球座標系と (b) 円柱座標系

となるので，球座標系で $\Psi = R(r)\,\Theta(\theta)\,\Phi(\varphi)$ を r, θ, φ のそれぞれの変数に分離した Helmholtz の方程式は

$$\frac{1}{r^2}\frac{\mathrm{d}}{\mathrm{d}r}\left(r^2\frac{\mathrm{d}R}{\mathrm{d}r}\right) + \left(\kappa - \frac{\Lambda}{r^2}\right)R = 0$$

$$\frac{1}{\sin\theta}\frac{\mathrm{d}}{\mathrm{d}\theta}\left(\sin\theta\frac{\mathrm{d}\Theta}{\mathrm{d}\theta}\right) + \left(\Lambda - \frac{m^2}{\sin^2\theta}\right)\Theta = 0 \tag{2.105}$$

$$\frac{\mathrm{d}^2}{\mathrm{d}\varphi^2}\Phi + m^2\Phi = 0$$

となる．なお，$v = \cos\theta$ の関係を使って Θ に対する方程式を書き替えると

$$\frac{\mathrm{d}}{\mathrm{d}v}\left[(1-v^2)\frac{\mathrm{d}\Theta}{\mathrm{d}v}\right] + \left(\Lambda - \frac{m^2}{1-v^2}\right)\Theta = 0 \tag{2.106}$$

とも表される．式 (2.105), (2.106) の Θ に関する方程式の解は Legendre (ルジャンドル) 関数で表される (A.3 節を参照)．

球座標系は，境界が球面を含む問題，たとえば，2.4.4 項 **c** の注 10，2.6.1 項 **c**，2.6.4 項 **a** などで使われている．

g. 回転放物面座標系

式 (2.93) で z の原点を l に移し，$z = l(uv - 1)$ としたのちに $u = \sqrt{1 + \xi^2}/l$, $v = \sqrt{1 - \eta^2}/l$ とおき，$l \to \infty$ とすれば

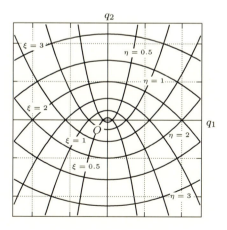

図 **2.6** 回転放物面座標系

$$x = \xi\eta\cos\varphi, \quad y = \xi\eta\sin\varphi, \quad z = \frac{1}{2}(\xi^2 - \eta^2) \quad (\rho \equiv \sqrt{x^2 + y^2} = \xi\eta) \quad (2.107)$$

を得る．回転放物面座標系を例示した図 2.6 においては，q_2 軸を z 軸としてそのまわりの回転角を φ に選び，子午面 $\varphi = 0$ 内での q_1 軸を x 軸として表している．ξ, η が一定の座標面はいずれも回転放物面であり，それらは

$$z = \frac{1}{2}\left(\xi^2 - \frac{x^2 + y^2}{\xi^2}\right), \qquad z = \frac{1}{2}\left(\frac{x^2 + y^2}{\eta^2} - \eta^2\right) \quad (2.108)$$

と表される．この場合には

$$h_1 = h_2 = \sqrt{\xi^2 + \eta^2}, \qquad h_3 = \xi\eta \quad (2.109)$$

であり，

$$\triangle\Psi = \frac{1}{\xi^2 + \eta^2}\left[\frac{1}{\xi}\frac{\partial}{\partial\xi}\left(\xi\frac{\partial\Psi}{\partial\xi}\right) + \frac{1}{\eta}\frac{\partial}{\partial\eta}\left(\eta\frac{\partial\Psi}{\partial\eta}\right)\right] + \frac{1}{\xi^2\eta^2}\frac{\partial^2\Psi}{\partial\varphi^2} \quad (2.110)$$

となるので，この座標系で $\Psi = \varXi(\xi)H(\eta)\varPhi(\varphi)$ を ξ, η, φ のそれぞれの変数に分離した Helmholtz 方程式は

$$\begin{aligned}\frac{1}{\xi}\frac{\mathrm{d}}{\mathrm{d}\xi}\left(\xi\frac{\mathrm{d}\varXi}{\mathrm{d}\xi}\right) + \left(\kappa\xi^2 - \frac{m^2}{\xi^2} + \lambda\right)\varXi = 0 \\ \frac{1}{\eta}\frac{\mathrm{d}}{\mathrm{d}\eta}\left(\eta\frac{\mathrm{d}H}{\mathrm{d}\eta}\right) + \left(\kappa\eta^2 - \frac{m^2}{\eta^2} - \lambda\right)H = 0\end{aligned} \quad (2.111)$$

となる（φ に対しては前項と同じ方程式を満たす）．あるいは，さらに $t = \xi^2$ あるいは $t = \eta^2$ とおき，$\varXi, H$ を w と書くと，これらは

$$\frac{\mathrm{d}^2 w}{\mathrm{d}t^2} + \frac{1}{t}\frac{\mathrm{d}w}{\mathrm{d}t} + \left(\frac{\kappa}{4} \pm \frac{\lambda}{4t} - \frac{m^2}{4t^2}\right)w = 0 \quad (2.112)$$

と書き替えることもできる．

h．円柱座標系

式 (2.93) で $u^2 = 1 + \rho^2/l^2, v = z/l$ において $l \to \infty$ とすれば，円柱座標系

$$x = \rho\cos\varphi, \qquad y = \rho\sin\varphi, \qquad z = z \quad (2.113)$$

が得られる．座標面 $\rho \equiv \sqrt{x^2 + y^2} = $ 一定 は z 軸からの距離が一定，すなわち，円筒面を表す（図 2.5b を参照）．この場合には，ρ, φ, z を u_1, u_2, u_3 とみなせば

$$h_1 = 1, \qquad h_2 = \rho, \qquad h_3 = 1 \quad (2.114)$$

であり，

$$\triangle \Psi = \frac{1}{\rho}\frac{\partial}{\partial \rho}\left(\rho\frac{\partial \Psi}{\partial \rho}\right) + \frac{1}{\rho^2}\frac{\partial^2 \Psi}{\partial \varphi^2} + \frac{\partial^2 \Psi}{\partial z^2} \tag{2.115}$$

となるので，円柱座標系 (ρ,φ,z) で $\Psi = R(\rho)\,\Phi(\varphi)\,Z(z)$ のそれぞれの変数に分離した Helmholtz の方程式は

$$\begin{aligned}&\frac{1}{\rho}\frac{\mathrm{d}}{\mathrm{d}\rho}\left(\rho\frac{\mathrm{d}R}{\mathrm{d}\rho}\right) + \left(\kappa - \lambda - \frac{m^2}{\rho^2}\right)R = 0 \\ &\frac{\mathrm{d}^2}{\mathrm{d}\varphi^2}\Phi + m^2\Phi = 0 \\ &\frac{\mathrm{d}^2 Z}{\mathrm{d}z^2} + \lambda Z = 0\end{aligned} \tag{2.116}$$

となる．式 (2.116) の R に関する方程式は Bessel 関数で表される (A.2 節を参照)．

円柱座標系あるいはその z 依存性のない場合の極座標系 (ρ,φ) は，境界が円筒面あるいは円を含む問題，たとえば，2.3.3 項 a の例 2.3，2.4.4 項 c の脚注*10，2.6.1 項 a，2.6.2 項，2.6.3 項，2.6.4 項 b，3.3.4 項 c の例 3.14，3.3.5 項 c の例 3.15，例 3.16 などで使われている．

i. 楕円柱座標系

$u_1 - a_1, u_1 - a_2$ に比べて $u_1 - a_3$ を大きくするために，式 (2.80) で $a_1 - a_2 = l^2, u_1 = a_2 + l^2 u^2, u_2 = a_2 + l^2 v^2, u_3 = a_3 + z^2$ とおき，$a_1 > a_2 \to \infty$ とする．ただし，$|u| > 1, |v| < 1$ で，x 軸を長軸とするために x と y を入れ替えると

$$x = luv, \qquad y = l\sqrt{(u^2-1)(1-v^2)}, \qquad z = z \tag{2.117}$$

あるいは，$u = \cosh\xi,\ v = \cos\eta$ とおいて

$$x = l\cosh\xi\cos\eta, \qquad y = l\sinh\xi\sin\eta, \qquad z = z \tag{2.118}$$

を得る．u (あるいは ξ) が一定の座標面は楕円群を，また v (あるいは η が一定) の座標面は双曲線群を表す．xy 面内の座標の形は偏平 (長) 回転座標系の子午面内の q_1q_2 座標 (図 2.4) と同じであり，この面に垂直に z 軸をとる．このとき，式 (2.91) は，$\zeta = u$ に対して $w = U(u)$ を対応させて表すと

$$\sqrt{\zeta^2-1}\frac{\mathrm{d}}{\mathrm{d}\zeta}\left(\sqrt{\zeta^2-1}\frac{\mathrm{d}w}{\mathrm{d}\zeta}\right) + [l^2(\kappa-\lambda)\zeta^2 + \Lambda]w = 0$$

となる．また $\zeta = v$, $w = V(v)$ に対しても同様であるから[*4]，両者とも

$$\frac{d^2w}{d\zeta^2} + \frac{1}{2}\left(\frac{1}{\zeta-1} + \frac{1}{\zeta+1}\right)\frac{dw}{d\zeta} + \frac{l^2(\kappa-\lambda)\zeta^2 + \Lambda}{\zeta^2-1}w = 0 \qquad (2.119)$$

の形に表せる．なお，この場合には，ξ, η, z を u_1, u_2, u_3 とみなせば

$$h_1 = h_2 = l\sqrt{\cosh^2\xi - \cos^2\eta}, \qquad h_3 = 1 \qquad (2.120)$$

であり，

$$\triangle\Psi = \frac{1}{l^2(\cosh^2\xi - \cos^2\eta)}\left(\frac{\partial^2\Psi}{\partial\xi^2} + \frac{\partial^2\Psi}{\partial\eta^2}\right) + \frac{\partial^2\Psi}{\partial z^2} \qquad (2.121)$$

となるので，この座標系 (ξ, η, z) で $\Psi = \Xi(\xi) H(\eta) Z(z)$ のそれぞれの変数に分離した Helmholtz の方程式は

$$\begin{aligned}
\frac{d^2\Xi}{d\xi^2} + [l^2(\kappa-\lambda)\cosh^2\xi + \Lambda]\Xi &= 0 \\
\frac{d^2H}{d\eta^2} - [l^2(\kappa-\lambda)\cos^2\eta + \Lambda]H &= 0 \\
\frac{d^2Z}{dz^2} + \lambda Z &= 0
\end{aligned} \qquad (2.122)$$

となる．

j. 放物柱座標系

前述の **i** において，x の原点を l に移し，前述の **g** と同様の操作をすれば

$$x = \frac{1}{2}(\xi^2 - \eta^2), \qquad y = \xi\eta, \qquad z = z \qquad (2.123)$$

を得る．xy 面内の座標の形は回転放物面座標系の子午面内の $q_1 q_2$ 座標（図 2.6）と同じであり，この面に垂直に z 軸をとる．この場合には，ξ, η, z を u_1, u_2, u_3 とみなせば

$$h_1 = h_2 = \sqrt{\xi^2 + \eta^2}, \qquad h_3 = 1 \qquad (2.124)$$

であり，

$$\triangle\Psi = \frac{1}{\xi^2 + \eta^2}\left(\frac{\partial^2\Psi}{\partial\xi^2} + \frac{\partial^2\Psi}{\partial\eta^2}\right) + \frac{\partial^2\Psi}{\partial z^2} \qquad (2.125)$$

[*4] $\zeta = v$ のときは

$$\sqrt{1-v^2}\frac{d}{dv}\left(\sqrt{1-v^2}\frac{dw}{dv}\right) - [l^2(\kappa-\lambda)v^2 + \Lambda]w = 0$$

となるので，Helmholtzの方程式を $\Psi = \Xi(\xi)\,H(\eta)\,Z(z)$ と変数分離すると，$Z(z)$ に関しては前述の **h**, **i** と同様であり，$w = \Xi(\xi), H(\eta)$ のそれぞれに $\zeta = \xi, \eta$ を対応させると，いずれも

$$\frac{d^2 w}{d\zeta^2} + [(\kappa - \lambda)\zeta^2 \pm \Lambda] w = 0 \tag{2.126}$$

の形になる．さらに $t = \zeta^2$ とおけば，$d/d\zeta = 2\zeta\,d/dt = 2\sqrt{t}\,d/dt$ であるから

$$\frac{d^2 w}{dt^2} + \frac{1}{2t}\frac{dw}{dt} + \left(\frac{\kappa - \lambda}{4} \pm \frac{\Lambda}{4t}\right) w = 0 \tag{2.127}$$

とも表せる．

その他の直交座標系については，その定義と図で示すにとどめる (図 2.7)．

k. 双極座標系，双極柱座標系

この座標系

$$q_1 = c\frac{\sinh \eta}{\cosh \eta - \cos \xi}, \qquad q_2 = c\frac{\sin \xi}{\cosh \eta - \cos \xi} \qquad (c > 0) \tag{2.128}$$

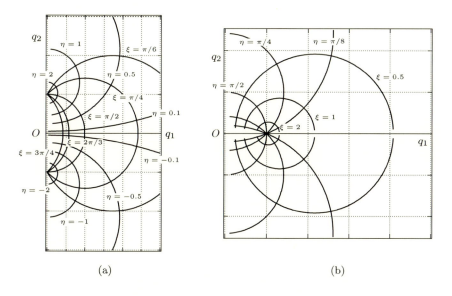

図 **2.7** (a) 双極座標系と (b) 円環座標系

を図 2.7a に示す．q_2 軸のまわりに回転角 φ をとったものが双極座標系であり，2 つの偏心球面群を構成する．他方，この座標系 (q_1, q_2) に垂直に q_3 軸 (z 軸) をとったものも直交座標系であり，双極柱座標系とよばれる．

I. 円環座標系

この座標系

$$q_1 = c\frac{\sin\eta}{\cosh\xi - \cos\eta}, \qquad q_2 = c\frac{\sinh\xi}{\cosh\xi - \cos\eta} \qquad (c > 0) \tag{2.129}$$

を図 2.7b に示す．q_2 軸のまわりに回転角 φ をとったものが円環座標系であり，ドーナツ状の曲面群を構成する．

境界の形が前述のいずれかの座標面に一致する場合には，それぞれの直交曲線座標系を用いて解析するのが適当である．

2.3.2　Sturm–Liouville 型方程式の固有値と固有関数

一般に，2 階の同次線形微分方程式

$$A(x)\frac{d^2u}{dx^2} + B(x)\frac{du}{dx} + C(x)u = 0 \tag{2.130}$$

は

$$H(x) = \frac{1}{A(x)}\exp\left[\int^x \frac{B(\xi)}{A(\xi)}d\xi\right] \tag{2.131}$$

を掛けることによって

$$L[u] + \lambda r(x)u = 0 \tag{2.132}$$

の型の方程式に帰着される．ただし

$$L[u] \equiv \frac{d}{dx}\left[p(x)\frac{du}{dx}\right] + q(x)u \tag{2.133}$$

であり，変換にあたって $A(x)$ は考えている区間で 0 にはならないものとした．なお，$p(x) > 0$ であり，また，$q(x)$ を適切に選べば $r(x) > 0$ とすることができる[*5]．

[*5]　具体的には

$$p(x) = \exp\left[\int^x \frac{B(\xi)}{A(\xi)}d\xi\right], \qquad q(x) + \lambda r(x) = \frac{C(x)}{A(x)}\exp\left[\int^x \frac{B(\xi)}{A(\xi)}d\xi\right]$$

式 (2.132), (2.133) のような型に表現した微分方程式を **Sturm–Liouville** (スツルム–リウヴィル) **方程式**とよぶ．境界条件やその他の条件を課すと，ここに現れた λ は特定の値だけが許される．このとき，その特定の λ の値を**固有値**，また，その λ の値に対応した解を固有値 λ に属する**固有関数**とよぶ．

簡単のために，独立変数 x の変域は有限区間 $[a,b]$ とし，この区間では $p(x)$, $q(x), r(x)$ は連続で，$p(x) > 0, r(x) > 0$ とする．また，両端で同次の境界条件

$$\begin{aligned} p(a)\,u'(a)\sin\alpha - u(a)\cos\alpha = 0 \\ p(b)\,u'(b)\sin\beta - u(b)\cos\beta = 0 \end{aligned} \tag{2.134}$$

を満たすものとする．とくに

(1) $\alpha = \beta = 0$ の場合には $u(a) = u(b) = 0$．これを **Dirichlet** (ディリクレ) 条件あるいは第一種同次条件という．
(2) $\alpha = \beta = \pi/2$ の場合には $u'(a) = u'(b) = 0$．これを **Neumann** (ノイマン) 条件あるいは第二種同次条件という．
(3) それ以外では $u'(a) - h(a)\,u(a) = 0, h(a) = \cos\alpha/p(a)\sin\alpha$ ($x = b$ でも同様) のように，関数の値と微分係数の値の組合せの形で条件が与えられる．これを **Cauchy** (コーシー) 条件あるいは第三種同次条件という．　　◁

a. 固有関数の直交性

式 (2.132) の異なる固有値 $\lambda = \lambda_n, \lambda_m$ に対する解を u_n, u_m とおくと，これらは

$$\frac{\mathrm{d}}{\mathrm{d}x}\left(p\frac{\mathrm{d}u_n}{\mathrm{d}x}\right) + (q + \lambda_n r)u_n = 0$$

$$\frac{\mathrm{d}}{\mathrm{d}x}\left(p\frac{\mathrm{d}u_m}{\mathrm{d}x}\right) + (q + \lambda_m r)u_m = 0$$

を満たすので，上式に u_m，下式に u_n を掛け，差し引きすると

$$u_m\frac{\mathrm{d}}{\mathrm{d}x}\left(p\frac{\mathrm{d}u_n}{\mathrm{d}x}\right) - u_n\frac{\mathrm{d}}{\mathrm{d}x}\left(p\frac{\mathrm{d}u_m}{\mathrm{d}x}\right) + (\lambda_n - \lambda_m)r u_n u_m = 0 \tag{2.135}$$

となる．これを区間 $[a,b]$ で積分し，整理すると

$$(\lambda_m - \lambda_n)\int_a^b r u_n u_m\,\mathrm{d}x = \left[p\left(u_m\frac{\mathrm{d}u_n}{\mathrm{d}x} - u_n\frac{\mathrm{d}u_m}{\mathrm{d}x}\right)\right]_a^b = 0 \tag{2.136}$$

を得る．ただし，$x = a, b$ での同次境界条件を用いた [前掲の (1)–(3) のどの条件でもよい]．これより，異なる固有値に対応した固有関数は，重み関数を $r(x)$ として区間 $[a, b]$ で直交することが示された．

b. 固有関数の零点

同次境界条件の下での実数の固有値の列 $\lambda_1 < \lambda_2 < \cdots < \lambda_n < \cdots$，およびそれに対応した固有関数の列 $u_1 < u_2 < \cdots < u_n < \cdots$ を考える．まず，$x = a$ での境界条件 (2.134) が成り立っているとすると，式 (2.135) を区間 $[a, \xi]$ で積分したときに，$x = a$ での境界値は 0 になる．また，u_1 が $a < x < \xi$ では正，$x > \xi$ で負に変わったとすると $u_1(\xi) = 0$ であるから (図 2.8 を参照)，

$$(\lambda_2 - \lambda_1) \int_a^\xi r u_1 u_2 \, dx = \left[p \left(u_2 \frac{du_1}{dx} \right) \right]_{x=\xi} \tag{2.137}$$

となる．ここで，$p(x) > 0, r(x) > 0$ および $x = \xi$ で $du_1/dx < 0$ であるから，もし u_2 がこの区間で定符号，たとえば，これを仮に正だとすると，左辺は正であるのに対して，右辺は負となって矛盾してしまう (逆に，もし u_2 がこの区間で負だとすると，左辺は負であるのに対して，右辺は正となって矛盾してしまう)．したがって，u_2 は区間 $a < x < \xi$ で符号を変えなければならない．すなわちこの区間に零点をもつ．これを繰り返すと，一般に u_n の零点と零点の間に u_{n+1} の零点が現れることが示される．零点の数は境界条件により異なる．たとえば，弦の振動のように境界の両端が固定されていれば，最低次の固有関数 u_1 は 2 個の零点をもつので，n 番目の固有関数 $u_n(x)$ は $n + 1$ 個の零点をもち，また，板の振動のように一端だけ固定されているような場合には最低次の固有関数 u_1 は 1 個の零点をもつので n 番目の固有関数 $u_n(x)$ の零点は n 個，という具合になる．いずれにせよ，n の増加とともに区間 $[a, b]$ の内部に λ_n に対する固有関数 $u_n(x)$ がつく

図 2.8　固有関数の零点

られ，無限個の関数列が生成される．

c. 固有関数展開

前項でみたように，区間 $[a,b]$ で互いに直交する無限個の固有関数列 $u_n(x)$ ($n=1,2,3,\cdots$) がつくられることがわかった．そこでこれらを用いて，同じ区間で区分的に滑らかな関数 $f(x)$ を

$$f(x) = \sum_{n=1}^{\infty} c_n u_n(x) \tag{2.138}$$

と展開したとすると，

$$c_n = \frac{(f, u_n)}{(u_n, u_n)} \tag{2.139}$$

となる．ここで

$$(u_n, u_m) = \int_a^b r(\xi)\, u_n(\xi)\, u_m(\xi)\, \mathrm{d}\xi \tag{2.140}$$

表 2.1 Sturm–Liouville 型の方程式の例

名前	$p(x)$	$q(x)$	$r(x)$	λ	区間
(a) Legendre の微分方程式	$1-x^2$	0	1	$n(n+1)$	$[-1,1]$
Legendre の陪微分方程式	$1-x^2$	$-\dfrac{m^2}{1-x^2}$	1	$n(n+1)$	$[-1,1]$
(b) Chebyshev の微分方程式	$\sqrt{1-x^2}$	0	$\dfrac{1}{\sqrt{1-x^2}}$	n^2	$[-1,1]$
(c) Bessel の微分方程式	x	$-\dfrac{n^2}{x}$	x	j_{nm}^2	$[0,1]$
(d) Laguerre の微分方程式	xe^{-x}	0	e^{-x}	α	$[0,\infty)$
Laguerre 陪微分方程式	$x^{k+1}e^{-x}$	0	$x^k e^{-x}$	α	$[0,\infty)$
(e) Hermite の微分方程式	e^{-x^2}	0	e^{-x^2}	2α	$(-\infty,\infty)$
(f) 単振動の微分方程式	1	0	1	n^2	$[0,2\pi]$

(a) $(1-x^2)u'' - 2xu' + n(n+1)u = 0$
(b) $(1-x^2)u'' - xu' + n^2 u = 0$
(c) $x^2 u'' + xu' + (j_{nm}^2 x^2 - n^2)u = 0$ (j_{nm} は $J_n(x)$ の m 番目の零点)
(d) $xu'' + (1-x)u' + \alpha u = 0$
(e) $u'' - 2xu' + 2\alpha u = 0$
(f) $u'' + n^2 u = 0$

などと定義した．関数列 $u_n(x)$ が完全系^{*6} をなしていて無限級数 $\sum_{n=1}^{\infty} c_n u_n(x)$ が一様収束する場合に式 (2.138) が意味をもつ．このような無限級数は完全直交関数系 $\{u_n(x)\}$ に関する **Fourier**（フーリエ）**式級数**とよばれる．

表 2.1 に Sturm–Liouville 型の方程式の例をいくつか示す．

2.3.3 固有関数展開

与えられた微分方程式と境界条件を満たす関数 $\phi_n(x)$ の列を用いて，規格直交系を構成する．それには，まず区間 $[a, b]$ において重み関数 $r(x)$ を用いて内積

$$(\phi_m, \phi_n) = \int_a^b r(\xi)\, \phi_m(\xi)\, \phi_n(\xi)\, \mathrm{d}\xi \tag{2.141}$$

を定義し，直交性を満たす関数列 $\{\phi_n(x),\ n=1,2,3,\cdots\}$ を構成する．次に

$$(\phi_m, \phi_m) = \int_a^b r(\xi)\, \phi_m(\xi)^2 \mathrm{d}\xi = N \tag{2.142}$$

を計算し，新たな関数を $\tilde{\phi}_m = \phi_m/\sqrt{N}$ と定義することによって規格直交関係

$$(\tilde{\phi}_m, \tilde{\phi}_n) = \delta_{mn} \tag{2.143}$$

を得る．この規格直交関数系を用いれば，関数 $f(x)$ は次のように展開される．

$$f(x) = \sum_{n=1}^{\infty} c_n \tilde{\phi}_n(x), \qquad c_n = (f(x), \tilde{\phi}_n(x)) \tag{2.144}$$

これを**固有関数展開**という．以下では，$\tilde{\phi}_m$ の上付き波を省略し，ϕ_m は規格化された直交関数列であるとする．この関数系による展開では，重み関数 $r(x) > 0$ であれば，いつでも

$$\int_a^b \left(f(x) - \sum_{n=1}^{\infty} c_n\, \phi_n(x) \right)^2 r(x)\, \mathrm{d}x \geq 0 \tag{2.145}$$

[*6] 任意の連続関数を直交関数列 $u_n(x)$ で展開したときに，その級数ともとの関数との差の 2 乗平均が 0 に近づく，すなわち

$$\lim_{M \to \infty} \int_a^b \left(f(x) - \sum_{n=1}^{M} c_n u_n(x) \right)^2 r(x)\, \mathrm{d}x = 0$$

が成り立つとき，関数系 $u_n(x)$ は完全系であるという．この判定条件は「平均において (limit in mean) 収束する」とよばれている．

が成り立つ．ここで等号は関数系が完全な場合に限られる．また，この式を展開すると

$$\int_a^b f(x)^2 r(x)\,dx \geq \sum_{n=1}^\infty c_n{}^2 \tag{2.146}$$

の関係が得られる．これは **Bessel** (ベッセル) の **不等式** とよばれている． ◁

次に固有関数展開の例をいくつか掲げる．

a. 三角関数による固有関数展開

単振動の方程式

$$\frac{d^2 u}{dx^2} + \lambda u = 0 \qquad (\lambda > 0) \tag{2.147}$$

では，境界条件により

(i) 両端 $x = 0, l$ が固定されている場合の固有関数は

$$\sqrt{\frac{2}{l}} \sin\left(\frac{n\pi}{l} x\right) \qquad (n = 1, 2, 3, \cdots) \tag{2.148}$$

(ii) 両端 $x = 0, l$ が自由な場合の固有関数は

$$\sqrt{\frac{2}{l}} \cos\left(\frac{n\pi}{l} x\right) \qquad (n = 1, 2, 3, \cdots) \tag{2.149}$$

(iii) 周期境界条件 $u(-l) = u(l), u'(-l) = u'(l)$ の場合の固有関数は

$$\frac{1}{\sqrt{2l}} \exp\left(\frac{n\pi i}{l} x\right) \qquad (n = 0, \pm 1, \pm 2, \cdots) \tag{2.150}$$

となる．これらは規格直交系をなしており，Fourier 級数展開 (工学教程「フーリエ・ラプラス解析」も参照) に利用されている．また，いずれの場合においても固有値は $(n\pi/l)^2$ である．上記の境界条件に対応した固有関数列 $\{u_n(x)\}$ を用いて，振動の変位は

$$u(x) = \sum_{n=1}^\infty c_n u_n(x), \qquad c_n = (u(x), u_n(x)) \tag{2.151}$$

で与えられる． ◁

固有関数展開を利用して偏微分方程式を解く例をみてみよう．

例 2.3 (2 次元のポテンシャル問題)　半径 a で無限に長い半円筒状の金属が 2 つ向かい合わせに置かれ，それぞれに電位 $\pm V_0$ が与えられている．このときの電位分布 $V(\rho,\varphi)$ を求めてみよう．

この問題では，円筒の軸方向を z とした円柱座標系 (ρ,φ,z) で考えるのが適切である．z 軸方向には無限に長くて一様なので，z 依存性はない．したがって，V の満たすべき方程式は

$$\frac{1}{\rho}\frac{\partial}{\partial \rho}\left(\rho\frac{\partial V}{\partial \rho}\right) + \frac{1}{\rho^2}\frac{\partial^2 V}{\partial \varphi^2} = 0 \tag{2.152}$$

境界条件は

$$V(a,\varphi) = V_0 \quad (0<\varphi<\pi), \qquad V(a,\varphi) = -V_0 \quad (-\pi<\varphi<0) \tag{2.153}$$

となる．境界の形や境界条件から，V は φ について周期 2π の周期関数であり，しかも φ の奇関数であることがわかるので，Fourier 正弦級数を用いて

$$V = \sum_{n=1}^{\infty} b_n(\rho)\sin(n\varphi)$$

と展開し，式 (2.152) に代入する．これにより $b_n(\rho)$ の満たす方程式は

$$\frac{1}{\rho}\frac{\mathrm{d}}{\mathrm{d}\rho}\left(\rho\frac{\mathrm{d}b_n}{\mathrm{d}\rho}\right) - \frac{n^2}{\rho^2}b_n = 0$$

となる．この微分方程式は Euler 型であり，その解が $\{\rho^n, \rho^{-n}\}$ であることは容易に確かめられる．ところで，ポテンシャルは $\rho<a$ の領域内で有限であるから，ρ^{-n} の方は採用しない．したがって，

$$V = \sum_{n=1}^{\infty} c_n \rho^n \sin(n\varphi)$$

の形が許される．そこで，境界条件 (2.153) を当てはめて係数 c_n を決定すると $c_n = 4V_0/(\pi a^n n)$ (n は奇数) となる．以上より，求めるポテンシャルは

$$V(\rho,\varphi) = \frac{4V_0}{\pi}\sum_{m=1}^{\infty}\frac{1}{2m-1}\left(\frac{\rho}{a}\right)^{2m-1}\sin[(2m-1)\varphi] \tag{2.154}$$

となる．　　　　　　　　　　　　　　　　　　　　　　　　　　　　　　◁

例 2.4 (1 次元の波動方程式)

$$\frac{\partial^2 u}{\partial x^2} = \frac{1}{c^2}\frac{\partial^2 u}{\partial t^2} \tag{2.155}$$

[これは 2.1.1 項で導いた式 (2.2) と同じである] を，境界条件

$$u(0,t) = u(L,t) = 0 \tag{2.156}$$

初期条件

$$u(x,0) = u_0(x), \qquad \frac{\partial u}{\partial t}(x,0) = v_0(x) \tag{2.157}$$

の下で解いてみよう．われわれの考えている関数 u は $0 \leq x \leq L$ で連続であり，両端で 0 という条件を満たす必要があるので，

$$u(x,t) = \sum_{n=1}^{\infty} b_n(t) \sin\left(\frac{n\pi x}{L}\right) \tag{2.158}$$

の形に表現できるはずである．この式がもとの方程式を満たすためには

$$\frac{1}{c^2}\frac{\mathrm{d}^2 b_n}{\mathrm{d}t^2} = -\left(\frac{n\pi}{L}\right)^2 b_n \tag{2.159}$$

でなければならない．ここで，三角関数の直交性を用いた．これより，b_n が求まり，式 (2.158) に代入して方程式の一般解

$$u(x,t) = \sum_{n=1}^{\infty}\left[A_n\cos\left(\frac{n\pi ct}{L}\right) + B_n\sin\left(\frac{n\pi ct}{L}\right)\right]\sin\left(\frac{n\pi x}{L}\right) \tag{2.160}$$

を得る．係数 A_n, B_n は初期条件から決まる．

$$\sum_{n=1}^{\infty} A_n \sin\left(\frac{n\pi x}{L}\right) = u_0(x) \rightarrow A_n = \frac{2}{L}\int_0^L u_0(x)\sin\left(\frac{n\pi x}{L}\right)\mathrm{d}x \tag{2.161}$$

$$\sum_{n=1}^{\infty} \frac{n\pi c}{L} B_n \sin\left(\frac{n\pi x}{L}\right) = v_0(x) \rightarrow B_n = \frac{2}{n\pi c}\int_0^L v_0(x)\sin\left(\frac{n\pi x}{L}\right)\mathrm{d}x \tag{2.162}$$

この解法は，のちに述べる有限積分変換と本質的には同じものである．なお，定在波を求めるときにしばしば変数分離の方法が用いられるが，同じ結果を得る[*7]．

◁

[*7] 変数分離の方法では $u(x,t) = X(x)T(t)$ と仮定して波動方程式に代入し，

$$\frac{X''(x)}{X(x)} = \frac{1}{c^2}\frac{T''(t)}{T(t)} = -\lambda^2 (定数)$$

b. 多項式による固有関数展開

Legendre の微分方程式

$$\frac{\mathrm{d}}{\mathrm{d}x}\left[(1-x^2)\frac{\mathrm{d}u}{\mathrm{d}x}\right] + \lambda u = 0 \qquad (2.163)$$

は $[-1,1]$ で多項式解をもつ．固有値は $\lambda = n(n+1)$ で，規格化した固有関数系は $\sqrt{n+\frac{1}{2}}P_n(x)$ である．はじめの数項を示すと

$$\sqrt{\frac{1}{2}}, \qquad \sqrt{\frac{3}{2}}x, \qquad \sqrt{\frac{5}{8}}(3x^2-1), \qquad \sqrt{\frac{7}{8}}(5x^3-3x), \qquad \cdots \qquad (2.164)$$

となる．これらは **Legendre** (ルジャンドル) **多項式**とよばれている (工学教程「常微分方程式」，「複素関数論 II」，および本書の付録 A.3 節を参照)． ◁

ところで，この関数列は順に x の次数の高くなっていく多項式の列で表されている．このことに着目すると，この関数列は x の低次から始めて次々と直交性および規格化を行いながら**直交多項式系** を構成していくことによっても得られることが予想される．具体的にこの操作を行ってみよう．まず，x の 0 次では $y_0 = c$ とおいて規格化し

$$(y_0, y_0) = \int_{-1}^{1} c^2 \mathrm{d}x = 2c^2 = 1 \to c = \frac{1}{\sqrt{2}} \to y_0 = \frac{1}{\sqrt{2}}$$

を得る．次に y_0 と独立な関数であればよいので，試みに x の 1 次式を用いて $y_1 = bx$ とおく．これが y_0 と直交することは容易に確かめられるので，規格化を行い，

$$(y_1, y_1) = \int_{-1}^{1} b^2 x^2 \mathrm{d}x = \frac{2b^2}{3} = 1 \to b = \sqrt{\frac{3}{2}} \to y_1 = \sqrt{\frac{3}{2}}x$$

これを解いて

$$X(x) = A\sin(\lambda x) + B\cos(\lambda x), \qquad T(t) = C\sin(c\lambda t) + D\cos(c\lambda t)$$

を得る．境界条件として $x=0, L$ で $u=0$, が課される場合には $B=0$ であり，$\sin(\lambda L) = 0$ からは固有値 λ は $\lambda = n\pi/L$ (n は整数) と決まる．したがって，解は

$$u(x,t) = \sum_{n=1}^{\infty} a_n \sin\left(\frac{n\pi}{L}x\right)\sin\left(\frac{nc\pi}{L}t + \delta_n\right)$$

の形に表現される．これは式 (2.160) と同じものである．未定の定数 a_n, δ_n は初期条件を満たすように決める．

を得る．次は x^2 の項を含むものを考え，一般に $y_2 = ax^2 + bx + c$ とおいて直交性の条件を課すと

$$(y_2, y_0) = \frac{1}{\sqrt{2}} \int_{-1}^{1} (ax^2 + bx + c)\,\mathrm{d}x = \sqrt{2}\left(\frac{a}{3} + c\right) = 0$$

$$(y_2, y_1) = \sqrt{\frac{3}{2}} \int_{-1}^{1} (ax^3 + bx^2 + cx)\,\mathrm{d}x = \frac{\sqrt{6}}{3} b = 0$$

そこで $y_2 = a(x^2 - 1/3)$ として規格化を行うと，

$$(y_2, y_2) = a^2 \int_{-1}^{1} \left(x^2 - \frac{1}{3}\right)^2 \mathrm{d}x = \frac{8a^2}{45} = 1 \to a = 3\sqrt{\frac{5}{8}} \to y_2 = \sqrt{\frac{5}{8}}(3x^2 - 1)$$

などを得る．これらは式 (2.164) と一致する．

上の例でみたように，内積の定義を当てはめながら次々と直交性を満たす関数系を構成していく方法は **Gram–Schmidt** (グラム–シュミット) の**直交化法**とよばれている． ◁

直交性は，定義される区間や式 (2.141) に用いる重み関数 $r(x)$ の選び方によって異なる．次に，前述の例も含めて，物理や工学で比較的よく利用される直交多項式系の一般表現を示す．ただし，規格化はしていない．

(i) 区間 $[-1, 1]$ で定義され，$r(x) = 1$ としたものが Legendre 多項式 $P_n(x)$ で，はじめの数項は

$$P_0 = 1, \quad P_1 = x, \quad P_2 = \frac{1}{2}(3x^2 - 1), \quad \cdots$$

一般には

$$P_n(x) = \frac{1}{2^n n!} \frac{d^n}{dx^n}(x^2 - 1)^n \quad \text{または} \quad \frac{(-1)^n}{2^n n!} \frac{\mathrm{d}^n}{\mathrm{d}x^n}(1 - x^2)^n$$

直交性は

$$\int_{-1}^{1} P_m(x) P_n(x)\,\mathrm{d}x = \frac{2}{2n+1} \delta_{mn}$$

また，$y = P_n(x)$ の満たす微分方程式は

$$(1 - x^2)y'' - 2xy' + n(n+1)y = 0$$

である．

(ii) 区間 $(-\infty, \infty)$ で定義され，$r(x) = \exp(-x^2)$ のときは **Hermite** (エルミート) 多項式 $H_n(x)$ とよばれるものになる．はじめの数項は

$$H_0 = 1, \quad H_1 = 2x, \quad H_2 = 4x^2 - 2, \quad \cdots$$

一般には

$$H_n(x) = (-1)^n e^{x^2} \frac{d^n}{dx^n} e^{-x^2}$$

直交性は

$$\int_{-\infty}^{\infty} e^{-x^2} H_m(x) H_n(x)\, dx = 2^n n! \sqrt{\pi} \delta_{mn}$$

また，$y = H_n(x)$ の満たす微分方程式は

$$y'' - 2xy' + 2ny = 0$$

である[*8]．

(iii) 区間 $[0, \infty)$ で定義され，$r(x) = \exp(-x)$ のときは **Laguerre** (ラゲール) 多項式 $L_n(x)$ とよばれるものになる．はじめの数項は

$$L_0 = 1, \quad L_1 = 1 - x, \quad L_2 = 2 - 4x + x^2, \quad \cdots$$

一般には

$$L_n(x) = e^x \frac{d^n}{dx^n} (x^n e^{-x})$$

直交性は

$$\int_0^{\infty} e^{-x} L_m(x) L_n(x)\, dx = (n!)^2 \delta_{mn}$$

[*8] Hermite 多項式には，重み関数を $r(x) = \exp(-x^2/2)$ と選ぶ定義もある．この場合には

$$H_0 = 1, \quad H_1 = x, \quad H_2 = x^2 - 1, \quad \cdots$$

一般には

$$H_n(x) = (-1)^n e^{x^2/2} \frac{d^n}{dx^n} e^{-x^2/2}$$

直交性は

$$\int_{-\infty}^{\infty} e^{-x^2/2} H_m(x) H_n(x)\, dx = n! \sqrt{2\pi} \delta_{mn}$$

また，$y = H_n(x)$ の満たす微分方程式は

$$y'' - xy' + ny = 0$$

となる．

また，$y = H_n(x)$ の満たす微分方程式は

$$xy'' + (1-x)y' + ny = 0$$

である．

その他の例については，工学教程「常微分方程式」なども参照されたい．

2.3.4 Fourier–Bessel 展開

Laplace 方程式 $\triangle \Phi = 0$ を円柱座標系 (ρ, φ, z) で表すと

$$\frac{1}{\rho}\frac{\partial}{\partial \rho}\left(\rho \frac{\partial \Phi}{\partial \rho}\right) + \frac{1}{\rho^2}\frac{\partial^2 \Phi}{\partial \varphi^2} + \frac{\partial^2 \Phi}{\partial z^2} = 0 \quad (2.165)$$

となる．この式を $\Phi(\rho,\varphi,z) = f(\rho)\exp(in\varphi \pm kz)$ の形に変数分離したときに f の満たす方程式は

$$\frac{d^2 f}{d\rho^2} + \frac{1}{\rho}\frac{df}{d\rho} + \left(k^2 - \frac{n^2}{\rho^2}\right)f = 0 \quad (2.166)$$

あるいは，さらに $k\rho = x$ とおいて

$$\frac{d^2 f}{dx^2} + \frac{1}{x}\frac{df}{dx} + \left(1 - \frac{n^2}{x^2}\right)f = 0 \quad (2.167)$$

で与えられる．この方程式の解 $J_n(x)$ を第 1 種 n 次の円柱関数，あるいは **Bessel**（ベッセル）**関数**とよぶ．ここでは，とくにことわらずに n を整数とみなして説明してきたが，一般には，式 (2.166) の n を実数 ν に拡張した

$$\frac{d^2 y}{dx^2} + \frac{1}{x}\frac{dy}{dx} + \left(k^2 - \frac{\nu^2}{x^2}\right)y = \frac{1}{x}\frac{d}{dx}\left(x\frac{dy}{dx}\right) + \left(k^2 - \frac{\nu^2}{x^2}\right)y = 0 \quad (2.168)$$

(k は正実数) の型の方程式が考えられる．その解は Bessel 関数 $J_\nu(kx)$ と表現される．付録 A.2.1 項 **a** に示したように，ν が整数でない場合は $J_{-\nu}(x)$ は $J_\nu(x)$ と独立な解を構成するが，ν が整数 n の場合は $J_{-n}(x)$ は $J_n(x)$ と独立ではない．そこで $J_n(x)$ と独立な関数として **Neumann**（ノイマン）**関数**が定義される．これらの関数のふるまいや性質については，付録 A.2.1 項の **a–f** に示す．

これらを使うと以下のことが導かれる．まず，両辺に x を掛けると，Sturm–Liouville 型の方程式になるので，一般論が適用できる．そこで，異なるパラメタ k, l に対して成り立っている関係式

$$\frac{d}{dx}\left(x\frac{dJ_\nu(kx)}{dx}\right) + \left(k^2 x - \frac{\nu^2}{x}\right)J_\nu(kx) = 0$$

において、前者に $J_\nu(lx)$、後者に $J_\nu(kx)$ を掛け、差し引いた後 $[0,1]$ で積分すると

$$\int_0^1 x J_\nu(kx) J_\nu(lx) \, \mathrm{d}x = \frac{1}{k^2 - l^2}[l J_\nu'(l) J_\nu(k) - k J_\nu'(k) J_\nu(l)] \tag{2.169}$$

を得る。ただし、プライム (′) は引数に関する微分を表す。そこで、k, l を $J_\nu(x)$ の 2 つの異なる零点、たとえば $j_m, j_n \ (m \neq n)$ と選ぶと (Bessel 関数の零点については付録 A.2.1 項の **c** を参照)、右辺は 0 になるので、$\{J_\nu(j_n x); n = 1, 2, 3, \cdots\}$ は区間 $[0,1]$ で重み関数を x とした直交系となる。すなわち

$$\int_0^1 x J_\nu(j_m x) J_\nu(j_n x) \, \mathrm{d}x = 0 \tag{2.170}$$

また、規格化には

$$\int_0^1 x [J_\nu(j_m x)]^2 \mathrm{d}x = \frac{1}{2}[J_{\nu+1}(j_m)]^2 \tag{2.171}$$

を用いる [この計算には、たとえば式 (2.169) の右辺に l'Hospital (ロピタル) の定理を用い、また、Bessel 関数の漸化式 (付録 A.2.1 項の **f** を参照) を利用すればよい]。これを利用すると、区間 $[0,1]$ で定義された関数 $f(x)$ に対して

$$f(x) = \sum_{n=1}^\infty c_n J_\nu(j_n x) \tag{2.172}$$

$$c_m = \frac{2}{[J_{\nu+1}(j_m)]^2} \int_0^1 x f(x) J_\nu(j_m x) \, \mathrm{d}x \tag{2.173}$$

の展開ができる。これは $x = 1$ (スケールを変えれば一般には $x = a$) で $f = 0$ を満たす展開になっているので、円筒上で境界条件が与えられている問題などに有効である。これを **Fourier–Bessel** (フーリエ–ベッセル) 展開とよぶ。この展開は、はじめ $\nu = 0$ に対して Fourier により、その後 Lommel により $\nu > -1$ の任意の実数に拡張されている。

なお、この展開 (2.172) においては、次の **Parseval** (パーセバル) の関係

$$\int_0^1 [f(x)]^2 \, x \, \mathrm{d}x = \frac{1}{2} \sum_{n=1}^\infty c_n^2 [J_{\nu+1}(j_n)]^2 \tag{2.174}$$

が成り立つ。

2.4 Green 関数と境界値問題

2.4.1 デルタ関数

図 2.9 の概念図に示したような関数列は，ある点 (あるいはその近く) で非常に大きな値をもち，その両側では急速に 0 に近づく．これらの関数列の $n \to \infty$ の極限関数 $\delta(x)$ は次のような性質をもつ．

$$
\begin{aligned}
&(1)\ x = 0\ \text{で}\ \delta(x) \to \infty, \qquad x \neq 0\ \text{で}\ \delta(x) = 0 \\
&(2)\ \int_{-\infty}^{\infty} \delta(x)\,\mathrm{d}x = 1 \\
&(3)\ \int_{-\infty}^{\infty} f(x)\,\delta(x-a)\,\mathrm{d}x = f(a)
\end{aligned} \tag{2.175}
$$

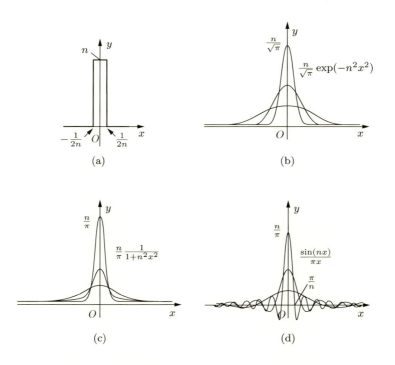

図 2.9 デルタ関数の例．いずれも $n \to \infty$ の極限が $\delta(x)$．

これを**デルタ関数**という．ただし $f(x)$ は $x = a$ で連続とする．この関数は Dirac によって提案されたもので，質点，点電荷，1 点に集中した力などのように，物理的な実態を数学的に理想化した表現として使うときに便利な関数である[*9]．

ところで，デルタ関数の概念図 2.9d，およびそこに記した関数列の一般表現 $\sin(nx)/\pi x$ は

$$\lim_{n \to \infty} \frac{\sin(nx)}{\pi x} = \lim_{n \to \infty} \left(\frac{e^{inx} - e^{-inx}}{2\pi i x} \right) = \lim_{n \to \infty} \frac{1}{2\pi} \int_{-n}^{n} e^{ikx} dk = \frac{1}{2\pi} \int_{-\infty}^{\infty} e^{ikx} dk$$

と書き直すことができる．これは，のちに述べるように定数 $1/\sqrt{2\pi}$ の Fourier 変換にほかならない [3.3.2 項 a の (v) を参照]．以下では，デルタ関数を表す積分表示として

$$\delta(x) = \frac{1}{2\pi} \int_{-\infty}^{\infty} e^{ikx} dk \tag{2.176}$$

を用いる．また，x の区間 $[-\infty, x]$ での積分として

$$\mathbf{1}(x) \equiv \frac{1}{2\pi} \int_{-\infty}^{\infty} \frac{e^{ikx}}{ik} dk = \begin{cases} 0 & (x < 0) \\ 1 & (x > 0) \end{cases} \tag{2.177}$$

も得られる．これは**単位階段関数**あるいは **Heaviside** (ヘヴィサイド) 関数とよばれているものである．

2.4.2 随伴偏微分方程式と Green の公式

線形 2 階の偏微分方程式は一般に式 (2.36) で与えられる．ここで，$A, B, \cdots, F$ を x, y の関数として

$$L[u] \equiv A \frac{\partial^2 u}{\partial x^2} + 2B \frac{\partial^2 u}{\partial x \partial y} + C \frac{\partial^2 u}{\partial y^2} + D \frac{\partial u}{\partial x} + E \frac{\partial u}{\partial y} + Fu \tag{2.178}$$

に対して

$$M[v] \equiv \frac{\partial^2 (Av)}{\partial x^2} + 2 \frac{\partial^2 (Bv)}{\partial x \partial y} + \frac{\partial^2 (Cv)}{\partial y^2} - \frac{\partial (Dv)}{\partial x} - \frac{\partial (Ev)}{\partial y} + Fv \tag{2.179}$$

[*9] 式 (2.175) で与えた関係式から導かれる性質として，$\delta(-x) = \delta(x)$ や $\delta(ax) = \delta(x)/|a|$ などもある．後者は $ax = y$ と変数変換し，

$$\int_{-\infty}^{\infty} f(x) \delta(ax) dx = \int_{-\infty}^{\infty} f\left(\frac{y}{a}\right) \delta(y) \frac{dy}{a} = \frac{1}{a} f(0) = \frac{1}{a} \int_{-\infty}^{\infty} f(x) \delta(x) dx$$

が任意の関数 $f(x)$ に対して成り立つことから示される．

を L の**随伴微分表式**という．そこで，式 (2.178) に v を，式 (2.179) に u を掛けて引き算すると

$$vL[u] - uM[v] = P_x + Q_y \tag{2.180}$$

の形に表すことができる．ここで，下付添字はその変数による偏微分を表す．また，

$$P = A(vu_x - uv_x) + B(vu_y - uv_y) + (D - A_x - B_y)uv$$
$$Q = B(vu_x - uv_x) + C(vu_y - uv_y) + (E - B_x - C_y)uv$$

である．この計算にあたり，たとえば

$$vAu_{xx} - u(Av)_{xx} = \{(vAu_x)_x - (vA)_x u_x\} - \{[u(Av)_x]_x - u_x(Av)_x\}$$
$$= [A(vu_x - uv_x)]_x - (A_x uv)_x, \quad \cdots$$

などの変形を行った．x, y 平面上の閉曲線 C で囲まれた領域 D において式 (2.180) の右辺を積分すると

$$\iint_D (P_x + Q_y)\,dx\,dy = \int_C (P\,dy - Q\,dx) = \int_C (Pn_x + Qn_y)\,ds \tag{2.181}$$

となる．ただし，(n_x, n_y) は C 上の点における外向き法線の方向余弦 $n_x = \cos(n, x)$, $n_y = \sin(n, x)$ である (n_x, n_y の下付添字は成分を区別しているもので，偏微分の意味ではない)．したがって，

$$\iint_D (vL[u] - uM[v])\,dx\,dy = \int_C (P\,dy - Q\,dx) = \int_C (Pn_x + Qn_y)\,ds \tag{2.182}$$

を得る．式 (2.182) を広義の Green の公式とよぶ．ここで，とくに $A = C = 1, B = D = E = F = 0$ のときには

$$L = M = \frac{\partial^2}{\partial x^2} + \frac{\partial^2}{\partial y^2} = \triangle, \quad P = vu_x - uv_x, \quad Q = vu_y - uv_y$$

であるから，式 (2.182) は

$$\iint_D (v\triangle u - u\triangle v)\,dx\,dy = \int_C \left(v\frac{\partial u}{\partial n} - u\frac{\partial v}{\partial n}\right)ds \tag{2.183}$$

となる．式 (2.183) を **Green** (グリーン) の公式とよぶ． ◁

$L[u]$ とその随伴微分表式 $M[u]$ が等しいとき，$L[u]$ は**自己随伴表式**であるという．それには

$$M[u] - L[u] = (A_{xx} + 2B_{xy} + C_{yy} - D_x - E_y)u$$
$$+ 2(A_x + B_y - D)u_x + 2(B_x + C_y - E)u_y = 0$$

でなければならないが，その必要十分条件は

$$D = A_x + B_y, \qquad E = B_x + C_y$$

である．このとき，式 (2.178) は

$$L[u] = Au_{xx} + 2Bu_{xy} + Cu_{yy} + (A_x + B_y)u_x + (B_x + C_y)u_y + Fu$$
$$= \frac{\partial}{\partial x}\left(A\frac{\partial u}{\partial x} + B\frac{\partial u}{\partial y}\right) + \frac{\partial}{\partial y}\left(B\frac{\partial u}{\partial x} + C\frac{\partial u}{\partial y}\right) + Fu \equiv L^*[u] \qquad (2.184)$$

となる．$L[u]$ が自己随伴であるときには $L^*[u]$ と表すことにする．また，

$$P = A(vu_x - uv_x) + B(vu_y - uv_y) = v(Au_x + Bu_y) - u(Av_x + Bv_y)$$
$$Q = B(vu_x - uv_x) + C(vu_y - uv_y) = v(Bu_x + Cu_y) - u(Bv_x + Cv_y)$$

であるから，式 (2.182) は

$$\iint_D (vL^*[u] - uL^*[v])\,\mathrm{d}x\,\mathrm{d}y = \int_C \{[v(Au_x + Bu_y) - u(Av_x + Bv_y)]\,\mathrm{d}y$$
$$- [v(Bu_x + Cu_y) - u(Bv_x + Cv_y)]\,\mathrm{d}x\} \qquad (2.185)$$

となる．偏微分方程式を標準化して $A = C = 1$, $B = 0$ と表した場合には

$$L^*[u] = \frac{\partial^2 u}{\partial x^2} + \frac{\partial^2 u}{\partial y^2} + Fu \qquad (2.186)$$

であり，式 (2.185) は

$$\iint_D (vL^*[u] - uL^*[v])\,\mathrm{d}x\,\mathrm{d}y = \int_C [v(u_x\,\mathrm{d}y - u_y\,\mathrm{d}x) - u(v_x\,\mathrm{d}y - v_y\,\mathrm{d}x)]$$
$$= \int_C \left(v\frac{\partial u}{\partial n} - u\frac{\partial v}{\partial n}\right)\mathrm{d}s \qquad (2.187)$$

となる． ◁

2.4.3 Green 関数

まず,簡単な例をもとに考えてみよう.弦に荷重分布 $f(x)$ が働いているときに,弦の変形を表す微分方程式は

$$\frac{d^2 u}{dx^2} = f(x) \tag{2.188}$$

となる.これは1次元の Poisson 方程式である.解を求めるために,まず $x = 0, l$ で固定した弦の上の1点 $P(x = \xi)$ だけに集中した力が働いた場合を考える.この点で弦は大きさ $\xi(l-\xi)/l$ だけ変位するとすると,その両側では図 2.10 のように折れ線的に変位するので,弦の変位は

$$u \equiv G(x, \xi) = \begin{cases} x(l-\xi)/l & (0 \leq x \leq \xi) \\ \xi(l-x)/l & (\xi \leq x \leq l) \end{cases} \tag{2.189}$$

となる.

この例のように,関数 G が,

(1) $x \neq \xi$ では u の同次方程式 (ここでは $\partial^2 G/\partial x^2 = 0$) を満たし,
(2) $x = \xi$ で G の値は連続で,
(3) $x = \xi$ で $\partial G/\partial x$ に -1 だけの跳びがあり,
(4) u と同じ境界条件 (上の例では $x = 0, l$ で $G = 0$) を満たすもの

を求めると,解は

$$u = -\int_0^l f(\xi)\, G(x, \xi)\, d\xi \tag{2.190}$$

によって与えられる.これらの性質をもつ関数 G を **Green** (グリーン) **関数**とよぶ.なお,条件 (1), (3) は

$$\frac{d^2 G}{dx^2} = -\delta(x - \xi) \tag{2.191}$$

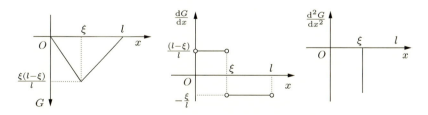

図 **2.10** 弦の変形と Green 関数

の解として与えられる．ここで $\delta(x)$ は前述したデルタ関数である．

一般に線形非同次微分方程式

$$L[u] = f(x) \tag{2.192}$$

の解を求めるには，u と同じ境界条件を満たすような

$$L[G(x,\xi)] = -\delta(x-\xi) \tag{2.193}$$

の解 $G(x,\xi)$ を決定すればよい．これが Green 関数になる．このとき，方程式 (2.192) の解は

$$u = -\int f(\xi)\, G(x,\xi)\, \mathrm{d}\xi \tag{2.194}$$

で与えられる．

2.4.4　Laplace 方程式の主要解

Laplace 方程式の**主要解**を考えてみよう．ここで主要解とは，特異点における不連続な条件を満たす解のことをいう．

a.　1 次元の Laplace 方程式

$$\frac{\mathrm{d}^2 G}{\mathrm{d}x^2} = -\delta(x-\xi) \tag{2.195}$$

の解については，境界条件を満たす解がすでに 2.4.3 項で求められている．しかし，ここでは主要解だけに着目して解き，すでに求めてある結果と比較してみよう．まず，式 (2.195) の右辺が

$$-\delta(x-\xi) = -\frac{1}{2\pi}\int_{-\infty}^{\infty} \mathrm{e}^{\mathrm{i}k(x-\xi)}\mathrm{d}k$$

であることに着目して，主要解 G を

$$G(x,\xi) = \frac{1}{2\pi}\int_{-\infty}^{\infty} g(k)\, \mathrm{e}^{\mathrm{i}k(x-\xi)}\mathrm{d}k \tag{2.196}$$

と仮定する．これを式 (2.195) に代入し，相当する項を比較すると

$$g(k) = \frac{1}{k^2} \tag{2.197}$$

となるので，G は

$$G(x,\xi) = \frac{1}{2\pi}\int_{-\infty}^{\infty}\frac{e^{ik(x-\xi)}}{k^2}\,dk \tag{2.198}$$

この式をさらに計算するには，単位階段関数 (2.177) を $-\infty$ から x まで積分する．すなわち

$$\int_{-\infty}^{x}\mathbf{1}(x-\xi)\,dx = \int_{-\infty}^{x}\frac{1}{2\pi}\int_{-\infty}^{\infty}\frac{e^{ik(x-\xi)}}{ik}\,dk\,dx$$

$$= -\frac{1}{2\pi}\int_{-\infty}^{\infty}\frac{e^{ik(x-\xi)}}{k^2}\,dk = -G$$

これから

$$G(x,\xi) = -\int_{-\infty}^{x}\mathbf{1}(x-\xi)\,dx = \begin{cases} 0 & (x \leq \xi) \\ \xi - x & (x \geq \xi) \end{cases} \tag{2.199}$$

を得る．式 (2.189) の結果と比べ，式 (2.199) は $x(1-\xi/l)$ だけの差があるが，これは式 (2.195) の同次方程式の解となっている．このように，主要解は一般に同次方程式の解の不定性を伴っている．

b. 2 次元の Laplace 方程式

主要解 G は，次の方程式を満たす．

$$\triangle G(x,y;\xi,\eta) = -\delta(x-\xi)\,\delta(y-\eta) \tag{2.200}$$

右辺が

$$-\frac{1}{(2\pi)^2}\int_{-\infty}^{\infty}\int_{-\infty}^{\infty}e^{i[k_x(x-\xi)+k_y(y-\eta)]}\,dk_x\,dk_y$$

であることを考慮し，G を

$$G(x,y;\xi,\eta) = \frac{1}{(2\pi)^2}\int_{-\infty}^{\infty}\int_{-\infty}^{\infty}g(k_x,k_y)\,e^{i[k_x(x-\xi)+k_y(y-\eta)]}\,dk_x\,dk_y \tag{2.201}$$

と仮定して方程式に代入し，相当する項を比較すると

$$g(k_x,k_y) = \frac{1}{k_x{}^2 + k_y{}^2} \tag{2.202}$$

となる．したがって

$$G = \frac{1}{(2\pi)^2}\int_{-\infty}^{\infty}\int_{-\infty}^{\infty}\frac{e^{i(k_x u + k_y v)}}{k_x{}^2 + k_y{}^2}\,dk_x\,dk_y \tag{2.203}$$

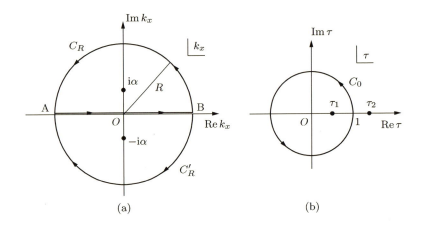

図 2.11 2 次元および 3 次元 Laplace 方程式の Green 関数の計算

を得る．ただし，表記を簡単にするために $u = x - \xi$, $v = y - \eta$ とおいた．

複素積分を利用して式 (2.203) の積分を求めてみよう．複素積分については工学教程「複素関数論 I」も参照されたい．はじめに，k_x についての積分

$$I = \frac{1}{2\pi} \int_{-\infty}^{\infty} \frac{e^{ik_x u}}{k_x{}^2 + k_y{}^2} dk_x$$

を計算する．この計算を実行するために，k_x を複素数に拡張し

$$J = \frac{1}{2\pi} \int_C \frac{e^{ik_x u}}{k_x{}^2 + k_y{}^2} dk_x$$

を考える．ただし，積分路 C は，図 2.11a に示したように実軸上の $k_x = -R$ から $k_x = R$ に至る線分 AB と，上半平面にある半径 R の半円弧 C_R を合わせたものとする．この閉曲線 C の内部にある特異点は $k_x = i|k_y| \equiv i\alpha$ における 1 位の極だけであるから，留数定理により

$$J = \frac{1}{2\pi} 2\pi i \operatorname{Res}(i\alpha) = \frac{1}{2\alpha} e^{-\alpha u}$$

となる．他方，Jordan（ジョルダン）の補助定理により，$u > 0$ の場合には半円弧 C_R に沿う積分の寄与は $R \to \infty$ で 0 になるので，

$$J = \frac{1}{2\pi} \int_C \cdots = \frac{1}{2\pi} \left(\int_{AB} \frac{e^{ik_x u}}{k_x{}^2 + k_y{}^2} dk_x + \int_{C_R} \cdots \right) \to I \quad (R \to \infty)$$

となる．したがって，$I = e^{-\alpha u}/(2\alpha)$ を得る．これに対して，$u < 0$ の場合には，線分 AB と下半平面にある半円弧 C'_R を合わせた積分路 C に沿って J を計算する．この場合には C'_R に沿う積分の寄与が $R \to \infty$ で 0 になるので，$J \to I$ $(R \to \infty)$ であり，積分路内にある特異点 (1 位の極) $k_x = -i\alpha$ における留数の計算から

$$J = -2\pi i \frac{1}{2\pi} \operatorname{Res}(-i\alpha) = \frac{1}{2\alpha} e^{\alpha u} = I$$

を得る (積分経路を回る向きが時計回りになっていることに注意)．これらをまとめると，u の符号にかかわらず

$$I = \frac{1}{2\pi} \int_{-\infty}^{\infty} \frac{e^{ik_x u}}{k_x^2 + k_y^2} dk_x = \frac{1}{2|k_y|} e^{-|k_y u|} \tag{2.204}$$

したがって

$$\begin{aligned} G &= \frac{1}{2\pi} \int_{-\infty}^{\infty} \frac{1}{2|k_y|} e^{-|k_y u| + i k_y v} dk_y \\ &= \frac{1}{2\pi} \int_0^{\infty} \frac{1}{k_y} e^{-k_y |u|} \cos(k_y v) \, dk_y \end{aligned} \tag{2.205}$$

を得る．さらに k_y の積分[*10] を実行すると

$$G(x, y; \xi, \eta) = -\frac{1}{4\pi} \log(u^2 + v^2) = -\frac{1}{2\pi} \log \rho \tag{2.206}$$

となる．ただし，$\rho = \sqrt{u^2 + v^2} = \sqrt{(x-\xi)^2 + (y-\eta)^2}$ とおいた．

c. 3 次元の Laplace 方程式

主要解 G は，次の方程式を満たす．

$$\triangle G(x, y, z; \xi, \eta, \zeta) = -\delta(x-\xi)\,\delta(y-\eta)\,\delta(z-\zeta) \tag{2.207}$$

[*10] 積分

$$I = \int_0^{\infty} \frac{1}{x} e^{-\beta x} \cos(\alpha x) \, dx \qquad (\beta > 0)$$

の計算は，たとえば次のようにして部分積分を実行すればよい．

$$\begin{aligned} J \equiv \frac{dI}{d\alpha} &= -\int_0^{\infty} \sin(\alpha x) e^{-\beta x} dx = \left[\frac{\cos(\alpha x)}{\alpha} e^{-\beta x}\right]_0^{\infty} + \frac{\beta}{\alpha} \int_0^{\infty} \cos(\alpha x) e^{-\beta x} dx \\ &= -\frac{1}{\alpha} + \frac{\beta}{\alpha} \int_0^{\infty} \cos(\alpha x) e^{-\beta x} dx = \cdots = -\frac{1}{\alpha} - \frac{\beta^2}{\alpha^2} J \end{aligned}$$

これより，

$$J = -\frac{\alpha}{\alpha^2 + \beta^2}, \qquad I = -\frac{1}{2} \log(\alpha^2 + \beta^2) + 定数$$

Green 関数を求めるときは，この積分定数は無視してよい．

1, 2次元の場合と同様に，右辺が

$$-\frac{1}{(2\pi)^3}\int_{-\infty}^{\infty}\int_{-\infty}^{\infty}\int_{-\infty}^{\infty} \mathrm{e}^{\mathrm{i}[k_x(x-\xi)+k_y(y-\eta)+k_z(z-\zeta)]}\,\mathrm{d}k_x\,\mathrm{d}k_y\,\mathrm{d}k_z$$

であることを考慮し，G を

$$\begin{aligned}G(x,y,z;\xi,\eta,\zeta) = \frac{1}{(2\pi)^3}\int_{-\infty}^{\infty}\int_{-\infty}^{\infty}\int_{-\infty}^{\infty} g(k_x,k_y,k_z)\\ \times \mathrm{e}^{\mathrm{i}[k_x(x-\xi)+k_y(y-\eta)+k_z(z-\zeta)]}\,\mathrm{d}k_x\,\mathrm{d}k_y\,\mathrm{d}k_z\end{aligned} \quad (2.208)$$

と仮定する．これらを方程式に代入し，相当する項を比較すると

$$g(k_x,k_y,k_z) = \frac{1}{k_x{}^2+k_y{}^2+k_z{}^2} \quad (2.209)$$

を得る．したがって

$$G = \frac{1}{(2\pi)^3}\int_{-\infty}^{\infty}\int_{-\infty}^{\infty}\int_{-\infty}^{\infty}\frac{\mathrm{e}^{\mathrm{i}(k_xu+k_yv+k_zw)}}{k_x{}^2+k_y{}^2+k_z{}^2}\,\mathrm{d}k_x\,\mathrm{d}k_y\,\mathrm{d}k_z \quad (2.210)$$

となる．ただし，表記を簡単にするために $u=x-\xi$, $v=y-\eta$, $w=z-\zeta$ とおいた．

式 (2.210) の積分は，後に球座標を用いてもう少し簡便に導出できるが，ここでは2次元の問題と同様に，複素積分を利用して求めてみよう．はじめに，k_x についての積分

$$I = \int_{-\infty}^{\infty}\frac{\mathrm{e}^{\mathrm{i}k_xu}}{k_x{}^2+\alpha^2}\,\mathrm{d}k_x$$

を計算する．ただし，$\alpha = \sqrt{k_y{}^2+k_z{}^2}$ である．この計算を実行するために，k_x を複素数に拡張し

$$J = \int_C \frac{\mathrm{e}^{\mathrm{i}k_xu}}{k_x{}^2+\alpha^2}\,\mathrm{d}k_x$$

を考える．ここでも，積分路 C は，図 2.11a に示したように実軸上の $k_x = -R$ から $k_x = R$ に至る線分 AB と，上半平面にある半径 R の半円弧 C_R を合わせたものとする．この閉曲線 C の内部にある特異点は $k_x = \mathrm{i}\alpha$ における1位の極だけであるから，留数定理により

$$J = 2\pi\mathrm{i}\,\mathrm{Res}\,(\mathrm{i}\alpha) = \frac{\pi}{\alpha}\mathrm{e}^{-\alpha u}$$

となる. 他方, Jordan の補助定理により, $u > 0$ の場合には半円弧 C_R に沿う積分の寄与は $R \to \infty$ で 0 になるので,

$$J = \int_C \cdots = \int_{AB} \frac{\mathrm{e}^{\mathrm{i}k_x u}}{k_x{}^2 + \alpha^2} \,\mathrm{d}k_x + \int_{C_R} \cdots \to I \qquad (R \to \infty)$$

となる. したがって, $I = \pi \mathrm{e}^{-\alpha u}/\alpha$ を得る. これに対して, $u < 0$ の場合には, 線分 AB と下半平面にある半円弧 C_R' を合わせた積分路 C に沿って J を計算する. この場合には C_R' に沿う積分の寄与が $R \to \infty$ で 0 になるので, $J \to I$ $(R \to \infty)$ であり, 積分路内にある特異点 (1 位の極) $k_x = -\mathrm{i}\alpha$ における留数の計算から

$$J = -2\pi \mathrm{i}\,\mathrm{Res}\,(-\mathrm{i}\alpha) = \frac{\pi}{\alpha}\mathrm{e}^{\alpha u} = I$$

を得る (積分の向きが時計回りになっていることに注意). これらをまとめると, u の符号にかかわらず

$$I = \int_{-\infty}^{\infty} \frac{\mathrm{e}^{\mathrm{i}k_x u}}{k_x{}^2 + \alpha^2}\,\mathrm{d}k_x = \frac{\pi}{\alpha}\,\mathrm{e}^{-\alpha |u|} \tag{2.211}$$

が得られる.

次に, 式 (2.210) に式 (2.204)(の k_y を α で置き換えたもの) を代入する.

$$G = \frac{1}{8\pi^2}\int_{-\infty}^{\infty}\int_{-\infty}^{\infty} \frac{1}{\sqrt{k_y{}^2 + k_z{}^2}} \exp\left[\mathrm{i}(k_y v + k_z w) - |u|\sqrt{k_y{}^2 + k_z{}^2}\right] \mathrm{d}k_y\,\mathrm{d}k_z$$

ここで, $k_y = k\cos\theta$, $k_z = k\sin\theta$, $k^2 = k_y{}^2 + k_z{}^2$ とおくと

$$\begin{aligned}G &= \frac{1}{8\pi^2}\int_0^\infty \int_0^{2\pi} \exp\left[-k(|u| - \mathrm{i}v\cos\theta - \mathrm{i}w\sin\theta)\right]\mathrm{d}k\,\mathrm{d}\theta \\ &= \frac{1}{8\pi^2}\int_0^{2\pi} \frac{1}{|u| - \mathrm{i}v\cos\theta - \mathrm{i}w\sin\theta}\,\mathrm{d}\theta \\ &= \frac{1}{8\pi^2}\int_0^{2\pi} \frac{1}{|u| - \mathrm{i}\beta\sin(\theta+\gamma)}\,\mathrm{d}\theta \end{aligned} \tag{2.212}$$

となる. ただし, $\beta^2 = v^2 + w^2$, $\gamma = \arctan(v/w)$ とおいた. 式 (2.212) の計算のために, さらに $\mathrm{e}^{\mathrm{i}(\theta+\gamma)} = \tau$ とおいてみよう. このとき,

$$\mathrm{d}\theta = \frac{\mathrm{d}\tau}{\mathrm{i}\tau}, \qquad \sin(\theta+\gamma) = \frac{1}{2\mathrm{i}}\left(\tau - \frac{1}{\tau}\right)$$

であり，θ についての積分は複素 τ 平面での単位円周 C_0 に沿う積分になることに注意する (図 2.11b 参照)．この変数変換により

$$G = \frac{1}{8\pi^2} \int_{C_0} \frac{1}{|u| - \frac{\beta}{2}\left(\tau - \frac{1}{\tau}\right)} \frac{\mathrm{d}\tau}{\mathrm{i}\tau}$$

$$= -\frac{1}{4\pi^2 \mathrm{i}\beta} \int_{C_0} \frac{\mathrm{d}\tau}{\tau^2 - \frac{2|u|}{\beta}\tau - 1}$$

となる．ここで，$\tau^2 - (2|u|/\beta)\tau - 1 = 0$ の解は相異なる 2 つの実数

$$\tau = \frac{|u|}{\beta} \mp \sqrt{\frac{u^2}{\beta^2} + 1} = \begin{cases} \tau_1 \\ \tau_2 \end{cases}$$

であり，単位円周 C_0 の内部にあるものは τ_1 だけである (1 位の極)．したがって，

$$G = -\frac{1}{4\pi^2 \mathrm{i}\beta} 2\pi \mathrm{i}\, \mathrm{Res}\,(\tau_1)$$

$$= \frac{1}{2\pi\beta(\tau_2 - \tau_1)} = \frac{1}{4\pi\sqrt{u^2 + \beta^2}} = \frac{1}{4\pi\sqrt{u^2 + v^2 + w^2}}$$

以上より

$$G = \frac{1}{4\pi R}, \qquad R = \sqrt{(x-\xi)^2 + (y-\eta)^2 + (z-\zeta)^2} \tag{2.213}$$

を得る． ◁

　物理的には，式 (2.213) は静電気学での点電荷による電場や力学での質点による万有引力場などに対応したポテンシャルの形をしている．したがって連続的に分布した電気量や質量 $q(\boldsymbol{x})$ によるポテンシャルは

$$u(\boldsymbol{x}) = -\int_V \frac{q(\boldsymbol{x}')}{4\pi|\boldsymbol{x} - \boldsymbol{x}'|} \mathrm{d}\boldsymbol{x}' \tag{2.214}$$

のように表される．ただし，q には対象となる物理量や単位系の選び方に伴う係数が含まれるものとする．また，2 次元の場合の式 (2.206) は，たとえば静電気学での線電荷による電場のポテンシャルに対応する．

　Laplace 方程式は線形なので，ひとたび Laplace 方程式の解を求めれば，それを x, y, z で任意の回数微分したものも解になる．このことを考慮して，円 (2 次元の場合) や球 (3 次元の場合) などのもっとも対称性のよい領域に対して Green の

定理や Gauss の定理を適用し，これから一般の場合の Laplace 方程式の主要解を構成する方法もある[*11]．

2.4.5 随伴 Green 関数と相反性

2.4.2 項で述べたように線形 2 階の偏微分方程式は，一般に式 (2.36) の形に表される．この方程式の偏微分表式は式 (2.178) で示した $L[u]$ であり，その随伴偏微分表式は式 (2.179) で示した $M[u]$ である．いま，u, v を

$$u = G(x, y; \xi, \eta), \qquad v = H(x, y; \xi, \eta) \tag{2.219}$$

と選ぶことにする．ただし，これらは

$$L[G(x, y; \xi, \eta)] = -\delta(x - \xi)\delta(y - \eta) \tag{2.220}$$

[*11] 2 次元 Laplace 方程式の $\boldsymbol{\rho} \equiv \boldsymbol{x} - \boldsymbol{x}' = \boldsymbol{0}$ を原点とする極座標系 (ρ, φ) での中心対称な表式

$$\frac{1}{\rho}\frac{\mathrm{d}}{\mathrm{d}\rho}\left(\rho\frac{\mathrm{d}G}{\mathrm{d}\rho}\right) = -\delta(\boldsymbol{\rho}) \tag{2.215}$$

を解こう．原点を中心とする半径 ε の円内で上式を積分し，$\rho \neq 0$ として得られた解 $G = C\log\rho$ (C は定数，$\rho = |\boldsymbol{\rho}|$) を利用する．Green の公式 (2.183) で $u = -1, v = G$ とおくと

$$\int_S \triangle G\,\mathrm{d}S = \int_C \frac{\partial G}{\partial \rho}\,\mathrm{d}s = \int_C \frac{C}{\rho}\,\mathrm{d}s = 2\pi C = -1$$

これより $C = -1/(2\pi)$ と決まるので

$$G(\boldsymbol{x}, \boldsymbol{x}') = -\frac{1}{2\pi}\log\rho = \frac{1}{2\pi}\log\frac{1}{|\boldsymbol{x} - \boldsymbol{x}'|} \tag{2.216}$$

を得る．
同様にして，3 次元 Laplace 方程式の $\boldsymbol{r} \equiv \boldsymbol{x} - \boldsymbol{x}' = \boldsymbol{0}$ を原点とする球座標系での球対称な表式

$$\triangle G(\boldsymbol{x}, \boldsymbol{x}') \equiv \frac{1}{r^2}\frac{\mathrm{d}}{\mathrm{d}r}\left(r^2\frac{\mathrm{d}G}{\mathrm{d}r}\right) = -\delta(\boldsymbol{r}) \tag{2.217}$$

を解く．まず $r \equiv |\boldsymbol{x} - \boldsymbol{x}'| \neq 0$ で $\triangle G = 0$ を満たす解として $G = C/r$ (C は定数) が得られる．次に原点を中心とする半径 ε の球面内で上式を積分する．Gauss の定理 (Green の定理の 3 次元版) を用いて体積積分を面積積分に変え，$G = C/r$ を代入して積分を実行すると

$$\int_V \triangle G\,\mathrm{d}V = \int_V \nabla\cdot\nabla G\,\mathrm{d}V = \int_S \frac{\partial G}{\partial r}\,\mathrm{d}S = -\int_S \frac{C}{r^2}\,\mathrm{d}S = -\frac{C}{\varepsilon^2}4\pi\varepsilon^2 = -4\pi C$$

を得る．これが式 (2.217) の右辺の積分結果である -1 に等しいので $C = 1/4\pi$ と決まり

$$G(\boldsymbol{x}, \boldsymbol{x}') = \frac{1}{4\pi r} = \frac{1}{4\pi|\boldsymbol{x} - \boldsymbol{x}'|} \tag{2.218}$$

を得る．

を満たす．もし，式 (2.182) の右辺が 0 になるような場合には，H を G に対する**随伴 Green 関数**という．このとき，$u = G(x, y; \xi_1, \eta_1)$, $v = H(x, y; \xi_2, \eta_2)$ とおくと

$$\iint_D (H(x, y; \xi_2, \eta_2) L[G(x, y; \xi_1, \eta_1)] \\ - G(x, y; \xi_1, \eta_1) M[H(x, y; \xi_2, \eta_2)]) \, dx \, dy = 0$$

すなわち

$$\iint_D [H(x, y; \xi_2, \eta_2) \delta(x - \xi_1) \delta(y - \eta_1) \\ - G(x, y; \xi_1, \eta_1) \delta(x - \xi_2) \delta(y - \eta_2)] \, dx \, dy = 0$$

が成り立つ．よって，$(\xi_1, \eta_1), (\xi_2, \eta_2)$ が領域 D の内点であれば

$$H(\xi_1, \eta_1; \xi_2, \eta_2) = G(\xi_2, \eta_2; \xi_1, \eta_1) \tag{2.222}$$

を得る．すなわち，主変数 (ξ_1, η_1) と副変数 (ξ_2, η_2) を交換すると，Green 関数はその随伴 Green 関数に変わることになる．とくに，自己随伴の場合には $G = H$ であるから

$$G(\xi_1, \eta_1; \xi_2, \eta_2) = G(\xi_2, \eta_2; \xi_1, \eta_1) \tag{2.223}$$

となる．これを Green 関数の**相反性**という．これまでに登場した Green 関数 (2.189)，(2.206), (2.213) などは，いずれもこの関係を満たしていた．

2.4.6 波動方程式の主要解

a. 1 次元波動方程式

主要解 G は，次のような方程式を満たす．

$$L[G(x, t; \xi, \tau)] \equiv \frac{\partial^2 G}{\partial x^2} - \frac{1}{c^2} \frac{\partial^2 G}{\partial t^2} = -\delta(x - \xi) \delta(t - \tau) \tag{2.224}$$

右辺のデルタ関数の積分表示が

$$\delta(x - \xi) = \frac{1}{2\pi} \int_{-\infty}^{\infty} e^{ik(x - \xi)} dk, \qquad \delta(t - \tau) = \frac{1}{2\pi} \int_{-\infty}^{\infty} e^{-i\omega(t - \tau)} d\omega$$

であることを考慮し、G を

$$G(x,t;\xi,\tau) = \frac{1}{(2\pi)^2} \int_{-\infty}^{\infty} \int_{-\infty}^{\infty} g(k,\omega) e^{i[k(x-\xi)-\omega(t-\tau)]} \, dk \, d\omega \tag{2.225}$$

と仮定する。方程式に代入すると

$$g(k,\omega) = \frac{c^2}{k^2 c^2 - \omega^2} \tag{2.226}$$

したがって、解は

$$G(x,t;\xi,\tau) = \frac{1}{(2\pi)^2} \int_{-\infty}^{\infty} \int_{-\infty}^{\infty} \frac{c^2}{k^2 c^2 - \omega^2} e^{i[k(x-\xi)-\omega(t-\tau)]} \, dk \, d\omega \tag{2.227}$$

となることがわかる。

次に、この積分を順に実行してみよう。まず ω についての積分

$$I \equiv \frac{1}{2\pi} \int_{-\infty}^{\infty} \frac{e^{-i\omega(t-\tau)}}{\omega^2 - \omega_0^2} \, d\omega = \frac{1}{4\pi\omega_0} \int_{-\infty}^{\infty} \left(\frac{e^{-i\omega(t-\tau)}}{\omega - \omega_0} - \frac{e^{-i\omega(t-\tau)}}{\omega + \omega_0} \right) d\omega \tag{2.228}$$

を考える。ただし、$kc = \omega_0$ とおいた。ω を複素数に拡張し実軸と上半円弧、あるいは下半円弧を結ぶ閉曲線について周回積分を行う (図 2.12a)。その際、実軸上の $\omega = \pm \omega_0$ に 1 位の極があることに注意する。波は $t = \tau$ で発生しているので、$t < \tau$ では「まだ何も起こっていない」すなわち $I = 0$ であることが必要である。これは**因果律**に起因する要請である。

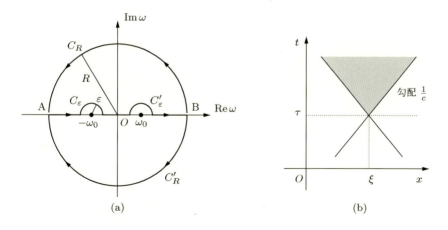

図 **2.12** 波動方程式における (a) 因果律と積分経路 (b) 影響領域

そこで周回積分として，$\omega = \pm \omega_0$ の上方を回り込む微小な半円弧で実軸上の特異点を避けることにすれば，上半円弧 C_R $(R \to \infty)$ における積分の寄与は $t < \tau$ で消える (実軸と $C_\varepsilon, C'_\varepsilon, C_R$ をつなぐ周回積分路内に極を含まない) ので**因果律**を満たすことができる．他方，$t > \tau$ では $R \to \infty$ のときに下半円弧における積分の寄与が消えるので，実軸と $C_\varepsilon, C'_\varepsilon, C_{R'}$ を結ぶ閉曲線内にある 1 位の極 $\omega = \pm \omega_0$ の寄与を留数定理を用いて計算し

$$I = -\frac{1}{\omega_0} \sin[\omega_0(t - \tau)] \tag{2.229}$$

を得る．以上から

$$G(x, t; \xi, \tau) = \begin{cases} 0 & (t < \tau) \\ \dfrac{c}{2\pi} \displaystyle\int_{-\infty}^{\infty} \dfrac{1}{k} \sin[kc(t-\tau)] \mathrm{e}^{\mathrm{i}k(x-\xi)} \mathrm{d}k & (t > \tau) \end{cases} \tag{2.230}$$

を得る．さらにこれを**単位階段関数**の積分表示 (2.177) を用いて変形すると，$t > \tau$ での表現は

$$G(x, t; \xi, \tau) = \frac{c}{2} \left[\mathbf{1}\left(x - \xi + c(t - \tau)\right) - \mathbf{1}\left(x - \xi - c(t - \tau)\right) \right]$$
$$= \frac{c}{2} \mathbf{1}\left(c(t - \tau) - |x - \xi|\right)$$

したがって

$$G(x, t; \xi, \tau) = \begin{cases} \dfrac{c}{2} & [t > \tau \text{ かつ } |x - \xi| < c(t - \tau)] \\ 0 & (\text{上記以外}) \end{cases} \tag{2.231}$$

であることがわかる．物理的には，図 2.12b に示したように $t = \tau$, $x = \xi$ に発生した波の伝播していく範囲が式 (2.231) で与えられている．これが発生した波 (事象) の影響領域である．

b. 3 次元波動方程式

主要解 G は，次のような方程式を満たす．

$$\triangle G - \frac{1}{c^2} \frac{\partial^2 G}{\partial t^2} = -\delta(\boldsymbol{x} - \boldsymbol{\xi}) \delta(t - \tau) \tag{2.232}$$

ただし，$\boldsymbol{x} = (x, y, z)$, $\boldsymbol{\xi} = (\xi, \eta, \zeta)$ とした．右辺のデルタ関数の積分表示が

$$\delta(\boldsymbol{x} - \boldsymbol{\xi}) = \frac{1}{(2\pi)^3} \int_{-\infty}^{\infty} \mathrm{e}^{\mathrm{i}\boldsymbol{k} \cdot (\boldsymbol{x} - \boldsymbol{\xi})} \mathrm{d}\boldsymbol{k}, \quad \delta(t - \tau) = \frac{1}{2\pi} \int_{-\infty}^{\infty} \mathrm{e}^{-\mathrm{i}\omega(t - \tau)} \mathrm{d}\omega$$

であることを考慮し，G を

$$G(\boldsymbol{x}, t; \boldsymbol{\xi}, \tau) = \frac{1}{(2\pi)^4} \int_{-\infty}^{\infty} \int_{-\infty}^{\infty} g(\boldsymbol{k}, \omega) \, \mathrm{e}^{\mathrm{i}(\boldsymbol{k}\cdot\boldsymbol{R} - \omega T)} \mathrm{d}\boldsymbol{k} \, \mathrm{d}\omega \qquad (2.233)$$

と仮定する．ここで，$\boldsymbol{R} = \boldsymbol{x} - \boldsymbol{\xi}, T = t - \tau$ とおいた．これらを方程式に代入すると

$$g(\boldsymbol{k}, \omega) = \frac{c^2}{k^2 c^2 - \omega^2}, \qquad k = |\boldsymbol{k}| \qquad (2.234)$$

したがって，解は

$$G(\boldsymbol{x}, t; \boldsymbol{\xi}, \tau) = \frac{1}{(2\pi)^4} \int_{-\infty}^{\infty} \int_{-\infty}^{\infty} \frac{c^2}{k^2 c^2 - \omega^2} \mathrm{e}^{\mathrm{i}(\boldsymbol{k}\cdot\boldsymbol{R} - \omega T)} \mathrm{d}\boldsymbol{k} \, \mathrm{d}\omega \qquad (2.235)$$

となる．

次に，この積分を順に実行してみよう．まず ω についての積分

$$I \equiv \frac{1}{2\pi} \int_{-\infty}^{\infty} \frac{c^2}{k^2 c^2 - \omega^2} \mathrm{e}^{-\mathrm{i}\omega T} \mathrm{d}\omega = \frac{c}{4\pi k} \int_{-\infty}^{\infty} \left(\frac{1}{\omega + kc} - \frac{1}{\omega - kc} \right) \mathrm{e}^{-\mathrm{i}\omega T} \mathrm{d}\omega \qquad (2.236)$$

を考える．波は $t = \tau$ すなわち $T = 0$ で発生しており，$T < 0$ では「まだ何も起こっていない」すなわち $I = 0$ であるという因果律を満たすために，図 2.12a と同様の積分路を選ぶと，

$$I = \frac{c}{k} \sin(kcT) \qquad (2.237)$$

を得る．これを式 (2.235) に代入すると

$$G = \frac{1}{(2\pi)^3} \int_{-\infty}^{\infty} \frac{c}{k} \sin(kcT) \, \mathrm{e}^{\mathrm{i}\boldsymbol{k}\cdot\boldsymbol{R}} \mathrm{d}\boldsymbol{k}$$

となる．$\boldsymbol{k}$ についての積分は全空間で行うので，$\boldsymbol{k}$ 空間での球座標系で考えることにする．これにより $\boldsymbol{k}\cdot\boldsymbol{R} = kR\cos\theta$, $\mathrm{d}\boldsymbol{k} = k^2 \sin\theta \, \mathrm{d}k \, \mathrm{d}\theta \, \mathrm{d}\varphi$ などとなる．ただし，$\boldsymbol{R}$ を基準軸とし，$\boldsymbol{k}$ との間の角度を θ，軸のまわりの角度を φ とした．また，$R = |\boldsymbol{R}| = \sqrt{(x-\xi)^2 + (y-\eta)^2 + (z-\zeta)^2}$．これにより

$$G = \frac{1}{(2\pi)^3} \int_0^{2\pi} \mathrm{d}\varphi \int_0^{\pi} \sin\theta \, \mathrm{d}\theta \int_0^{\infty} k^2 \, \mathrm{d}k \left(\frac{c}{k} \sin(kcT) \right) \mathrm{e}^{\mathrm{i}kR\cos\theta}$$

となる．ここで φ に関する積分は 2π 倍でよい．θ についての積分を実行するために $\cos\theta = x$ とおくと

$$\int_0^{\pi} \sin\theta \, \mathrm{e}^{\mathrm{i}kR\cos\theta} \, \mathrm{d}\theta = \int_{-1}^{1} \mathrm{e}^{\mathrm{i}kRx} \, \mathrm{d}x = \frac{2}{kR} \sin(kR)$$

となる．したがって，

$$\begin{aligned}
G &= \frac{c}{4\pi^2 R}\int_0^\infty 2\sin(kR)\sin(kcT)\,\mathrm{d}k \\
&= \frac{c}{4\pi^2 R}\int_{-\infty}^\infty \frac{(\mathrm{e}^{\mathrm{i}kR}-\mathrm{e}^{-\mathrm{i}kR})}{2\mathrm{i}}\frac{(\mathrm{e}^{\mathrm{i}kcT}-\mathrm{e}^{-\mathrm{i}kcT})}{2\mathrm{i}}\,\mathrm{d}k \\
&= -\frac{c}{8\pi R}\frac{1}{2\pi}\int_{-\infty}^\infty (\mathrm{e}^{\mathrm{i}k(R+cT)}-\mathrm{e}^{\mathrm{i}k(R-cT)}-\cdots)\,\mathrm{d}k \\
&= -\frac{c}{4\pi R}[\delta(R+cT)-\delta(R-cT)] = \frac{c}{4\pi R}\delta(R-cT)
\end{aligned}$$

を得る．ここで，最後の辺に移るときに，$\delta(R+cT)=0$ の結果を用いた．これは $R>0, T>0$ を考えているためである．以上より

$$G(\boldsymbol{x},t;\boldsymbol{\xi},\tau) = \begin{cases} 0 & (t<\tau) \\ \dfrac{c}{4\pi R}\delta(R-c(t-\tau)) & (t>\tau) \end{cases} \tag{2.238}$$

を得る．これは $t=\tau$ に点 (ξ,η,ζ) で発せられた波が，時刻 t には $R=c(t-\tau)$ の球面上に到達し，その振幅が $1/R$ で減少していく様子を示している．

2.4.7 拡散方程式の主要解

a. 1次元の拡散方程式

主要解は，次のような方程式を満たす．ただし，$D>0$ とする．

$$L[G(x,t;\xi,\tau)] \equiv D\frac{\partial^2 G}{\partial x^2} - \frac{\partial G}{\partial t} = -\delta(x-\xi)\,\delta(t-\tau) \tag{2.239}$$

右辺が

$$-\frac{1}{(2\pi)^2}\int_{-\infty}^\infty\int_{-\infty}^\infty \mathrm{e}^{\mathrm{i}[k(x-\xi)-\omega(t-\tau)]}\,\mathrm{d}k\,\mathrm{d}\omega$$

であることを考慮し，G を

$$G(x,t;\xi,\tau) = \frac{1}{(2\pi)^2}\int_{-\infty}^\infty\int_{-\infty}^\infty g(k,\omega)\,\mathrm{e}^{\mathrm{i}[k(x-\xi)-\omega(t-\tau)]}\,\mathrm{d}k\,\mathrm{d}\omega \tag{2.240}$$

と仮定して，方程式に代入すると

$$g(k,\omega) = \frac{-1}{\mathrm{i}\omega - Dk^2} \tag{2.241}$$

2.4 Green 関数と境界値問題

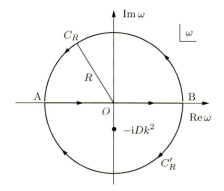

図 **2.13**　拡散方程式における因果律と積分経路

を得る．したがって，解は

$$G(x,t;\xi,\tau) = \frac{1}{(2\pi)^2} \int_{-\infty}^{\infty}\int_{-\infty}^{\infty} \frac{-1}{\mathrm{i}\omega - Dk^2} \mathrm{e}^{\mathrm{i}[k(x-\xi)-\omega(t-\tau)]} \,\mathrm{d}k\,\mathrm{d}\omega \tag{2.242}$$

で与えられる．

まず，ω に関する積分

$$I = \frac{1}{2\pi}\int_{-\infty}^{\infty} \frac{-1}{\mathrm{i}\omega - Dk^2}\mathrm{e}^{-\mathrm{i}\omega(t-\tau)}\mathrm{d}\omega \tag{2.243}$$

を実行する．この積分にあたって，ω を複素数に拡張し，実軸と上または下半円弧を結ぶ閉曲線について周回積分を考える (図 2.13 参照)．特異点は $\omega = -\mathrm{i}Dk^2$ にあり，1 位の極である．

まず，実軸と上半円弧を結ぶ周回積分を考えると，後者からの積分の寄与は $t<\tau$, $R\to\infty$ の場合に消えるので，実軸に沿う積分はこの閉曲線内にある留数を計算すればよい．しかし，この中に特異点は存在しないので，積分は 0 となる．他方，$t>\tau$ の場合には実軸と下半円弧を結ぶ周回積分を行い，この中にある留数を計算して $\mathrm{e}^{-D(t-\tau)k^2}$ を得る．したがって，G は $t<\tau$ では 0, $t>\tau$ では

$$\begin{aligned}G(x,t;\xi,\tau) &= \frac{1}{2\pi}\int_{-\infty}^{\infty} \mathrm{e}^{-D(t-\tau)k^2+\mathrm{i}k(x-\xi)}\,\mathrm{d}k \\ &= \frac{1}{\sqrt{4\pi D(t-\tau)}}\exp\left(-\frac{(x-\xi)^2}{4D(t-\tau)}\right)\end{aligned} \tag{2.244}$$

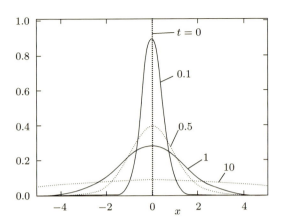

図 **2.14** 拡散の様子 ($\tau = 0, \xi = 0$ の場合)

となる[*12]．拡散の様子を図 2.14 に示す．

b. 3次元の拡散方程式

この場合の主要解も同様の方法で求められる．まず，基礎方程式は

$$D \triangle G - \frac{\partial G}{\partial t} = -\delta(\boldsymbol{x} - \boldsymbol{\xi})\,\delta(t - \tau) \tag{2.245}$$

である．ただし，$D > 0$ とする．また，以下では，簡単のために $\boldsymbol{R} = \boldsymbol{x} - \boldsymbol{\xi}$，$\boldsymbol{x} = (x, y, z)$, $\boldsymbol{\xi} = (\xi, \eta, \zeta)$, $T = t - \tau$ と表すことにする．1次元の場合の拡張から

$$\delta(\boldsymbol{R})\,\delta(T) = \frac{1}{(2\pi)^4} \int_{-\infty}^{\infty} \int_{-\infty}^{\infty} e^{i(\boldsymbol{k}\cdot\boldsymbol{R} - \omega T)}\, d\boldsymbol{k}\, d\omega$$

であるから，G を

$$G(\boldsymbol{x}, t; \boldsymbol{\xi}, \tau) = \frac{1}{(2\pi)^4} \int_{-\infty}^{\infty} \int_{-\infty}^{\infty} g(\boldsymbol{k}, \omega)\, e^{i(\boldsymbol{k}\cdot\boldsymbol{R} - \omega T)}\, d\boldsymbol{k}\, d\omega \tag{2.246}$$

と仮定して，方程式に代入すると

$$g(\boldsymbol{k}, \omega) = \frac{-1}{i\omega - Dk^2} \tag{2.247}$$

を得る．ただし，$k = |\boldsymbol{k}|$ である．したがって，解は

[*12] 積分
$$\int_{-\infty}^{\infty} e^{-ax^2 + ibx}\, dx = \sqrt{\frac{\pi}{a}} \exp\left(-\frac{b^2}{4a}\right) \qquad (a > 0, b\text{ は実数})$$
の計算については，たとえば工学教程「複素関数論 I」を参照．

$$G(\boldsymbol{x},t;\boldsymbol{\xi},\tau) = \frac{1}{(2\pi)^4} \int_{-\infty}^{\infty} \int_{-\infty}^{\infty} \frac{-1}{\mathrm{i}\omega - Dk^2} \mathrm{e}^{\mathrm{i}(\boldsymbol{k}\cdot\boldsymbol{R}-\omega T)} \, \mathrm{d}\boldsymbol{k} \, \mathrm{d}\omega \qquad (2.248)$$

で与えられる．1 次元拡散の場合と同様にして，ω に関する積分は

$$I = \frac{1}{2\pi} \int_{-\infty}^{\infty} \frac{-1}{\mathrm{i}\omega - Dk^2} \mathrm{e}^{-\mathrm{i}\omega T} \mathrm{d}\omega = \mathrm{e}^{-DTk^2}$$

となるので，これを式 (2.248) に代入し，$\boldsymbol{k}$ 空間の積分を球座標系で実行する (計算のやり方は，前節で 3 次元波動方程式の主要解を求めたのと同様である)．

$$\begin{aligned}
G &= \frac{1}{(2\pi)^3} \int_{-\infty}^{\infty} \mathrm{e}^{-DTk^2} \mathrm{e}^{\mathrm{i}\boldsymbol{k}\cdot\boldsymbol{R}} \, \mathrm{d}\boldsymbol{k} \\
&= \frac{1}{(2\pi)^3} \int_0^{2\pi} \mathrm{d}\varphi \int_0^{\pi} \sin\theta \, \mathrm{d}\theta \int_0^{\infty} k^2 \mathrm{e}^{-DTk^2 + \mathrm{i}kR\cos\theta} \, \mathrm{d}k
\end{aligned}$$

ただし，$\boldsymbol{R}$ を基準軸とし，$\boldsymbol{k}$ との間の角度を θ，軸のまわりの角度を φ と選び，$\boldsymbol{k}\cdot\boldsymbol{R} = kR\cos\theta$, $\mathrm{d}\boldsymbol{k} = k^2 \sin\theta \, \mathrm{d}k \, \mathrm{d}\theta \, \mathrm{d}\varphi$ などと表した ($R = |\boldsymbol{R}|$)．ここで φ, θ についての積分も 1 次元拡散の場合と同様で，$T \equiv t - \tau > 0$ のとき

$$G = \frac{1}{2\pi^2 R} \int_0^{\infty} k \sin(kR) \, \mathrm{e}^{-DTk^2} \, \mathrm{d}k = \frac{1}{(4\pi DT)^{3/2}} \exp\left(-\frac{R^2}{4DT}\right) \qquad (2.249)$$

を得る． ◁

これまでに得られた無限領域での Green 関数を表 2.2 にまとめておく．次の第 3 章で求められたものもいくつか含まれているが，該当する式の出典は表の中で [式 (···)] として示した．

2.5 直交座標系における初期値，境界値問題の解法

偏微分方程式で表される問題を解くには，前節で述べた主要部だけでなく，それぞれの偏微分方程式の同次方程式の解を用いて，初期条件や境界条件を満たす必要がある．

2.5.1 Laplace 方程式

長方形領域 ($0 \le x \le a$, $0 \le y \le b$) 内で Laplace 方程式を解く場合には，直角座標系を用いるのが適当である．

表 2.2 無限領域での Green 関数のまとめ．ここで，$\bm{x}=(x,y,z)$, $\bm{\xi}=(\xi,\eta,\zeta)$, $\rho=\sqrt{(x-\xi)^2+(y-\eta)^2}$, $R=\sqrt{(x-\xi)^2+(y-\eta)^2+(z-\zeta)^2}$, $T=t-\tau$, $H_0^{(1)}(x)$ は Hankel 関数, $K_0(x)$ は変形 Bessel 関数, $\mathbf{1}(x)$ は単位階段関数である．なお，(d) の波動方程式での時間依存性を $\exp(\pm \mathrm{i}\omega t)$, あるいは (e) の拡散（熱伝導）方程式で時間依存性を $\exp(-\lambda t)$ と仮定すると，(b) の Helmholtz 型の方程式となる．(b) において $k \to \mathrm{i}k$ とおくと (c) の型になる．$H_0^{(1)}(\mathrm{i}x) = 2/(\pi \mathrm{i}) K_0(x)$ の関係がある（付録参照）．

Green 関数	1 次元	2 次元	3 次元
(a) Laplace 方程式	$(\xi-x)\mathbf{1}(x-\xi)$ [式 (2.199)]	$-\frac{1}{2\pi}\log\rho$ [式 (2.206)]	$\frac{1}{4\pi R}$ [式 (2.213)]
(b) Helmholtz 方程式	$\frac{\mathrm{i}}{2k}\mathrm{e}^{\mathrm{i}k\|x-\xi\|}$ [式 (3.70)]	$\frac{\mathrm{i}}{4}H_0^{(1)}(k\rho)$ [式 (2.311)]	$\frac{1}{4\pi R}\mathrm{e}^{\mathrm{i}kR}$ [式 (2.308)]
(c) 修正 Helmholtz 方程式	$\frac{1}{2k}\mathrm{e}^{-k\|x-\xi\|}$	$\frac{1}{2\pi}K_0(k\rho)$ [式 (3.193)]	$\frac{1}{4\pi R}\mathrm{e}^{-kR}$
(d) 波動方程式 [正向き伝播]	$\frac{c}{2}\mathbf{1}(cT-\|x-\xi\|)\mathbf{1}(T)$ [式 (2.231)]	$\frac{c}{2\pi}\frac{1}{\sqrt{(cT)^2-\rho^2}}\mathbf{1}(cT-\rho)\mathbf{1}(T)$	$\frac{c}{4\pi R}\delta(cT-R)\mathbf{1}(T)$ [式 (2.238)]
(e) 拡散（または熱伝導）方程式	$\frac{1}{\sqrt{4\pi DT}}\exp\left(-\frac{(x-\xi)^2}{4DT}\right)\mathbf{1}(T)$ [式 (2.244), (3.93)]	$\frac{1}{4\pi DT}\exp\left(-\frac{\rho^2}{4DT}\right)\mathbf{1}(T)$	$\frac{1}{(4\pi DT)^{3/2}}\exp\left(-\frac{R^2}{4DT}\right)\mathbf{1}(T)$ [式 (2.249)]

(a) $\Delta G = -\delta(\bm{x}-\bm{\xi})$

(b) $(\Delta + k^2)G = -\delta(\bm{x}-\bm{\xi})$

(c) $(\Delta - k^2)G = -\delta(\bm{x}-\bm{\xi})$

(d) $\left(\Delta - \dfrac{1}{c^2}\dfrac{\partial^2}{\partial t^2}\right)G = -\delta(\bm{x}-\bm{\xi})\delta(t-\tau)$

(e) $\left(D\Delta - \dfrac{\partial}{\partial t}\right)G = -\delta(\bm{x}-\bm{\xi})\delta(t-\tau)$

a. 長方形領域 $(0 \leq x \leq a,\ 0 \leq y \leq b)$ の周囲で境界条件 $u = 0$ の場合

(i) 2 重 Fourier 級数を利用した解法：境界条件を考慮して $\triangle u(x,y) = 0$ の解を 2 重 Fourier 級数

$$u(x,y) = \sum_{m,n=1}^{\infty} c_{mn} \sin\left(\frac{m\pi x}{a}\right) \sin\left(\frac{n\pi y}{b}\right) \tag{2.250}$$

に展開する．Green 関数 $G(x,y;\xi,\eta)$ は $\triangle G = -\delta(x-\xi)\delta(y-\eta)$ の解であるが，

$$\delta(x-\xi) = \frac{2}{a} \sum_{m=1}^{\infty} \sin\left(\frac{m\pi x}{a}\right) \sin\left(\frac{m\pi \xi}{a}\right)$$

$$\delta(y-\eta) = \frac{2}{b} \sum_{n=1}^{\infty} \sin\left(\frac{n\pi y}{b}\right) \sin\left(\frac{n\pi \eta}{b}\right)$$

を [式 (2.148) を用いて導いてみよ] 考慮して

$$G(x,y;\xi,\eta) = \sum_{m,n=1}^{\infty} g_{mn} \sin\left(\frac{m\pi x}{a}\right) \sin\left(\frac{n\pi y}{b}\right) \tag{2.251}$$

と展開し，方程式を満たすように g_{mn} を決定する．これから

$$g_{mn} = \frac{4}{\pi^2 ab[(m/a)^2 + (n/b)^2]} \sin\left(\frac{m\pi \xi}{a}\right) \sin\left(\frac{n\pi \eta}{b}\right) \tag{2.252}$$

したがって

$$G(x,y;\xi,\eta) = \frac{4}{\pi^2 ab} \sum_{m,n=1}^{\infty} \frac{\sin\left(\frac{m\pi x}{a}\right) \sin\left(\frac{n\pi y}{b}\right) \sin\left(\frac{m\pi \xi}{a}\right) \sin\left(\frac{n\pi \eta}{b}\right)}{(m/a)^2 + (n/b)^2} \tag{2.253}$$

を得る．

(ii) 単一の Fourier 級数を利用した解法：Green 関数を求めるにあたり $x = 0,\ a$ での境界条件だけに着目して

$$G(x,y;\xi,\eta) = \frac{2}{a} \sum_{n=1}^{\infty} g_n(y,\eta) \sin\left(\frac{n\pi x}{a}\right) \sin\left(\frac{n\pi \xi}{a}\right) \tag{2.254}$$

と展開し，方程式 $\triangle G = -\delta(x-\xi)\delta(y-\eta)$ に代入する．これから，$g_n(y,\eta)$ は

$$\frac{d^2 g_n}{dy^2} - \left(\frac{n\pi}{a}\right)^2 g_n = -\delta(y-\eta)$$

の解でなければならないことがわかる．特異点 $y = \eta$ 近傍では，g_n は上式を積分した

$$\left.\frac{dg_n}{dy}\right|_{\eta+0} - \left.\frac{dg_n}{dy}\right|_{\eta-0} = -1$$

の不連続性があるので，これと $y = 0, b$ で $g_n = 0$ を満たす Green 関数を求めると

$$g_n = A_n \begin{cases} \sinh\left(\dfrac{n\pi y}{a}\right) \sinh\left(\dfrac{n\pi(b-\eta)}{a}\right) & (0 \leq y < \eta) \\ \sinh\left(\dfrac{n\pi \eta}{a}\right) \sinh\left(\dfrac{n\pi(b-y)}{a}\right) & (\eta < y \leq b) \end{cases} \quad (2.255)$$

となる．ただし，

$$A_n = \frac{a}{n\pi \sinh(n\pi b/a)} \quad (2.256)$$

である．式 (2.255), (2.256) を式 (2.254) に代入すれば，Green 関数が得られる．

長方形領域 $(0 < x < a, 0 < y < b)$ における Poisson 方程式 $\triangle u(x,y) = f(x,y)$ で $u(0,y) = u(a,y) = u(x,0) = u(x,b) = 0$ を満たす解は，上で求めた Green 関数 (2.253) や (2.254) を

$$u(x,y) = -\int_0^a \int_0^b f(\xi,\eta)\, G(x,y;\xi,\eta)\, d\xi\, d\eta$$

に代入することによって与えられる．

b. 長方形領域における Laplace 方程式の Dirichlet 問題

長方形領域 $(0 \leq x \leq a, 0 \leq y \leq b)$ の 3 辺 $x = 0, x = a, y = b$ で $u = 0$ となり，$y = 0$ では $u = g(x)$ が与えられている境界値問題を考えてみよう．すなわち，境界条件は

$$u(0,y) = u(a,y) = u(x,b) = 0, \qquad u(x,0) = g(x) \quad (2.257)$$

である．Green の公式 (2.183) において，u には $\triangle u(x,y) = 0$ の解を，また v には前項で求めた Green 関数 (2.254) を対応させると，式 (2.183) の左辺は

$$\iint_D [G\,\triangle u(x,y) - u(x,y)\,\triangle G]\, dx\, dy = u(\xi,\eta)$$

$[\because D\ 内で\ \triangle u(x,y) = 0\ および\ \triangle G = -\delta(x-\xi)\delta(y-\eta)\ による]$

また，式 (2.183) の右辺は

$$\int_C \left(G\frac{\partial u}{\partial n} - u\frac{\partial G}{\partial n}\right) ds = \int_0^a \left(-u(x,0)\frac{\partial G}{\partial n}\right)_{y=0} dx = \int_0^a \left(g(x)\frac{\partial G}{\partial y}\right)_{y=0} dx$$

表 2.3 Laplace 方程式 $\triangle\Phi = 0$ の円柱座標系 (ρ, φ, z) による展開 $\Phi = \sum_{m,k} c_{mk}\Phi_{mk}$

z 依存性	Φ_{mk}
z 依存性なし	$\{\rho^m, \rho^{-m}\}\{\cos m\varphi, \sin m\varphi\}$
$z \to \pm\infty$ で減衰	$\{J_m(k\rho), N_m(k\rho)\}\{\cos m\varphi, \sin m\varphi\}\{e^{\mp kz}\}$
$|z| \to \infty$ で波動的	$\{I_m(k\rho), K_m(k\rho)\}\{\cos m\varphi, \sin m\varphi\}\{e^{-ikz}, e^{ikz}\}$

[∵ C 上で $G = 0$ および u についての境界条件 (2.257) による]

さらに,

$$\left(\frac{\partial G}{\partial y}\right)_{y=0} = \frac{2}{a}\sum_{n=1}^{\infty} \sin\left(\frac{n\pi x}{a}\right)\sin\left(\frac{n\pi\xi}{a}\right)\sinh\left(\frac{n\pi(b-\eta)}{a}\right)\bigg/\sinh\left(\frac{n\pi b}{a}\right)$$

を考慮して $u(\xi, \eta)$ を求めた後に, (ξ, η) と (x, y) の役割を入れ替えると,

$$u(x, y) = \frac{2}{a}\sum_{n=1}^{\infty}\left[\sin\left(\frac{n\pi x}{a}\right)\sinh\left(\frac{n\pi(b-y)}{a}\right)\bigg/\sinh\left(\frac{n\pi b}{a}\right)\right]$$
$$\times \int_0^a g(\xi)\sin\left(\frac{n\pi\xi}{a}\right)\mathrm{d}\xi \qquad (2.258)$$

を得る. ◁

Laplace 方程式に対する境界条件が円柱表面, あるいは球面で与えられている場合には解を円柱関数や球関数で展開するのが適当である. このときに用いる基本関数を表 2.3, 2.4 にまとめておく. { } ごとに線形結合をとる. また, 円や球に関するポテンシャルの Diriclet 問題については 2.6.1 項で扱う. なお, Bessel 関数や Legendre 関数についてのさらに詳しい説明は工学教程「常微分方程式」あるいは本書の付録 A を参照されたい.

表 2.4 Laplace 方程式 $\triangle\Phi = 0$ の球座標系 (r, θ, φ) による展開 $\Phi = \sum_{m,k} c_{mk}Y_{mk}$

r 依存性	Y_{mk}
r 依存性なし	$\{P_n^m(\cos\theta), Q_n^m(\cos\theta)\}\{\cos m\varphi, \sin m\varphi\}$
$r \to 0$ で減衰	$\{r^n\}\{P_n^m(\cos\theta), Q_n^m(\cos\theta)\}\{\cos m\varphi, \sin m\varphi\}$
$r \to \infty$ で減衰	$\{r^{-(n+1)}\}\{P_n^m(\cos\theta), Q_n^m(\cos\theta)\}\{\cos m\varphi, \sin m\varphi\}$

2.5.2 波動方程式

a. 無限領域での1次元波動方程式の初期値問題

1次元波動方程式

$$\frac{\partial^2 u}{\partial x^2} = \frac{1}{c^2}\frac{\partial^2 u}{\partial t^2} \tag{2.259}$$

の一般解は $u(x,t) = F(x-ct)$ または $G(x+ct)$ (F, G は任意関数) で与えられる．ここで，F は速度 c で x の正方向に伝播する波を，また G は速度 c で x の負方向に伝播する波を表す．もし初期条件が $t=0$ で

$$u(x,0) = f(x), \qquad \frac{\partial u(x,0)}{\partial t} = g(x) \tag{2.260}$$

のように与えられたときには，一般解は

$$u(x,t) = \frac{1}{2}[f(x-ct) + f(x+ct)] + \frac{1}{2c}\int_{x-ct}^{x+ct} g(x)\,\mathrm{d}x \tag{2.261}$$

となる．式 (2.261) は **d'Alembert–Stokes** (ダランベール–ストークス) の解 (d'Alembert–Stokes' solution) とよばれている．これは次のようにして求められる．

まず，$u(x,t) \propto \mathrm{e}^{\mathrm{i}(kx-\omega t)}$ とおいて式 (2.259) に代入すると，$\omega = \pm kc$，したがって，$u(x,t)$ の基本解として $\{\mathrm{e}^{\mathrm{i}k(x+ct)}, \mathrm{e}^{\mathrm{i}k(x-ct)}\}$ あるいは $\{\mathrm{e}^{\mathrm{i}kx}\cos(kct), \mathrm{e}^{\mathrm{i}kx}\sin(kct)\}$ を得る．k についての重みを掛けて積分すれば，u の一般解として

$$u(x,t) = \int_{-\infty}^{\infty} [A(k)\cos(kct) + B(k)\sin(kct)]\,\mathrm{e}^{\mathrm{i}kx}\,\mathrm{d}k \tag{2.262}$$

を得る．次に，初期条件を満たすように A, B を決定する．

$$u(x,0) = \int_{-\infty}^{\infty} A(k)\,\mathrm{e}^{\mathrm{i}kx}\,\mathrm{d}k = f(x)$$

$$\frac{\partial u(x,0)}{\partial t} = \int_{-\infty}^{\infty} kcB(k)\,\mathrm{e}^{\mathrm{i}kx}\,\mathrm{d}k = g(x)$$

これを解いて

$$A(k) = \frac{1}{2\pi}\int_{-\infty}^{\infty} f(x')\,\mathrm{e}^{-\mathrm{i}kx'}\,\mathrm{d}x'$$

$$B(k) = \frac{1}{2\pi kc}\int_{-\infty}^{\infty} g(x')\,\mathrm{e}^{-\mathrm{i}kx'}\,\mathrm{d}x'$$

したがって，式 (2.262) は

$$u(x,t) = \int_{-\infty}^{\infty} \frac{1}{2\pi} \int_{-\infty}^{\infty} \left(f(x')\cos(kct) + \frac{1}{kc} g(x')\sin(kct) \right) e^{ik(x-x')} dx' dk$$

$$= \int_{-\infty}^{\infty} f(x') \left(\frac{1}{2\pi} \int_{-\infty}^{\infty} \cos(kct) e^{ik(x-x')} dk \right) dx'$$

$$+ \int_{-\infty}^{\infty} g(x') \left(\frac{1}{2\pi} \int_{-\infty}^{\infty} \frac{\sin(kct)}{kc} e^{ik(x-x')} dk \right) dx'$$

ここで，右辺第 1 項の k に関する積分は

$$\frac{1}{2\pi} \int_{-\infty}^{\infty} \frac{e^{ikct} + e^{-ikct}}{2} e^{ik(x-x')} dk = \frac{1}{2}[\delta(x - x' + ct) + \delta(x - x' - ct)]$$

右辺第 2 項の k に関する積分は

$$\frac{1}{2\pi} \int_{-\infty}^{\infty} \frac{e^{ikct} - e^{-ikct}}{2ikc} e^{ik(x-x')} dk = \frac{1}{2c}[\mathbf{1}(x - x' + ct) - \mathbf{1}(x - x' - ct)]$$

となるので，前出の式

$$u(x,t) = \frac{1}{2}[f(x-ct) + f(x+ct)] + \frac{1}{2c} \int_{x-ct}^{x+ct} g(x)\, dx \tag{2.261}$$

が導かれる．上式の右辺の解釈については，2.2.2 項で述べた特性曲線や解の "影響域" についての説明も参照されたい．解 (2.261) の右辺第 2 項の積分領域はこのことを反映している．なお，この解の求め方については後述の Fourier 変換の例題 (3.3.2 項) でもふれる*13．

---

*13 これは，次のようにしても求めることもできる．まず，変数変換 $\xi = x - ct$, $\eta = x + ct$ を行うと，式 (2.259) は

$$\frac{\partial^2 u}{\partial \xi \, \partial \eta} = 0$$

となる．この方程式は $u = F(\xi)$ または $u = G(\eta)$ によって満たされる．ここで，F, G は任意の関数である．したがって，式 (2.259) の一般解は $u = F(x - ct) + G(x + ct)$ と表される．初期条件から

$$u(x,0) = F(x) + G(x) = f(x) \tag{1}$$

次に

$$\frac{\partial u(x,0)}{\partial t} = -cF'(x) + cG'(x) = g(x)$$

を x で積分すると

$$F(x) - G(x) = -\frac{1}{c} \int_{-\infty}^{x} g(x')\, dx' \tag{2}$$

となるので，式 (1), (2) を辺々加え，あるいは差し引いて 2 で割ると

b. 無限領域での 3 次元波動方程式の初期値問題

次に，3 次元波動方程式
$$\triangle u = \frac{1}{c^2}\frac{\partial^2 u}{\partial t^2} \tag{2.263}$$
を考えてみよう．初期条件は
$$u(\boldsymbol{x},0) = f(\boldsymbol{x}), \qquad \frac{\partial u(\boldsymbol{x},0)}{\partial t} = g(\boldsymbol{x}) \tag{2.264}$$
とする．1 次元の場合と同様に考えて，$u(\boldsymbol{x},t) \propto e^{i(\boldsymbol{k}\cdot\boldsymbol{x}-\omega t)}$ とおいて式 (2.263) に代入すると，$\omega = \pm kc$，したがって，$u(\boldsymbol{x},t)$ の基本解として $\{e^{i\boldsymbol{k}\cdot\boldsymbol{x}}\cos(kct),\ e^{i\boldsymbol{k}\cdot\boldsymbol{x}}\sin(kct)\}$ を得る．ただし，$\boldsymbol{x}=(x,y,z)$, $\boldsymbol{k}=(k_x,k_y,k_z)$, $k=|\boldsymbol{k}|=\sqrt{k_x^2+k_y^2+k_z^2}$ とおいた．

$\boldsymbol{k}$ についての重みを掛けて積分すれば，u の一般解として
$$u(\boldsymbol{x},t) = \int_{-\infty}^{\infty}[A(\boldsymbol{k})\cos(kct)+B(\boldsymbol{k})\sin(kct)]e^{i\boldsymbol{k}\cdot\boldsymbol{x}}d\boldsymbol{k} \tag{2.265}$$
を得る．次に，初期条件を満たすように A,B を決定する．
$$u(\boldsymbol{x},0) = \int_{-\infty}^{\infty} A(\boldsymbol{k})e^{i\boldsymbol{k}\cdot\boldsymbol{x}}d\boldsymbol{k} = f(\boldsymbol{x})$$
$$\frac{\partial u(\boldsymbol{x},0)}{\partial t} = \int_{-\infty}^{\infty} kcB(\boldsymbol{k})e^{i\boldsymbol{k}\cdot\boldsymbol{x}}d\boldsymbol{k} = g(\boldsymbol{x})$$
これを解いて
$$A(\boldsymbol{k}) = \frac{1}{(2\pi)^3}\int_{-\infty}^{\infty} f(\boldsymbol{x}')e^{-i\boldsymbol{k}\cdot\boldsymbol{x}'}d\boldsymbol{x}'$$
$$B(\boldsymbol{k}) = \frac{1}{(2\pi)^3 kc}\int_{-\infty}^{\infty} g(\boldsymbol{x}')e^{-i\boldsymbol{k}\cdot\boldsymbol{x}'}d\boldsymbol{x}'$$

$$F(x) = \frac{1}{2}f(x) - \frac{1}{2c}\int_{-\infty}^{x} g(x')dx', \qquad G(x) = \frac{1}{2}f(x) + \frac{1}{2c}\int_{-\infty}^{x} g(x')dx'$$
よって，
$$u(x,t) = \frac{1}{2}f(x-ct) - \frac{1}{2c}\int_{-\infty}^{x-ct} g(x')dx' + \frac{1}{2}f(x+ct) + \frac{1}{2c}\int_{-\infty}^{x+ct} g(x')dx'$$
$$= \frac{1}{2}[f(x-ct)+f(x+ct)] + \frac{1}{2c}\int_{x-ct}^{x+ct} g(x')dx'$$
となる．

2.5 直交座標系における初期値，境界値問題の解法

したがって

$$u(\bm{x},t) = \int_{-\infty}^{\infty} f(\bm{x}') \left(\frac{1}{(2\pi)^3} \int_{-\infty}^{\infty} \cos(kct)\, e^{i\bm{k}\cdot(\bm{x}-\bm{x}')} d\bm{k} \right) d\bm{x}'$$
$$+ \int_{-\infty}^{\infty} g(\bm{x}') \left(\frac{1}{(2\pi)^3} \int_{-\infty}^{\infty} \frac{\sin(kct)}{kc} e^{i\bm{k}\cdot(\bm{x}-\bm{x}')} d\bm{k} \right) d\bm{x}'$$

右辺の $\bm{k}$ に関する積分は全空間にわたるので，これを $\bm{k}$ 空間での球座標系で考えることにする．すなわち，$\bm{R} = \bm{x} - \bm{x}'$ を基準軸として，$\bm{k}$ と $\bm{R}$ の角度を θ，軸のまわりの角度を φ, $R = |\bm{R}|$ とする．これにより，右辺第 1 項の $\bm{k}$ 積分は

$$I = \frac{1}{(2\pi)^3} \int_{-\infty}^{\infty} \cos(kct)\, e^{i\bm{k}\cdot(\bm{x}-\bm{x}')} d\bm{k}$$
$$= \frac{1}{(2\pi)^3} \int_0^{\infty} dk\, k^2 \int_0^{\pi} d\theta \sin\theta \int_0^{2\pi} d\varphi \cos(kct)\, e^{ikR\cos\theta}$$

となる．φ に関する積分は 2π に，また θ に関する積分は $\cos\theta = x$ とおいて

$$\int_0^{\pi} d\theta \sin\theta\, e^{ikR\cos\theta} = \int_{-1}^{1} e^{ikRx} dx = \frac{e^{ikR} - e^{-ikR}}{ikR}$$

これから，$t > 0$ では

$$I = \frac{1}{(2\pi)^2} \int_0^{\infty} k \cos(kct) \frac{e^{ikR} - e^{-ikR}}{iR} dk = \cdots {}^{*14} = \frac{1}{4\pi cR} \frac{\partial}{\partial t} \delta(R - ct)$$

同様にして，右辺第 2 項の $\bm{k}$ 積分は

$$J = \frac{1}{(2\pi)^3} \int_{-\infty}^{\infty} \frac{\sin(kct)}{kc} e^{i\bm{k}\cdot(\bm{x}-\bm{x}')} d\bm{k}$$
$$= \frac{1}{(2\pi)^3} \int_0^{\infty} dk\, k^2 \int_0^{\pi} d\theta \sin\theta \int_0^{2\pi} d\varphi \frac{\sin(kct)}{kc} e^{ikR\cos\theta}$$
$$= \frac{1}{(2\pi)^2} \int_0^{\infty} k^2 \frac{\sin(kct)}{kc} \frac{e^{ikR} - e^{-ikR}}{ikR} dk = \cdots = \frac{1}{4\pi cR} \delta(R - ct)$$

---

*14
$$I = \cdots = \frac{1}{(2\pi)^2 icR} \frac{\partial}{\partial t} \int_0^{\infty} \sin(kct) \left(e^{ikR} - e^{-ikR} \right) dk$$
$$= -\frac{1}{8\pi cR} \frac{\partial}{\partial t} \left(\frac{1}{2\pi} \int_{-\infty}^{\infty} (e^{ikct} - e^{-ikct})(e^{ikR} - e^{-ikR}) dk \right)$$
$$= -\frac{1}{4\pi cR} \frac{\partial}{\partial t} [\delta(R+ct) - \delta(R-ct)] = \frac{1}{4\pi cR} \frac{\partial}{\partial t} \delta(R-ct) \quad [\because \delta(R+ct) = 0]$$

となるので，
$$u(\boldsymbol{x},t) = \frac{1}{4\pi c}\int_{-\infty}^{\infty}\frac{1}{R}\left(f(\boldsymbol{x}')\frac{\partial}{\partial t}\delta(R-ct) + g(\boldsymbol{x}')\delta(R-ct)\right)\mathrm{d}\boldsymbol{x}' \tag{2.266}$$
を得る．ここで，$R = |\boldsymbol{x} - \boldsymbol{x}'|$ である．

物理的には，時刻 t に点 $\boldsymbol{x}$ で観測される波動は，この点から距離 ct にある素源波が重なったものであるという Huygens の原理を表している．

2.5.3 拡散方程式

2.4.7 項では 1 次元の拡散方程式，あるいは熱伝導方程式 (2.53) の主要解が
$$L[G] \equiv D\frac{\partial^2 G}{\partial x^2} - \frac{\partial G}{\partial t} = -\delta(x-\xi)\delta(t-\tau) \tag{2.267}$$
を解いて
$$G(x,t;\xi,\tau) = \frac{1}{\sqrt{4\pi D(t-\tau)}}\exp\left(-\frac{(x-\xi)^2}{4D(t-\tau)}\right) \tag{2.268}$$
のように表されることをみた．ただし，D は正の定数で，拡散係数 (あるいは熱拡散係数) とよばれる．ここでは，これを踏まえて初期値問題や境界値問題を考えてみよう．

a. 無限領域での初期値問題

領域 $-\infty < x < \infty$ において初期条件が
$$u(x,0) = f(x) \tag{2.269}$$
と与えられている場合の初期値問題を，広義の Green の公式 (2.182) を利用して解いてみよう．まず式 (2.179) を参照すると，式 (2.267) の L に対する随伴表式や P, Q は
$$M[v] = D\frac{\partial^2 v}{\partial x^2} + \frac{\partial v}{\partial t}, \qquad P = D(vu_x - uv_x), \qquad Q = -uv$$
であるから，式 (2.182) は
$$\int_S (vL[u] - uM[v])\,\mathrm{d}x\,\mathrm{d}t = \int_C \left[D\left(v\frac{\partial u}{\partial x} - u\frac{\partial v}{\partial x}\right)\mathrm{d}t + uv\,\mathrm{d}x\right] \tag{2.270}$$

2.5 直交座標系における初期値，境界値問題の解法

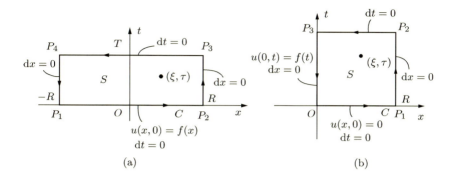

図 **2.15** Green 関数の応用．(a) 初期値問題，(b) 初期値境界値問題．

となる．そこで，M に属する偏微分方程式

$$M[H] \equiv D\frac{\partial^2 H}{\partial x^2} + \frac{\partial H}{\partial t} = -\delta(x-\xi)\delta(t-\tau) \tag{2.271}$$

の H を v に選ぶと式 (2.270) は

$$u(\xi,\tau) = \int_C \left[D\left(H(x,t;\xi,\tau)\frac{\partial u(x,t)}{\partial x} - u(x,t)\frac{\partial H(x,t;\xi,\tau)}{\partial x} \right) dt \right.$$
$$\left. + u(x,t)H(x,t;\xi,\tau)\,dx \right] \tag{2.272}$$

となる．ここで，S は図 2.15a に示した長方形領域 $P_1P_2P_3P_4$，C はそれを取り囲む閉曲線で，$(x,t),(\xi,\tau)$ はいずれもこの領域 S の内点である．さて，式 (2.271) の解は，前出の式

$$H(x,t;\xi,\tau) = G(\xi,\tau;x,t) \tag{2.222}$$

と式 (2.244) を利用して

$$H(x,t;\xi,\tau) = \frac{1}{\sqrt{4\pi D(\tau-t)}}\exp\left(-\frac{(x-\xi)^2}{4D(\tau-t)}\right) \quad (\tau > t) \tag{2.273}$$

$$H(x,t;\xi,\tau) = 0 \quad (\tau < t)$$

と決まる．また，式 (2.272) の右辺の [ ] 内は

P_1P_2 $(-R \leq x \leq R)$ では $u = u(x,0) = f(x)$, $\mathrm{d}t = 0$

P_2P_3 では $\mathrm{d}x = 0$ であり, $R \to \infty$ のとき $H, \partial H/\partial x \to 0$

P_3P_4 では $\mathrm{d}t = 0$ であり, $t > \tau$ なので $H = 0$

P_4P_1 では $\mathrm{d}x = 0$ であり, $R \to \infty$ のとき $H, \partial H/\partial x \to 0$

であるから,

$$u(\xi, \tau) = \int_{P_1}^{P_2} u(x,0) H(x,0;\xi,\tau) \, \mathrm{d}x$$
$$\to \int_{-\infty}^{\infty} \frac{f(x)}{\sqrt{4\pi D\tau}} \exp\left(-\frac{(x-\xi)^2}{4D\tau}\right) \mathrm{d}x \qquad (R \to \infty)$$

となる. あるいは (x,t) と (ξ, τ) の役割を入れ替えて

$$u(x,t) = \frac{1}{\sqrt{4\pi Dt}} \int_{-\infty}^{\infty} f(\xi) \exp\left(-\frac{(x-\xi)^2}{4Dt}\right) \mathrm{d}\xi \tag{2.274}$$

を得る. さらに, $\xi = x + 2\sqrt{Dt}\,\eta$ と変数変換すると, 式 (2.274) は

$$u(x,t) = \frac{1}{\sqrt{\pi}} \int_{-\infty}^{\infty} f(x + 2\sqrt{Dt}\,\eta) \exp(-\eta^2) \, \mathrm{d}\eta \tag{2.275}$$

と表すこともできる.

b. 半無限領域での初期値境界値問題

1次元の半無限空間 $0 \leq x < \infty$ での熱伝導問題 (あるいは拡散問題) を考えてみよう. はじめ $(t = 0)$ はいたるところ $u = 0$, 領域の左端 $x = 0$ で $u = f(t)$ が与えられているとすると, 条件は

$$u(x,0) = 0, \qquad u(0,t) = f(t); \qquad x \to \infty \text{ で } u(x,t) \to 0$$

と書ける.

1次元の熱伝導方程式の主要解として示した式 (2.244)

$$G(x,t;\xi,\tau) = \frac{1}{\sqrt{4\pi D(t-\tau)}} \exp\left(-\frac{(x-\xi)^2}{4D(t-\tau)}\right)$$

は, 時刻 $t = \tau$ に位置 $x = \xi$ に置かれた強度 1 の点熱源 (あるいは, 一点に集中した濃度が1の物質) のその後の分布の変化を示すものであった. これを利用して,

$t > \tau$ での Green 関数

$$G(x,t;\xi,\tau) = \frac{1}{\sqrt{4\pi D(t-\tau)}} \left[\exp\left(-\frac{(x-\xi)^2}{4D(t-\tau)}\right) - \exp\left(-\frac{(x+\xi)^2}{4D(t-\tau)}\right) \right] \tag{2.276}$$

を考える．容易に確かめられるように，式 (2.276) は式 (2.267) を満たし，また対称性から $x = 0$ 上ではつねに $G(0,t;\xi,\tau) = 0$ を満たしている．そこで **a** と同様に，式 (2.276) に対応する随伴 Green 関数 H を決めると，$\tau > t$ に対して

$$H(x,t;\xi,\tau) = \frac{1}{\sqrt{4\pi D(\tau-t)}} \left[\exp\left(-\frac{(x-\xi)^2}{4D(\tau-t)}\right) - \exp\left(-\frac{(x+\xi)^2}{4D(\tau-t)}\right) \right] \tag{2.277}$$

を得る．この H を式 (2.270) の v に選ぶと，

$$u(\xi,\tau) = \int_C D\left(H(x,t;\xi,\tau)\frac{\partial u(x,t)}{\partial x} - u(x,t)\frac{\partial H(x,t;\xi,\tau)}{\partial x}\right) dt + \int_C u(x,t)\,H(x,t;\xi,\tau)\,dx$$

を得る．ただし，S は図 2.15b に示した長方形領域 $OP_1P_2P_3$，C はそれを取り囲む閉曲線で，$(x,t),(\xi,\tau)$ はいずれもこの領域 S の内点である．上式の右辺の [ ] 内は

OP_1 ($0 \le x \le R$) では $dt = 0$, $u = u(x,0) = 0$

P_1P_2 では $dx = 0$ であり，$R \to \infty$ のとき H, $\partial H/\partial x \to 0$

P_2P_3 では $dt = 0$ であり，$t > \tau$ なので $H = 0$

P_3O では $dx = 0$, $H = 0$, $u(0,t) = f(t)$

であるから，

$$u(\xi,\tau) = -\int_{P_3}^{O} Du(0,t)\frac{\partial}{\partial x}H(0,t;\xi,\tau)\,dt$$
$$= \frac{\xi}{2\sqrt{\pi D}} \int_0^\tau \frac{f(t)}{(\tau-t)^{3/2}} \exp\left(-\frac{\xi^2}{4D(\tau-t)}\right) dt$$

となる．あるいは (x,t) と (ξ,τ) の役割を入れ替えて

$$u(x,t) = \frac{x}{2\sqrt{\pi D}} \int_0^t \frac{f(\tau)}{(t-\tau)^{3/2}} \exp\left(-\frac{x^2}{4D(t-\tau)}\right) d\tau \tag{2.278}$$

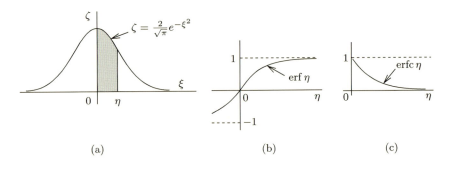

図 2.16　(a) 正規分布 (Gauss 分布), (b) 誤差関数, (c) 余誤差関数

を得る．さらに，$x^2/[4D(t-\tau)] = \eta^2$ と変数変換すると，式 (2.278) は

$$u(x,t) = \frac{2}{\sqrt{\pi}} \int_{x/\sqrt{4Dt}}^{\infty} f\left(t - \frac{x^2}{4D\eta^2}\right) \exp(-\eta^2)\,d\eta \tag{2.279}$$

と表すこともできる． ◁

たとえば，$f = T_0$(一定) の場合には，式 (2.279) からただちに

$$u(x,t) = T_0 \frac{2}{\sqrt{\pi}} \int_{x/\sqrt{4Dt}}^{\infty} \exp(-\eta^2)\,d\eta = T_0\,\mathrm{erfc}\left(\frac{x}{\sqrt{4Dt}}\right) \tag{2.280}$$

を得る．ここで，erfc(x) は**余誤差関数** (complementary error function) とよばれ，**誤差関数** (error function) erf(x) とともに

$$\mathrm{erf}(x) = \frac{2}{\sqrt{\pi}} \int_0^x e^{-\eta^2}\,d\eta, \qquad \mathrm{erfc}(x) = 1 - \mathrm{erf}(x) \tag{2.281}$$

で定義された関数である．誤差関数 erf(x) は正規分布 (Gauss 分布) を $[0,x]$ で積分したものであり，その概形は図 2.16 に示した通りである．

2.6　中心対称な問題

2.6.1　円，球に対する Dirichlet 問題

この項では円や球の領域での Dirichlet 問題を考えていく．

a. 円内部のポテンシャルに対する Dirichlet 問題

この項では r と ρ を併用するので，極座標系を (r, θ) で表すことにする．円に関するポテンシャルを求めるために，まず，2次元の Laplace 方程式の主要解 (2.206) または式 (2.216)

$$G(\boldsymbol{x}, \boldsymbol{x}') = -\frac{1}{2\pi}\log r = \frac{1}{2\pi}\log\frac{1}{|\boldsymbol{x}-\boldsymbol{x}'|}, \qquad r = |\boldsymbol{x}-\boldsymbol{x}'|$$

と Laplace 方程式

$$\triangle u(\boldsymbol{x}) \equiv \frac{\partial^2 u}{\partial r^2} + \frac{1}{r}\frac{\partial u}{\partial r} + \frac{1}{r^2}\frac{\partial^2 u}{\partial \theta^2} = 0$$

の正則な解を用いて半径 $r=a$ で $G=0$ となる解を構成し，次に，Green の定理を用いて円周上で与えられた条件を満たす解を決定するという方針で境界値問題を解いてみよう．

Laplace 方程式の正則な解を求めるために $u(r,\theta) = R(r)\,\Theta(\theta)$ と変数分離すると，角部分は $\Theta(\theta) = \{\cos(n\theta), \sin(n\theta)\}$，動径部分は $R(r) = \{r^n, r^{-n}\}$ となる．このうち $r=0$ で有限な解を採用し

$$u(r,\theta) = \frac{a_0}{2} + \sum_{n=1}^{\infty} r^n[a_n\cos(n\theta) + b_n\sin(n\theta)]$$

を得る．他方，位置ベクトル $\boldsymbol{x}, \boldsymbol{x}'$ で表される点 P, Q を極座標系を用いて $\boldsymbol{x} = (r,\theta)$, $\boldsymbol{x}' = (r',\theta')$, $\varphi = \theta - \theta'$ と表すと，PQ 間の距離 ρ は $\rho = \sqrt{r^2 - 2rr'\cos\varphi + r'^2}$ であり，

$$\log\rho = \log\sqrt{r^2 - 2rr'\cos\varphi + r'^2} = \log r - \sum_{n=1}^{\infty}\frac{1}{n}\left(\frac{r'}{r}\right)^n \cos(n\varphi)$$

に注意し[*15]，同次方程式の解の不定性を考慮して解を構成すると

[*15]

$$\log\sqrt{r^2 - 2rr'\cos\varphi + r'^2} = \log r + \frac{1}{2}\log(1 - 2\zeta\cos\varphi + \zeta^2)$$
$$= \log r + \frac{1}{2}\log(1 - \zeta e^{i\varphi})(1 - \zeta e^{-i\varphi})$$

ここで，$\zeta = r'/r$ とおいた．さらに $|\varepsilon| < 1$ に対して $\log(1-\varepsilon) = -\sum_{n=1}^{\infty}\varepsilon^n/n$ の展開を利用すると

$$G = -\frac{1}{2\pi}\left[\log r - \sum_{n=1}^{\infty}\frac{1}{n}\left(\frac{r'}{r}\right)^n \cos(n\varphi)\right] + \frac{a_0}{2}$$
$$+ \sum_{n=1}^{\infty} r^n[a_n \cos(n\varphi) + b_n \sin(n\varphi)]$$

を得る．そこで $r = a$ で $G = 0$ の境界条件を課すと

$$a_0 = \frac{1}{\pi}\log a, \qquad a_n = -\frac{1}{2\pi n}\left(\frac{r'}{a^2}\right)^n, \qquad b_n = 0$$

となり，最終的に

$$G = \frac{1}{2\pi}\left\{\log\left(\frac{a}{r}\right) - \sum_{n=1}^{\infty}\frac{1}{n}\left[\left(\frac{r'}{a^2}\right)^n r^n - \left(\frac{r'}{r}\right)^n\right]\cos(n\varphi)\right\} \tag{2.282}$$

が得られる．

ところで，式 (2.282) の右辺の [ ] の第 1 項において，

$$r'/a^2 = 1/r'' \qquad \text{すなわち} \qquad r'r'' = a^2 \tag{2.283}$$

を満たす点 Q^* を考えると

$$-\sum_{n=1}^{\infty}\frac{1}{n}\left(\frac{r'}{a^2}\right)^n r^n \cos(n\varphi) = -\sum_{n=1}^{\infty}\frac{1}{n}\left(\frac{r}{r''}\right)^n \cos(n\varphi)$$
$$= \log\sqrt{r''^2 - 2r''r\cos\varphi + r^2} - \log r''$$
$$= \log \rho^* - \log r''$$

となるので，式 (2.282) は

$$G = \frac{1}{2\pi}\log\left(\frac{a}{r}\frac{\rho^*}{r''}\frac{r}{\rho}\right) = \frac{1}{2\pi}\log\left(\frac{a\rho^*}{r''\rho}\right) = \frac{1}{2\pi}\log\left(\frac{r'\rho^*}{a\rho}\right) \tag{2.284}$$

と表すこともできる．ただし，$\rho^* = \sqrt{r''^2 - 2r''r\cos\varphi + r^2}$ と表した．

$$\log\sqrt{r^2 - 2rr'\cos\varphi + r'^2} = \log r - \frac{1}{2}\sum_{n=1}^{\infty}\frac{1}{n}\left[(\zeta e^{i\varphi})^n + (\zeta e^{-i\varphi})^n\right]$$
$$= \log r - \sum_{n=1}^{\infty}\frac{1}{n}\zeta^n \cos(n\varphi)$$

これより与式を得る．

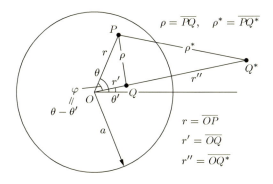

図 **2.17** 円に対する鏡像

 幾何学的には，点 Q^* は半径 a の円に対する点 Q の鏡像点になっている．すなわち図 2.17 に示したように，点 Q^* は直線 OQ の延長線上で $\overline{OQ^*}$ の長さ r'' が $r'' = a^2/r'$ の位置にある．点 P が円の上にあるときは，$r = a$ であるから $r' = a^2/r''$ であり，$a/r' = r''/a$ となるが，これは三角形 OPQ と三角形 OQ^*P が相似であることを示している (2 辺の間の角度は共通なので等しい)．したがって，$a/r' = \rho^*/\rho$ となり，式 (2.284) で $G = 0$ となる．すなわち，円周上で $G = 0$ の境界条件を満たすことがわかる． ◁

 前掲の Green 関数 (2.284) を利用して，半径 a の円周上で境界値が与えられた場合のポテンシャル問題，すなわち

$$\text{円の内部領域 } r < a \text{ で } \triangle u(r,\theta) = 0, \quad \text{円周上で } u(a,\theta) = f(\theta)$$

の解を求めてみよう．Green の公式 (2.183) において，v には上で求めた Green 関数 (2.284) を対応させる．ただし，前節の結果を一般化して $\varphi = \theta - \theta'$ に戻しておく．したがって，Green 関数は $G = 1/(2\pi) \log(r'\rho^*/a\rho)$ に

$$\rho = \sqrt{r^2 - 2rr'\cos(\theta - \theta') + r'^2}, \quad \rho^* = \sqrt{r^2 - 2rr''\cos(\theta - \theta') + r''^2}$$

を代入したものとなっている．これにより，Green の公式 (2.183) は

$$u(r',\theta') = \int_C \left(-u\frac{\partial G}{\partial n}\right) ds = -\int_0^{2\pi} f(\theta) \left(\frac{\partial G}{\partial r}\right)_{r=a} a\, d\theta$$

となる．ここで

$$\left(\frac{\partial G}{\partial r}\right)_{r=a} = \frac{1}{2\pi a}\frac{r'^2 - a^2}{a^2 - 2ar'\cos(\theta - \theta') + r'^2}$$

であるから[*16]，求める解は

$$u(r,\theta) = \frac{1}{2\pi}\int_0^{2\pi}\frac{(a^2 - r^2)f(\theta')}{a^2 - 2ar\cos(\theta - \theta') + r^2}\,\mathrm{d}\theta' \tag{2.285}$$

となる．ただし，最後の表現では (r',θ') と (r,θ) の役割を入れ替えている．式 (2.285) は **Poisson** (ポアソン) の**積分公式**とよばれている．なお，この公式の複素関数論での導出は，工学教程「複素関数論 I」を参照されたい．

b. 球内部のポテンシャルに対する Dirichlet 問題

球に関するポテンシャルを求めるために，前項と同様にして，まず，3次元の Laplace 方程式の主要解 (2.213) または (2.218)

$$G(\boldsymbol{x},\boldsymbol{x}') = \frac{1}{4\pi}\frac{1}{|\boldsymbol{x}-\boldsymbol{x}'|}$$

と Laplace 方程式 $\triangle u(\boldsymbol{x}) = 0$ の解を用いて半径 $r = a$ で $G = 0$ となる解を構成し，次に，Green の定理を用いて球面上で与えられた条件を満たす解を決定するという方針で境界値問題を解いてみよう．

境界の形を考慮すると，球座標系を用いて Laplace 方程式の解を求めるのが適当である．まず，領域内部 $r < a$ で有限な解として

$$u(r,\theta,\varphi) = \sum_{n=0}^{\infty} a_n r^n P_n(\cos\omega)$$

を採用する．ここで，P_n は Legendre 関数 (A.3 節を参照)，位置ベクトル $\boldsymbol{x}, \boldsymbol{x}'$ に対応した2点 P, Q の球座標系での座標をそれぞれ $(r,\theta,\varphi), (r',\theta',\varphi')$ とした．

[*16]
$$\begin{aligned}2\pi\left(\frac{\partial G}{\partial r}\right)_{r=a} &= \left(\frac{r - r''\cos(\theta-\theta')}{r^2 - 2rr''\cos(\theta-\theta') + r''^2} - \frac{r - r'\cos(\theta-\theta')}{r^2 - 2rr'\cos(\theta-\theta') + r'^2}\right)_{r=a} \\ &= \frac{a - r''\cos(\theta-\theta')}{a^2 - 2ar''\cos(\theta-\theta') + r''^2} - \frac{a - r'\cos(\theta-\theta')}{a^2 - 2ar'\cos(\theta-\theta') + r'^2}\end{aligned} \tag{1}$$

ここで $r'' = a^2/r'$ を代入すると，右辺第1項は

$$\frac{a - r''\cos(\theta-\theta')}{a^2 - 2ar''\cos(\theta-\theta') + r''^2} = \frac{r'}{a}\frac{r' - a\cos(\theta-\theta')}{a^2 - 2ar'\cos(\theta-\theta') + r'^2}$$

となるので，式 (1) の右辺第2項と合わせると本文の式となる．

したがって，$R = |\boldsymbol{x} - \boldsymbol{x}'| = \sqrt{r^2 - 2rr'\cos\omega + r'^2}$，また ω は 2 つのベクトルの間の角度で $\cos\omega = \cos\theta\cos\theta' + \sin\theta\sin\theta'\cos(\varphi - \varphi')$ の関係がある．これらの解を重ね合わせて Green 関数を構成すると

$$G = \frac{1}{4\pi\sqrt{r^2 - 2rr'\cos\omega + r'^2}} + \sum_{n=0}^{\infty} a_n r^n P_n(\cos\omega)$$

となるので，$r = a$ で $G = 0$ となるように展開係数 a_n を決定する．このとき，Legendre 関数の母関数展開 (A.59)

$$\frac{1}{R} = \frac{1}{\sqrt{r^2 - 2rr'\cos\omega + r'^2}} = \sum_{n=0}^{\infty} \frac{r'^n}{r^{n+1}} P_n(\cos\omega) \qquad (r' < r)$$

を利用すると，係数 a_n が容易に求まり[*17]

$$G(r,\theta,\varphi;r',\theta',\varphi') = \frac{1}{4\pi}\sum_{n=0}^{\infty}\left(\frac{r'^n}{r^{n+1}} - \frac{r'^n r^n}{a^{2n+1}}\right) P_n(\cos\omega) \tag{2.286}$$

を得る．円の場合と同様に，球の場合にも鏡像点 Q^* を導入する．すなわち，点 Q^* は直線 OQ の延長線上で $\overline{OQ^*}$ の長さ r'' が $r'' = a^2/r'$ にある点である．これを用いると式 (2.286) は

$$\begin{aligned}G(r,\theta,\varphi;r',\theta',\varphi') &= \frac{1}{4\pi}\sum_{n=0}^{\infty}\left(\frac{r'^n}{r^{n+1}} - \frac{r''^n}{a}\frac{r^n}{r''^{n+1}}\right) P_n(\cos\omega) \\ &= \frac{1}{4\pi}\left(\frac{1}{R} - \frac{r''}{a}\frac{1}{R^*}\right) = \frac{1}{4\pi}\left(\frac{1}{R} - \frac{a}{r'}\frac{1}{R^*}\right)\end{aligned} \tag{2.287}$$

とも表される．ただし，$R^* = |\boldsymbol{x} - \boldsymbol{x}''| = \sqrt{r^2 - 2rr''\cos\omega + r''^2}$ である．◁

Green 関数 (2.287) を利用して，半径 a の球面上で境界値が与えられた場合のポテンシャル問題，すなわち

球の内部領域 $r < a$ で $\triangle u(r,\theta,\varphi) = 0$，　球面上で $u(a,\theta,\varphi) = f(\theta,\varphi)$

[*17] 展開式を代入すると

$$G = \sum_{n=0}^{\infty}\left(\frac{1}{4\pi}\frac{r'^n}{r^{n+1}} + a_n r^n\right) P_n(\cos\omega)$$

となるので，$r = a$ で $G = 0$ の条件から $a_n = -r'^n/(4\pi a^{2n+1})$ と決まる．

の解を求めてみよう．Green の公式 (2.183) において，v には上で求めた Green 関数 (2.287) を対応させる．これにより，Green の公式 (2.183) は

$$u(r',\theta',\varphi') = \int_S \left(-u\frac{\partial G}{\partial n}\right) \mathrm{d}S = -\int_0^\pi \int_0^{2\pi} f(\theta,\varphi)\left(\frac{\partial G}{\partial r}\right)_{r=a} a^2 \sin\theta\, \mathrm{d}\theta\, \mathrm{d}\varphi$$

となる．ここで

$$\left(\frac{\partial G}{\partial r}\right)_{r=a} = \frac{1}{4\pi a}\frac{r'^2 - a^2}{(a^2 - 2ar'\cos\omega + r'^2)^{3/2}}$$

となるので，これを前式に代入し，(r',θ',φ') と (r,θ,φ) の役割を入れ替えて

$$u(r,\theta,\varphi) = \frac{a}{4\pi}\int_0^\pi \int_0^{2\pi} f(\theta',\varphi')\frac{a^2 - r^2}{(a^2 - 2ar\cos\omega + r^2)^{3/2}}\sin\theta'\mathrm{d}\theta'\, \mathrm{d}\varphi' \quad (2.288)$$

を得る．

c. 球内部の波動に対する Dirichlet 問題

半径 a の球の中に閉じ込められた量子力学的な粒子を考えてみよう．粒子は定常 Schrödinger 方程式

$$-\frac{\hbar^2}{2m}\triangle\psi = E\psi \quad (2.289)$$

境界条件は

$$\psi(a) = 0 \qquad [\psi は球内部 (r \leq a) で有限]$$

で与えられる．ここで $\hbar$ は Planck 定数を 2π で割ったもの，m は質量，E はエネルギーである．

式 (2.289) は Helmholtz 型の方程式であり，r に依存した部分は

$$\frac{\mathrm{d}^2 R}{\mathrm{d}r^2} + \frac{2}{r}\frac{\mathrm{d}R}{\mathrm{d}r} + \left(k^2 - \frac{n(n+1)}{r^2}\right)R = 0 \quad (2.290)$$

となる．ただし，$k^2 = 2mE/\hbar^2$ である．この方程式の解は球 Bessel 関数で与えられる (付録 A.2.3 項参照)．さらに，もし，この粒子の最低エネルギーを求める問題であれば $n=0$ の場合を考えればよい．したがって，解 $j_0(kr)$, $n_0(kr)$ のうち，球内部で有限な $j_0(kr)$ だけが許され，球面上の境界条件から $ka = \alpha$ となる．ただし α は j_0 の零点である．球 Bessel 関数 j_0 の最小の零点は π であることから $k = \pi/a$, したがって

$$R = Aj_0\left(\frac{\pi}{a}r\right), \qquad E = \frac{\hbar^2 k^2}{2m} = \frac{h^2}{8ma^2} \quad (2.291)$$

を得る．これは，有限な領域に閉じ込められた粒子のもつ最小のエネルギー (零点エネルギー) を表し，不確定性原理の帰結でもある．

2.6.2 円形膜の振動

周辺が固定された円形膜 (半径 a) の振動を考えよう．振動の方程式は

$$\frac{1}{c^2}\frac{\partial^2 u}{\partial t^2} = \triangle u$$

である．対称性を考慮し，ラプラシアンは極座標系 (r,θ) で表すのが適当である．すなわち

$$\triangle u = \frac{\partial^2 u}{\partial r^2} + \frac{1}{r}\frac{\partial u}{\partial r} + \frac{1}{r^2}\frac{\partial^2 u}{\partial \theta^2}$$

変数分離法を想定して $u(r,\theta) = \exp(\mathrm{i}\omega t)\,R(r)\,\Theta(\theta)$ と仮定すると，振動の方程式は

$$-\frac{1}{\Theta}\frac{\partial^2 \Theta}{\partial \theta^2} = \frac{r^2}{R}\left(\frac{\partial^2 R}{\partial r^2} + \frac{1}{r}\frac{\partial R}{\partial r}\right) + \frac{r^2}{R}\left(\frac{\omega}{c}\right)^2$$

となる．左辺は θ だけの，右辺は r だけの関数であるから，分離定数を $-\lambda$ とおいて

$$\frac{\mathrm{d}^2 \Theta}{\mathrm{d}\theta^2} - \lambda\Theta = 0, \qquad \frac{\mathrm{d}^2 R}{\mathrm{d}r^2} + \frac{1}{r}\frac{\mathrm{d}R}{\mathrm{d}r} + \left(\frac{\omega^2}{c^2} + \frac{\lambda}{r^2}\right)R = 0$$

が得られる．物理的な考察から $u(r,\theta)$ は θ の関数として周期 2π の滑らかな 1 価関数でなければならない [すなわち $\Theta(\theta+2\pi) = \Theta(\theta)$, $\Theta'(\theta+2\pi) = \Theta'(\theta)$] ので，$\lambda = -n^2$ (2.3.3 項参照)，したがって

$$\Theta = A_n \cos(n\theta) + B_n \sin(n\theta)$$

を得る．他方，R の満たす方程式は

$$\frac{\mathrm{d}^2 R}{\mathrm{d}x^2} + \frac{1}{x}\frac{\mathrm{d}R}{\mathrm{d}x} + \left(1 - \frac{n^2}{x^2}\right)R = 0$$

となる．ただし，$x = \omega r/c$ とおいた．これは Bessel の微分方程式で，その解のうち $x = 0$ で有界なものは第 1 種 Bessel 関数 $J_n(x)$ で与えられる [式 (A.11) を参照]．したがって，

$$u(r,\theta,t) = \exp(\mathrm{i}\omega t)[A_n \cos(n\theta) + B_n \sin(n\theta)]J_n(\omega r/c)$$

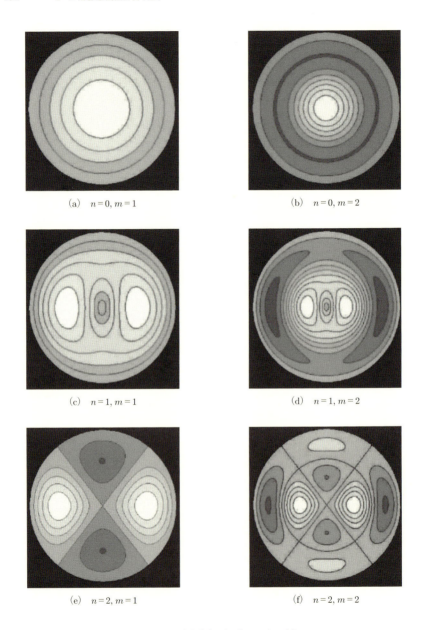

図 **2.18** 円形膜の振動モードの例

となる．境界条件から $\omega a/c$ は $J_n(x)$ の m 番目の零点 j_{nm} に一致する必要がある．すなわち，

$$\omega_{nm} = \frac{c}{a} j_{nm}$$

が円形膜の固有値となる．以上をまとめると，円形膜の境界条件を満たす波動方程式の一般解は

$$u(r,\theta,t) = \sum_{n=0}^{\infty} \sum_{m=1}^{\infty} J_n\left(j_{nm}\frac{r}{a}\right) \Big\{ [A_{nm}\cos(n\theta) + B_{nm}\sin(n\theta)]\cos(\omega_{nm}t)$$
$$+ [C_{nm}\cos(n\theta) + D_{nm}\sin(n\theta)]\sin(\omega_{nm}t) \Big\} \qquad (2.292)$$

となる．係数 A_{nm}, B_{nm}, C_{nm} などは初期条件から決定される．すなわち，

$$u(r,\theta,0) = f(r,\theta), \qquad \frac{\partial}{\partial t}u(r,\theta,0) = g(r,\theta) \qquad (2.293)$$

であれば，$J_n(x)$ および三角関数の直交性 [式 (A.22), (A.23) 参照] から

$$\begin{aligned}
A_{nm} &= \frac{2\varepsilon_n}{\pi a^2 J_{n+1}^2(j_{nm})} \int_0^a rJ_n\left(j_{nm}\frac{r}{a}\right)\mathrm{d}r \int_0^{2\pi} f(r,\theta)\cos(n\theta)\,\mathrm{d}\theta \\
B_{nm} &= \frac{2}{\pi a^2 J_{n+1}^2(j_{nm})} \int_0^a rJ_n\left(j_{nm}\frac{r}{a}\right)\mathrm{d}r \int_0^{2\pi} f(r,\theta)\sin(n\theta)\,\mathrm{d}\theta \\
C_{nm} &= \frac{1}{\omega_{mn}}\frac{2\varepsilon_n}{\pi a^2 J_{n+1}^2(j_{nm})} \int_0^a rJ_n\left(j_{nm}\frac{r}{a}\right)\mathrm{d}r \int_0^{2\pi} g(r,\theta)\cos(n\theta)\,\mathrm{d}\theta \\
D_{nm} &= \frac{1}{\omega_{mn}}\frac{2}{\pi a^2 J_{n+1}^2(j_{nm})} \int_0^a rJ_n\left(j_{nm}\frac{r}{a}\right)\mathrm{d}r \int_0^{2\pi} g(r,\theta)\sin(n\theta)\,\mathrm{d}\theta
\end{aligned} \qquad (2.294)$$

となる．ただし，$\varepsilon_n = 1/2\ (n=0),\ \varepsilon_n = 1\ (n \geq 1)$ である．

図 2.18 に，振動モードの例をいくつか示す．

2.6.3　円形領域内の拡散問題

ここでは，円形領域での拡散，あるいは熱伝導の問題を考える．ただし，簡単のために中心対称な場合に限り，物質や温度の分布は領域内で有限であり，また境界では一定値をとるものとする．この問題に対する方程式および初期・境界条件は以下のとおりである．

$$D\left(\frac{\partial^2 u}{\partial r^2} + \frac{1}{r}\frac{\partial u}{\partial r}\right) = \frac{\partial u}{\partial t} \qquad (2.295)$$

$r = a$ でつねに $u = 0$, $r < a$ で u は有限, $t = 0$ で $u = f(r)$ (2.296)

まず,長さのスケールとして半径 a を選び,$x = r/a$ と規格化しておこう.また,時間因子を分離し $u(x,t) = \mathrm{e}^{-\lambda t} v(x)$ と仮定する.これにより式 (2.295) は

$$\frac{\mathrm{d}^2 v}{\mathrm{d} x^2} + \frac{1}{x}\frac{\mathrm{d} v}{\mathrm{d} x} + k^2 v = 0, \quad \text{ただし,} \ k = \sqrt{\frac{\lambda a^2}{D}} \quad (2.297)$$

となる.この方程式の解のうち,$x = 0$ で有限なものは 0 次の Bessel 関数 $J_0(kx)$ で与えられる.さらに,$x = 1$ での境界条件から $k = j_n$ $(n = 1, 2, \cdots)$ と決まる.ただし,j_n は J_0 の n 番目の零点である.したがって,

$$u(x,t) = \sum_{n=1}^{\infty} c_n J_0(j_n x) \mathrm{e}^{-\lambda_n t}, \quad \text{ただし,} \ \lambda_n = \frac{D j_n^2}{a^2} \quad (2.298)$$

を得る.展開係数 c_n は初期条件から

$$c_n = \frac{2}{J_1(j_n)^2} \int_0^1 x f(x) \, J_0(j_n x) \, \mathrm{d}x \quad (2.299)$$

となる (なお,2.3.4 項の Fourier–Bessel 展開も参照).

2.6.4 波の放射と散乱

a. 球対称な Helmholtz 方程式の解

波動方程式

$$\triangle u = \frac{1}{c^2}\frac{\partial^2 u}{\partial t^2} \quad (2.300)$$

の球対称な解を求めてみよう.$u = \exp(-\mathrm{i}\omega t)\, v(r)$ とおくと式 (2.300) は

$$(\triangle + k^2) v = 0, \quad \text{ただし} \ \triangle = \frac{1}{r^2}\frac{\mathrm{d}}{\mathrm{d} r}\left(r^2 \frac{\mathrm{d}}{\mathrm{d} r}\right), \quad k = \frac{\omega}{c} \quad (2.301)$$

となる.これは Helmholtz 型の方程式である.ここで

$$\frac{\mathrm{d}}{\mathrm{d} r}\left(r^2 \frac{\mathrm{d} v}{\mathrm{d} r}\right) = r \frac{\mathrm{d}^2}{\mathrm{d} r^2}(rv)$$

と変形できることに着目すると,式 (2.301) は

$$\frac{\mathrm{d}^2}{\mathrm{d} r^2}(rv) + k^2 (rv) = 0 \quad (2.302)$$

となり，$rv = \exp(\pm \mathrm{i}kr)$ が解であることが容易に知れる．したがって，式 (2.301) の一般解は

$$v = A\frac{\mathrm{e}^{\mathrm{i}kr}}{r} + B\frac{\mathrm{e}^{-\mathrm{i}kr}}{r} \qquad (2.303)$$

で，また，式 (2.300) の一般解は，$\omega = kc$ を考慮して

$$u = A\frac{\mathrm{e}^{\mathrm{i}k(r-ct)}}{r} + B\frac{\mathrm{e}^{-\mathrm{i}k(r+ct)}}{r} \qquad (2.304)$$

で与えられる．ただし，A, B は任意の複素定数である．式 (2.304) のいずれの項も，位相の等しい点は球面上にあることを示している．いま，ある球面 $r = a$ が波源になっているとすると，式 (2.304) の右辺第 1 項は，位相の等しい面 (球面) が時間とともに位相速度 c で外に向かって広がっていく波を表している．これは発散する球面波である．同様にして，右辺第 2 項は等位相面が時間とともに位相速度 c で中心に向かって収束する球面波を表している．

したがって，無限領域における球の外部問題，たとえば，$t = 0$ に球面 $r = a$ 上で $u = f(a), \partial u/\partial t = g(a)$ のように与えられた波が外部 $r > a$ に伝播していくときは，式 (2.304) の右辺第 1 項の発散波だけを考慮すればよい．これを実数を用いた表現で表すと

$$u = C_1 \frac{\cos(kr - \omega t + \phi_1)}{r} \qquad (2.305)$$

となる．ここで C_1, ϕ_1 は任意の実定数であり，初期および境界条件から

$$C_1 = af\sqrt{1 + \left(\frac{g}{\omega f}\right)^2}, \qquad \phi_1 = \arctan\left(\frac{g}{\omega f}\right) - ka \qquad (2.306)$$

と決まる．

ところで式 (2.303) の右辺の関数は，いずれも Helmholtz の方程式の Green 関数になっている．すなわち

$$(\triangle + k^2)G(\boldsymbol{x}, \boldsymbol{x}') = -\delta(\boldsymbol{x} - \boldsymbol{x}') \qquad (2.307)$$

ここで，

$$G(\boldsymbol{x}, \boldsymbol{x}') = \frac{\exp(\pm \mathrm{i}k|\boldsymbol{x} - \boldsymbol{x}'|)}{4\pi|\boldsymbol{x} - \boldsymbol{x}'|} \qquad (2.308)$$

である [同様の結果は，後述の Fourier 変換 (3.3.2 項) の例題でも示される]．この Green 関数を利用して，のちの **c** では入射波の散乱問題を考えてみよう．

b. 円対称な Helmholtz 方程式の解

2 次元の円対称な波動方程式に対しても，前項と同様に $u = \exp(-i\omega t)v(r)$ とおくと式 (2.300) は

$$\frac{d^2 v}{dr^2} + \frac{1}{r}\frac{dv}{dr} + k^2 v = 0, \qquad k = \frac{\omega}{c} \tag{2.309}$$

となる．この方程式の解は 0 次の Bessel 関数で表される．付録 A.2 節の式 (A.10) を参照．したがって，a, b を実定数として

$$v(r) = aJ_0(kr) + bN_0(kr)$$

と表すこともできるが，3 次元の場合の解が $\exp(\pm ikr)$ を用いて表されたことに対応して

$$v(r) = AH_0^{(1)}(kr) + BH_0^{(2)}(kr) \tag{2.310}$$

という一般解を用いる．ここで，$H_0^{(1)}, H_0^{(2)}$ は Hankel 関数である [式 (A.31) を参照]．付録 A.2.2 項の式 (A.32) に示したように

$$\left.\begin{array}{c} H_0^{(1)}(kr) \\ H_0^{(2)}(kr) \end{array}\right\} \sim \sqrt{\frac{2}{\pi kr}} \exp\left[\pm i\left(kr - \frac{\pi}{4}\right)\right] \tag{2.311}$$

であるから，$H_0^{(1)}$ は位相速度 c で外に向かって広がっていく波を，また $H_0^{(2)}$ は中心に向かって収束する波を表す．なお，$H_0^{(1)}$ は，(定数倍を除き)，表 2.2 の (b) の 2 次元に対応した Green 関数である．

c. 平面波の入射と散乱

量子力学では，平面波 $\Psi(\boldsymbol{x})_{\text{in}} = \exp[i(\boldsymbol{k}\cdot\boldsymbol{x} - \omega t)]$ が定常的なポテンシャル $V(\boldsymbol{x})$ で散乱されたときの波動は，Schrödinger 方程式

$$-\frac{\hbar^2}{2m}\triangle \Psi(\boldsymbol{x}) + V(\boldsymbol{x})\Psi(\boldsymbol{x}) = E\Psi(\boldsymbol{x}) \tag{2.312}$$

に従うことが知られている．これはまた

$$(\triangle + k^2)\Psi(\boldsymbol{x}) = \frac{2m}{\hbar^2} V(\boldsymbol{x})\Psi(\boldsymbol{x}) \tag{2.313}$$

と表せる．ただし，$k = \sqrt{2mE}/\hbar$ とおいた．そこで，右辺を摂動項として扱い，

$$\Psi = \Psi_{\text{in}} + \Psi_{\text{scat}} \tag{2.314}$$

と展開する．ただし

$$\epsilon = O\left(\frac{2mV}{\hbar^2}\right) \text{として} \qquad \Psi_{\text{in}} \sim O(1), \qquad \Psi_{\text{scat}} \sim O(\epsilon)$$

とする．この展開 (2.314) によって式 (2.313) は

$$(\triangle + k^2)\Psi_{\text{in}}(\boldsymbol{x}) = 0, \qquad (\triangle + k^2)\Psi_{\text{scat}}(\boldsymbol{x}) = \frac{2mV}{\hbar^2}\Psi_{\text{in}}(\boldsymbol{x}) \qquad (2.315)$$

となる．上の第 1 式の解は入射波 $\exp[\mathrm{i}(\boldsymbol{k}\cdot\boldsymbol{x}-\omega t)]$ そのものである．これを第 2 式の右辺に代入すると，これは既知の「外力項」のある Helmholtz 型の偏微分方程式になる．この方程式を解くのに，前述の Green 関数 (2.308) において発散波に対応するものを用いると，散乱後の波は

$$\Psi(\boldsymbol{x}) = \mathrm{e}^{\mathrm{i}(\boldsymbol{k}\cdot\boldsymbol{x}-\omega t)} - \frac{2m}{\hbar^2}\iiint \frac{\mathrm{e}^{\mathrm{i}k|\boldsymbol{x}-\boldsymbol{x}'|}}{4\pi|\boldsymbol{x}-\boldsymbol{x}'|}V(\boldsymbol{x}')\mathrm{e}^{\mathrm{i}(\boldsymbol{k}\cdot\boldsymbol{x}'-\omega t)}\,\mathrm{d}\boldsymbol{x}'$$

と表される．

3 積分変換を利用した解法

　この章では，偏微分方程式を解くときに使われるいくつかの代表的な積分変換の定義や性質について述べる．多くの場合に，積分変換を行った空間では比較的容易に解が求まるので，これを求めたのちにその逆変換を行ってもとの空間での解を得ることができる．扱う方程式や境界条件によりどの積分変換が適切かにも注意して欲しい．

3.1 積分変換の基本と可能性条件

　一般に

$$\mathcal{I}\{f(x)\} = \int_a^b f(x)\, K(s,x)\, \mathrm{d}x \equiv F(s) \tag{3.1}$$

のような積分を考えるとき，$F(s)$ は $f(x)$ の核 $K(s,x)$ を用いた**積分変換**とよばれる．積分変換は (1) 方程式の形，したがって，使うべき核 $K(s,x)$ の種類，(2) 積分区間 (領域)，(3) 変換される関数，などにより異なる．これらに対する詳細な説明は他書[12]にゆずり，ここでは 2.2.1 項で述べた 2 階の偏微分方程式 (2.9)

$$A\frac{\partial^2 u}{\partial x^2} + 2B\frac{\partial^2 u}{\partial x \partial y} + C\frac{\partial^2 u}{\partial y^2} + D\frac{\partial u}{\partial x} + E\frac{\partial u}{\partial y} + Fu = g \tag{3.2}$$

について考えてみよう．

　式 (3.2) は変数 x, y について対称なので，ここでは変数 x についての積分変換

$$\mathcal{I}\{u(x,y)\} = \int_a^b u(x,y)\, K(s,x)\, \mathrm{d}x \equiv U(s,y) \tag{3.3}$$

を試みることとする．まず，簡単のために，$A, B, \cdots, F, g$ は y の関数であってもよいが x は含まないものと仮定する．式 (3.2) の左右両辺に積分変換 (3.3) を施し

$$\mathcal{I}\left\{A\frac{\partial^2 u}{\partial x^2}\right\} = A\left(\left[\frac{\partial u}{\partial x}K - u\frac{\mathrm{d}K}{\mathrm{d}x}\right]_a^b + \int_a^b u\frac{\mathrm{d}^2 K}{\mathrm{d}x^2}\,\mathrm{d}x\right)$$

$$\mathcal{I}\left\{2B\frac{\partial^2 u}{\partial x \partial y}\right\} = 2B\left(\left[\frac{\partial u}{\partial y}K\right]_a^b - \int_a^b \frac{\partial u}{\partial y}\frac{\mathrm{d}K}{\mathrm{d}x}\,\mathrm{d}x\right)$$

$$\mathcal{I}\left\{C\frac{\partial^2 u}{\partial y^2}\right\} = C\frac{\mathrm{d}^2}{\mathrm{d}y^2}\int_a^b uK\,\mathrm{d}x = C\frac{\mathrm{d}^2 U(s,y)}{\mathrm{d}y^2}$$

$$\mathcal{I}\left\{D\frac{\partial u}{\partial x}\right\} = D\left([uK]_a^b - \int_a^b u\frac{\mathrm{d}K}{\mathrm{d}x}\,\mathrm{d}x\right), \qquad \mathcal{I}\left\{E\frac{\partial u}{\partial y}\right\} = E\frac{\mathrm{d}U(s,y)}{\mathrm{d}y}$$

$$\mathcal{I}\{Fu\} = F\int_a^b uK\,\mathrm{d}x = F\,U(s,y), \qquad \mathcal{I}\{g(x,y)\} = G(s,y)$$

などを考慮して,

$$\left[A\left(\frac{\partial u}{\partial x}K - u\frac{\mathrm{d}K}{\mathrm{d}x}\right) + 2B\frac{\partial u}{\partial y}K + DuK\right]_a^b$$
$$+ \int_a^b \left(Au\frac{\mathrm{d}^2 K}{\mathrm{d}x^2} - 2B\frac{\partial u}{\partial y}\frac{\mathrm{d}K}{\mathrm{d}x} - Du\frac{\mathrm{d}K}{\mathrm{d}x} + FuK\right)\mathrm{d}x$$
$$+ C\frac{\mathrm{d}^2 U(s,y)}{\mathrm{d}y^2} + E\frac{\mathrm{d}U(s,y)}{\mathrm{d}y} = G(s,y)$$

を得る.ただし,積分が収束することは仮定している.これより,積分変換によって U に関する微分方程式にまとめられるための十分条件は

$$Au\frac{\mathrm{d}^2 K}{\mathrm{d}x^2} - 2B\frac{\partial u}{\partial y}\frac{\mathrm{d}K}{\mathrm{d}x} - Du\frac{\mathrm{d}K}{\mathrm{d}x} + FuK \propto uK \tag{3.4}$$

$$\left[A\left(\frac{\partial u}{\partial x}K - u\frac{\mathrm{d}K}{\mathrm{d}x}\right) + 2B\frac{\partial u}{\partial y}K + DuK\right]_a^b = y \text{ の既知関数} \tag{3.5}$$

となる.ところで,式 (3.4) を u で割ると

$$A\frac{\mathrm{d}^2 K}{\mathrm{d}x^2} - 2B\frac{1}{u}\frac{\partial u}{\partial y}\frac{\mathrm{d}K}{\mathrm{d}x} - D\frac{\mathrm{d}K}{\mathrm{d}x} + FK \propto K \tag{3.6}$$

となるが,K は x の関数,u は x, y の関数であったから,式 (3.6) が成り立つためには,$B = 0$ でなければならず,また A, D, F は y に依存してはならない.したがって,式 (3.4), (3.5) は

$$A\frac{\mathrm{d}^2 K}{\mathrm{d}x^2} - D\frac{\mathrm{d}K}{\mathrm{d}x} + FK = \lambda K \tag{3.7}$$

$$\left[AK\frac{\partial u}{\partial x} + \left(DK - A\frac{\mathrm{d}K}{\mathrm{d}x}\right)u\right]_a^b = y \text{ の既知関数} \tag{3.8}$$

となる.ここで λ は任意の定数である. ◁

さて，上の例では A, D, F は y に依存してはならない (C, E にはこの制限はない) ことがわかったが，A, D, F が x の関数の場合にはどうであろうか．そこで，この仮定の下で同様の計算を行うと式 (3.7)，式 (3.8) は

$$\frac{d^2}{dx^2}(AK) - \frac{d}{dx}(DK) + FK = \lambda K \tag{3.9}$$

$$\left[AK\frac{\partial u}{\partial x} + \left(DK - \frac{d}{dx}(AK)\right)u\right]_a^b = y \text{ の既知関数} \tag{3.10}$$

となる．式 (3.9) が核 K を決める方程式である．この K と u, $\partial u/\partial x$ の境界条件 (問題によっては初期条件) を踏まえて，式 (3.10) が成り立つか否かを判断すればよい．

以上をまとめると，式 (3.2) で x に関する積分変換が可能となるのは

(1) 方程式の形が

$$A(x)\frac{\partial^2 u}{\partial x^2} + D(x)\frac{\partial u}{\partial x} + F(y)u + C(y)\frac{\partial^2 u}{\partial y^2} + E(y)\frac{\partial u}{\partial y} = g(x, y)$$

であること，
(2) 核は式 (3.9) の解であること，
(3) 境界条件や初期条件などの付加条件 (3.10) を満たすこと

などが満たされた場合ということになる． ◁

例 3.1 A, D, F が定数の場合，式 (3.9) は

$$A\frac{d^2 K}{dx^2} - D\frac{dK}{dx} + FK = \lambda K$$

となるが，これは同次の定係数常微分方程式であるから $K \propto \exp(\alpha x)$ の形の解をもつ．実際，$K = \exp(ikx)$ $(-\infty < x < \infty)$ と選んだものが 3.3 節以降で述べる Fourier 変換，$K = \exp(-sx)$ $(0 \leq x < \infty)$ と選んだものが Laplace 変換，などとなっている． ◁

例 3.2 $A = 1, D = -1/x, F = k^2$ の場合，式 (3.9) は

$$\frac{d^2 K}{dx^2} + \frac{1}{x}\frac{dK}{dx} + \left(k^2 - \frac{1}{x^2}\right)K = \lambda K$$

となるが，これは Bessel 関数の満たす微分方程式を彷彿させるものである．

偏微分方程式を解くのにどの核を用いどの区間での積分変換が相応しいかは，方程式の型だけでなく，境界の幾何学的な形，範囲，そこで与えられる条件などに依存する．これらについては次節以降でさらに詳しく見ていく． ◁

これまで述べてきた積分変換は線形である．すなわち

$$\int_a^b cf(x)\,K(s,x)\,\mathrm{d}x = c\int_a^b f(x)\,K(s,x)\,\mathrm{d}x \tag{3.11}$$

$$\int_a^b [f_1(x)+f_2(x)]\,K(s,x)\,\mathrm{d}x = \int_a^b f_1(x)\,K(s,x)\,\mathrm{d}x + \int_a^b f_2(x)\,K(s,x)\,\mathrm{d}x \tag{3.12}$$

を満たす．ただし，c は定数である．線形演算子 $\mathcal{I}$ を用いて式 (3.1) を

$$\mathcal{I}\{f(x)\} = F(s) \tag{3.13}$$

と表すとき，その逆演算子 $\mathcal{I}^{-1}$ が存在し

$$f(x) = \mathcal{I}^{-1}\{F(s)\} \tag{3.14}$$

となることが期待される．しかし，この存在の証明は一般には容易ではないので，本書では実際の場面で必要に応じて注意するにとどめる．のちに見るように，もとの空間で問題を解くのが困難なときでも，積分変換を行うことにより，解が容易に求まることがある．たとえば，もとの空間では (常) 微分方程式であったものが，変換した空間では代数方程式になったり，もとの空間では偏微分方程式であったものが，変換した空間では常微分方程式になったりするといったことがその例

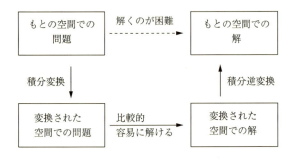

図 **3.1** 積分変換の利用

である．このような場合には，変換した空間で解を求め，その積分の逆変換を行えば，もとの空間での解が求まることになる (図 3.1 参照)．

3.2 有限積分変換

3.2.1 一　般　論

3.1 節で述べた積分変換のうち，有限な区間 $0 \leq x \leq L$ で考えた場合の境界条件と核の選び方について，簡単な例をもとに考えてみよう．

まず，$A=1, D=0, F=$ 定数, $a=0, b=L$ の場合には，式 (3.9) および付加条件 (3.10) はそれぞれ

$$\frac{\mathrm{d}^2 K}{\mathrm{d}x^2} + (F-\lambda)K = 0 \tag{3.15}$$

$$\left[K\frac{\partial u}{\partial x} - \frac{\mathrm{d}K}{\mathrm{d}x}u\right]_0^L = \text{既知関数} \tag{3.16}$$

となる．式 (3.15) を満たす核 K の候補として三角関数が考えられる．また，境界条件式 (3.16) のもっとも簡単な場合として右辺を 0 と選ぶと，それを満たすには K と u，あるいは $\mathrm{d}K/\mathrm{d}x$ と $\partial u/\partial x$ が $x=0, L$ で 0 になればよい．この条件は

$$K = \sin\left(\frac{n\pi x}{L}\right), \qquad x=0, L\text{ で }u=0 \tag{3.17}$$

あるいは

$$K = \cos\left(\frac{n\pi x}{L}\right), \qquad x=0, L\text{ で }\frac{\partial u}{\partial x}=0 \tag{3.18}$$

と選ぶことによって満たすことができる． ◁

例 3.3 1 次元の波動方程式

$$\frac{\partial^2 u}{\partial x^2} = \frac{1}{c^2}\frac{\partial^2 u}{\partial t^2} \tag{3.19}$$

を，境界条件

$$u(0,t) = u(L,t) = 0 \tag{3.20}$$

初期条件

$$u(x,0) = u_0(x) \qquad \frac{\partial u}{\partial t}(x,0) = v_0(x) \tag{3.21}$$

の下で解いてみよう．

境界条件から，有限区間 $[0, L]$ における次のような積分変換

$$\mathcal{L}\{u(x,t)\} = \int_0^L u(x,t) \sin\left(\frac{n\pi x}{L}\right) dx = U(n,t) \tag{3.22}$$

を考える．これから，

$$\mathcal{L}\left\{\frac{\partial^2}{\partial x^2} u(x,t)\right\} = -\left(\frac{n\pi}{L}\right)^2 U(n,t), \quad \mathcal{L}\left\{\frac{\partial^2}{\partial t^2} u(x,t)\right\} = \frac{d^2}{dt^2} U(n,t) \tag{3.23}$$

が得られるので，式 (3.19) の左右両辺に積分変換を施すと

$$\frac{1}{c^2} \frac{d^2}{dt^2} U = -\left(\frac{n\pi}{L}\right)^2 U \tag{3.24}$$

を得る．これより，

$$U(n,t) = A_n \cos\left(\frac{n\pi c t}{L}\right) + B_n \sin\left(\frac{n\pi c t}{L}\right) \tag{3.25}$$

を得る．条件を満たす積分核のすべてについて和をとり，

$$u(x,t) = \sum_{n=1}^{\infty} \left[A_n \cos\left(\frac{n\pi c t}{L}\right) + B_n \sin\left(\frac{n\pi c t}{L}\right) \right] \sin\left(\frac{n\pi x}{L}\right) \tag{3.26}$$

を得る．これは式 (2.160) と一致する．
　一般の有限積分変換についても前述の例を参考にして求めていけばよいが，有限積分変換は本質的には固有関数展開と同じものなので，詳細は省く． ◁

3.2.2 応　用　例

一辺の長さが a, b の長方形の膜の振動を考えてみよう．方程式および境界条件は

$$\frac{1}{c^2} \frac{\partial^2 u}{\partial t^2} = \frac{\partial^2 u}{\partial x^2} + \frac{\partial^2 u}{\partial y^2} \tag{3.27}$$

$$u(0,y,t) = u(a,y,t) = 0, \quad u(x,0,t) = u(x,b,t) = 0 \tag{3.28}$$

である．境界条件を考慮して

$$\mathcal{L}\{u(x,y,t)\} = \int_0^b \int_0^a u(x,y,t) \sin\left(\frac{m\pi x}{a}\right) \sin\left(\frac{n\pi y}{b}\right) dx\, dy$$
$$= U(m,n,t) \tag{3.29}$$

という積分変換を考える．この変換を方程式の両辺に施すと

$$\frac{1}{c^2}\frac{\mathrm{d}^2 U}{\mathrm{d}t^2} = -\left[\left(\frac{m\pi}{a}\right)^2 + \left(\frac{n\pi}{b}\right)^2\right]U \tag{3.30}$$

となる．これより

$$U(m,n,t) = A_{mn}\cos(\omega_{mn}t + \phi_{mn}), \quad \omega_{mn} = \pi c\sqrt{\left(\frac{m}{a}\right)^2 + \left(\frac{n}{b}\right)^2} \tag{3.31}$$

したがって，

$$u(x,y,t) = \sum_{m=1}^{\infty}\sum_{n=1}^{\infty} A_{mn}\sin\left(\frac{m\pi x}{a}\right)\sin\left(\frac{n\pi y}{b}\right)\cos(\omega_{mn}t + \phi_{mn}) \tag{3.32}$$

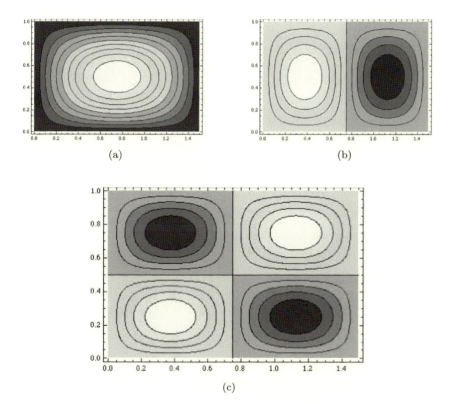

図 **3.2** 長方形の膜 ($a = 1.5, b = 1$) における固有モードの例．(a) $m = n = 1$, (b) $m = 2, n = 1$, (c) $m = n = 2$．

を得る．A_{mn} は振幅，ϕ_{mn} は初期位相を表す定数であり，初期条件として

$$u(x,y,0) = u_0(x,y), \qquad \frac{\partial}{\partial t}u(x,y,0) = v_0(x,y) \tag{3.33}$$

が与えられた場合に，これらは

$$A_{mn}\cos\phi_{mn} = \frac{4}{ab}\int_0^a\int_0^b u_0(x,y)\sin\left(\frac{m\pi x}{a}\right)\sin\left(\frac{n\pi y}{b}\right)\mathrm{d}x\,\mathrm{d}y \tag{3.34}$$

$$A_{mn}\sin\phi_{mn} = -\frac{4}{ab\omega_{mn}}\int_0^a\int_0^b v_0(x,y)\sin\left(\frac{m\pi x}{a}\right)\sin\left(\frac{n\pi y}{b}\right)\mathrm{d}x\,\mathrm{d}y \tag{3.35}$$

によって決定される．固有振動数は $\omega_{mn}/(2\pi)$ である．いくつかの固有モードの例を図3.2に示す． ◁

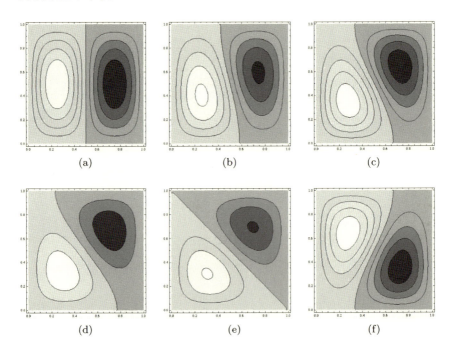

図 3.3 固有モードの縮退．正方形の膜 ($a=1, b=1$) においては同じ固有振動数を与える (m,n) の組，たとえば $m=2, n=1$ と $m=1, n=2$ のいずれのモードも共存が可能である．上の図は前者と後者の振幅の比を β [すなわち (2,1) モード$+\beta(1,2)$ モード] としたときの振動モードの例．(a) $\beta=0$, (b) $\beta=0.25$, (c) $\beta=0.5$, (d) $\beta=0.75$, (e) $\beta=1$, (f) $\beta=-0.5$ [$\beta<0$ の場合は，上の図の (c), (f) のように，中央の点のまわりに 180° 回転したものとなる]．

ところで，たとえば $a = b$ の場合には $m = 2, n = 1$ と $m = 1, n = 2$ のどちらも同じ固有振動数で振動するので，これらを重ね合わせた振動が可能である．一例を図 3.3 に示す．一般に，$(m/a)^2 + (n/b)^2$ が等しくなるような (m, n) の組では同じ振動数となるので，振動モードの異なる振動が共存できる．このような状態は，振動が**縮退**しているという．

3.3 無限積分変換

3.3.1 一般論

一般に

$$F(s) = \int_{-\infty}^{\infty} f(x) K(s, x) \, dx \tag{3.36}$$

のような積分を考えるとき，$F(s)$ は $f(x)$ の核 $K(s, x)$ を用いた無限積分変換とよばれる．よく利用される積分変換を以下に示す．

a. Fourier 変換およびその逆変換

$$\mathcal{F}\{u(x)\} \equiv \frac{1}{\sqrt{2\pi}} \int_{-\infty}^{\infty} u(x) e^{-ikx} dx = U(k) \tag{3.37}$$

$$u(x) = \frac{1}{\sqrt{2\pi}} \int_{-\infty}^{\infty} U(k) e^{ikx} dk = \mathcal{F}^{-1}\{U(k)\} \tag{3.38}$$

これを **Fourier** (フーリエ) **変換**とよぶ．ただし，$u(x)$ は $-\infty < x < \infty$ で区間的に連続，任意の有限区間において有界変動，かつ

$$\int_{-\infty}^{\infty} |u(x)| \, dx$$

が存在するものとした．また $u(x)$ の不連続点では，式 (3.38) の積分は $u(x)$ ではなく $(1/2)[u(x-0) + u(x+0)]$ を与える (以下同様)．式 (3.37), (3.38) は，**Fourier** (フーリエ) の積分公式

$$u(x) = \frac{1}{2\pi} \int_{-\infty}^{\infty} dk \int_{-\infty}^{\infty} u(\xi) e^{ik(x-\xi)} d\xi \tag{3.39}$$

を 2 段階に分けて表現したものである． ◁

なお，関数 $u(x)$ が偶関数の場合には Fourier 余弦変換，奇関数の場合には Fourier 正弦変換が使われることもある．すなわち，関数 $u(x)$ が偶関数の場合には $u(-x) = u(x)$ であるから

$$\frac{1}{\sqrt{2\pi}} \int_{-\infty}^{\infty} u(x) \mathrm{e}^{-\mathrm{i}kx} \mathrm{d}x = \frac{1}{\sqrt{2\pi}} \left(\int_{-\infty}^{0} u(x) \mathrm{e}^{-\mathrm{i}kx} \mathrm{d}x + \int_{0}^{\infty} u(x) \mathrm{e}^{-\mathrm{i}kx} \mathrm{d}x \right)$$

$$= \frac{1}{\sqrt{2\pi}} \int_{0}^{\infty} u(x) (\mathrm{e}^{\mathrm{i}kx} + \mathrm{e}^{-\mathrm{i}kx}) \mathrm{d}x$$

$$= \sqrt{\frac{2}{\pi}} \int_{0}^{\infty} u(x) \cos(kx) \mathrm{d}x$$

となる．これを $U_c(k)$ と表すと

$$U_c(k) = \sqrt{\frac{2}{\pi}} \int_{0}^{\infty} u(x) \cos(kx) \mathrm{d}x \equiv \mathcal{F}_c\{u(x)\} \tag{3.40}$$

となる．これを **Fourier** (フーリエ) **余弦変換**とよぶ．また，この逆変換は

$$u(x) = \sqrt{\frac{2}{\pi}} \int_{0}^{\infty} U_c(k) \cos(kx) \mathrm{d}k \tag{3.41}$$

である．同様にして，関数 $u(x)$ が奇関数の場合には $u(-x) = -u(x)$ であるから

$$U_s(k) \equiv \sqrt{\frac{2}{\pi}} \int_{0}^{\infty} u(x) \sin(kx) \mathrm{d}x \equiv \mathcal{F}_s\{u(x)\} \tag{3.42}$$

が定義される．ただし，i は $U_s(k)$ に含めてある．これを **Fourier** (フーリエ) **正弦変換**とよぶ．また，この逆変換は

$$u(x) = \sqrt{\frac{2}{\pi}} \int_{0}^{\infty} U_s(k) \sin(kx) \mathrm{d}k \tag{3.43}$$

である．三角関数を用いた場合の **Fourier** の**積分公式**は

$$u(x) = \frac{1}{\pi} \int_{0}^{\infty} \mathrm{d}k \int_{-\infty}^{\infty} u(\xi) \cos[k(x-\xi)] \mathrm{d}\xi \tag{3.44}$$

である．

b. Laplace 変換およびその逆変換

$$\mathcal{L}\{u(t)\} \equiv \int_{0}^{\infty} u(t) \mathrm{e}^{-st} \mathrm{d}t = U(s) \tag{3.45}$$

$$u(t) = \frac{1}{2\pi \mathrm{i}} \int_{\gamma-\mathrm{i}\infty}^{\gamma+\mathrm{i}\infty} U(s) \mathrm{e}^{st} \mathrm{d}s = \mathcal{L}^{-1}\{U(s)\} \tag{3.46}$$

これを **Laplace** (ラプラス) 変換とよぶ．この変換が適用できるためには，関数 u が $t>0$ で区分的に連続，任意の有限区間内で有界変動，かつ $t\to\infty$ のとき $u(t)\,e^{-at}$ が有界であるような a が存在すればよい．このとき，逆変換の公式では $\gamma>a$ と選ぶ．なお，逆変換式 (3.46) における複素積分は **Bromwich** (ブロムウィッチ) 積分とよばれる [式 (3.139) を参照]．これらも Laplace–Mellin の積分公式

$$u(t)=\frac{1}{2\pi\mathrm{i}}\int_{\gamma-\mathrm{i}\infty}^{\gamma+\mathrm{i}\infty} e^{st}\,\mathrm{d}s\int_0^\infty u(\tau)\,e^{-s\tau}\mathrm{d}\tau \tag{3.47}$$

を 2 段階に分けて表現したものである．

c. Mellin 変換およびその逆変換

$$\mathcal{M}\{u(x)\}\equiv\int_0^\infty u(x)x^{s-1}\mathrm{d}x=U(s) \tag{3.48}$$

$$u(x)=\frac{1}{2\pi\mathrm{i}}\int_{\gamma-\mathrm{i}\infty}^{\gamma+\mathrm{i}\infty} U(s)\,x^{-s}\mathrm{d}s=\mathcal{M}^{-1}\{U(s)\} \tag{3.49}$$

これを **Mellin** (メリン) 変換とよぶ．これらも Mellin (メリン) の積分公式

$$u(x)=\frac{1}{2\pi\mathrm{i}}\int_{\gamma-\mathrm{i}\infty}^{\gamma+\mathrm{i}\infty} x^{-s}\mathrm{d}s\int_0^\infty u(\xi)\xi^{s-1}\mathrm{d}\xi \tag{3.50}$$

を 2 段階に分けて表現したものである．ただし $0<\gamma<1$．

d. Hankel 変換およびその逆変換

$$\mathcal{H}\{u(x)\}\equiv\int_0^\infty u(x)\,x\,J_n(\xi x)\,\mathrm{d}x=U(\xi) \tag{3.51}$$

$$u(x)=\int_0^\infty U(\xi)\,\xi\,J_n(x\xi)\,\mathrm{d}\xi=\mathcal{H}^{-1}\{U(\xi)\} \tag{3.52}$$

これを **Hankel** (ハンケル) 変換とよぶ．ここで，$J_n(x)$ は第 1 種 n 次の Bessel 関数である．これらも **Fourier–Bessel** (フーリエ–ベッセル) の積分公式

$$u(x)=\int_0^\infty J_n(\xi x)\,\xi\,\mathrm{d}\xi\int_0^\infty u(\eta)\,\eta\,J_n(\xi\eta)\,\mathrm{d}\eta \tag{3.53}$$

を 2 段階に分けて表現したものである．

これらの積分変換はいずれも線形である．以下では，その一つひとつについてさらに詳しく見ていく．どの変換を使うのが適当かは，対象とする現象や境界の形などによる．大雑把にいえば，無限領域中の平面上あるいは直線上で境界条件が与えられたり，時間的に無限に続いたりする問題は Fourier 変換，半無限領域の境界で条件が与えられた境界値問題や初期値問題は Laplace 変換，無限に続くくさび型境界で条件が与えられた境界値問題などは Mellin 変換，円や円筒面で条件が与えられた境界値問題などは Hankel 変換，などが使われることが多い．

3.3.2 Fourier 変換とその応用

前に扱った 1 次元の波の問題では，波動方程式

$$\frac{\partial^2 u}{\partial t^2} = c^2 \frac{\partial^2 u}{\partial x^2} \tag{3.54}$$

の解を考えた．x 方向に変化する波数 k の波は $\sin(kx)$, $\cos(kx)$, $\exp(\pm ikx)$ などによって表されるので，波数ごとにその振幅を決めて重ね合わせれば任意の波が表現できる．領域が無限遠まで広がっている場合には，k は連続量となる．個々の波の振幅は時間的にも変化するので，波の強さ (重み) を $U(k,t)$ として重ね合わせると

$$u(x,t) \propto \int_{-\infty}^{\infty} U(k,t) \left\{ \begin{array}{c} \sin(kx) \\ \cos(kx) \\ e^{\pm ikx} \end{array} \right\} dk$$

を得る．これは，比例係数を除けば，前述の Fourier 変換に他ならない．Fourier 変換は工学教程「フーリエ・ラプラス解析」で詳しく取り上げられるので，ここでは簡単にふれる．

a. 簡 単 な 例

(i) Fourier (フーリエ) 余弦変換

式 (3.40) を用いた簡単な計算例を示す．

(1) 指数関数

$$\mathcal{F}_c\{e^{-ax}\} \equiv \sqrt{\frac{2}{\pi}} \int_0^{\infty} e^{-ax} \cos(kx)\, dx = \sqrt{\frac{2}{\pi}} \frac{a}{k^2 + a^2} \qquad (a > 0)$$

(2) Gauss 型の関数

$$\mathcal{F}_c\{e^{-ax^2}\} = \frac{1}{\sqrt{2a}}\exp\left(-\frac{k^2}{4a}\right) \qquad (a>0)$$

とくに

$$\mathcal{F}_c\left\{\exp\left(-\frac{x^2}{2}\right)\right\} = \exp\left(-\frac{k^2}{2}\right)$$

(3) x のべき

$$\mathcal{F}_c\{x^{a-1}\} = \sqrt{\frac{2}{\pi}}\,\Gamma(a)\cos\left(\frac{\pi a}{2}\right)k^{-a} \qquad (0<a<1)$$

ここで $\Gamma(x)$ はガンマ関数である (付録 A.1.1 項参照).

この関係を得るには $z^{a-1}\exp(-kz)$ の複素積分を行えばよい. ただし, 積分経路としては $z=0$ が分岐点であることを考慮し, この点のまわりの半径 ϵ の無限小円弧 (第 1 象限にある 1/4 円弧) C_ϵ, x 軸上の $\epsilon \leq x \leq R$ $(R \gg 1)$ の線分 C_1, 半径 R の円弧 $z = Re^{i\theta}$ で $0 \leq \theta \leq \pi/2$ の部分 C_R, および, 虚軸上で $z = ir$, $R \geq r \geq \epsilon$ の部分 C_2 をつないで閉曲線としたものを用いる. このとき, 閉曲線の内部には特異点はないので

$$\int_C z^{a-1}e^{-kz}\,\mathrm{d}z = 0$$

である. 他方, C_ϵ と C_R に沿った積分は, それぞれ $\epsilon \to 0$, $R \to \infty$ で消えるので, 積分路 C_1, C_2 からの寄与を計算し

$$\int_0^\infty x^{a-1}e^{-kx}\,\mathrm{d}x - \exp\left(\frac{\pi}{2}ia\right)\int_0^\infty r^{a-1}e^{-ikr}\,\mathrm{d}r = 0$$

これより

$$\int_0^\infty r^{a-1}e^{-ikr}\,\mathrm{d}r = \exp\left(-\frac{\pi}{2}ia\right)k^{-a}\Gamma(a)$$

を得る. 同様にして,

$$\int_0^\infty r^{a-1}e^{ikr}\,\mathrm{d}r = \exp\left(\frac{\pi}{2}ia\right)k^{-a}\Gamma(a)$$

となるので, これらを加え

$$\int_0^\infty x^{a-1}\cos(kx)\,\mathrm{d}x = k^{-a}\Gamma(a)\cos\left(\frac{\pi a}{2}\right)$$

が導かれる. なお, ここでは x^{a-1} の Fourier 余弦変換の例として示したが, 後述の 3.3.4 項では $\cos(kx)$ の Mellin 変換の例ともなっている.

(4) 階段関数

$$f(x) = \begin{cases} 1 & (0 \leq x < a) \\ 0 & (x > a) \end{cases}$$

で定義された関数 $f(x)$ では

$$\mathcal{F}_c\{f(x)\} = \sqrt{\frac{2}{\pi}} \int_0^a \cos(kx)\,\mathrm{d}x = \sqrt{\frac{2}{\pi}} \frac{\sin(ka)}{k}$$

(5) Bessel 関数 J_0 (第 1 種 0 次)

$$\mathcal{F}_c\{J_0(ax)\} = \sqrt{\frac{2}{\pi}} \frac{1}{\sqrt{a^2-k^2}}\, \mathbf{1}(a-k) \qquad (a > k > 0)$$

なお，$\mathcal{F}_c\{J_0(x)\}$ の計算は，Hankel 変換の 3.3.5 項 **a** の式 (3.183) に示した．

(6) 前述の例 (5) を部分積分すると，$0 < k < a$ のとき

$$\mathcal{F}_s\{J_1(ax)\} = \sqrt{\frac{2}{\pi}} \int_0^\infty J_1(ax)\sin(kx)\,\mathrm{d}x = \sqrt{\frac{2}{\pi}} \frac{k/a}{\sqrt{a^2-k^2}}$$

が得られる [式 (A.29) も参照]．これは，次に述べる Fourier 正弦変換の一例でもある．

(ii) Fourier(フーリエ) 正弦変換

式 (3.42) を用いた簡単な計算例を示す．

(1) 指数関数

$$\mathcal{F}_s\{\mathrm{e}^{-ax}\} \equiv \sqrt{\frac{2}{\pi}} \int_0^\infty \mathrm{e}^{-ax}\sin(kx)\,\mathrm{d}x = \sqrt{\frac{2}{\pi}} \frac{k}{k^2+a^2} \qquad (a > 0)$$

(2)

$$\mathcal{F}_s\{x\mathrm{e}^{-ax^2}\} = \frac{k}{(2a)^{3/2}} \exp\left(-\frac{k^2}{4a}\right) \qquad (a > 0)$$

とくに

$$\mathcal{F}_s\left\{x\exp\left(-\frac{x^2}{2}\right)\right\} = k\exp\left(-\frac{k^2}{2}\right)$$

(3) Bessel 関数 J_0

$$\mathcal{F}_s\{J_0(ax)\} = \sqrt{\frac{2}{\pi}} \frac{1}{\sqrt{k^2-a^2}}\, \mathbf{1}(k-a) \qquad (a > 0)$$

なお，$\mathcal{F}_s\{J_0(x)\}$ の計算は，Hankel 変換の 3.3.5 項 **a** の式 (3.184) に示した．

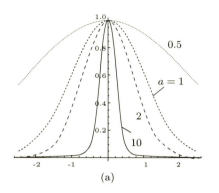
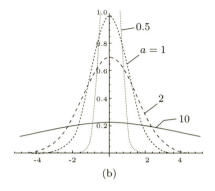

図 **3.4** (a) $\exp(-ax^2)$ の Fourier 変換と (b) 逆変換: $a = 0.54$ (細点線), $a = 1$ (点線), $a = 2$ (破線), $a = 10$ (実線).

以下は Fourier 変換 (3.37) による計算例である．

(iii) 2.4.4 項の式 (2.204), (2.211) に登場した計算は，

$$\mathcal{F}\left\{\frac{a}{x^2 + a^2}\right\} = \sqrt{\frac{\pi}{2}} e^{-a|k|} \qquad (a > 0)$$

となっていた．ただし，式全体を定数倍して書き直してある．

(iv) Gauss 型関数

$$\mathcal{F}\{e^{-ax^2}\} = \frac{1}{\sqrt{2a}} \exp\left(-\frac{k^2}{4a}\right)$$

これは偶関数に対する変換なので，Fourier 余弦変換の結果と同じである．Fourier 変換前の関数と変換後の関数の様子を図 3.4 に示す．Fourier 変換の性格を反映しており，指数関数の裾野の広い曲線が，他方では裾野が狭くて急峻な曲線に対応している．

(v) すでに登場した Fourier 変換の例としてデルタ関数がある．これは式 (2.176)

$$\delta(x) = \frac{1}{2\pi} \int_{-\infty}^{\infty} e^{ikx} dk$$

で与えられており，図 2.9d に示した関数の $n \to \infty$ での極限に対応していた．逆に，デルタ関数の Fourier 変換は

$$\mathcal{F}\{\delta(x)\} = \frac{1}{\sqrt{2\pi}} \int_{-\infty}^{\infty} \delta(x) e^{-ikx} dx = \frac{1}{\sqrt{2\pi}}$$

となる．すなわち，$\delta(x)$ と $1/\sqrt{2\pi}$ は互いに Fourier 変換の関係にある．

(vi) デルタ関数を定義した図 2.9a の表現を使うと，

$$f(x) = \begin{cases} n & (|x| < 1/2n) \\ 0 & (|x| > 1/2n) \end{cases}$$

であるから，

$$\mathcal{F}\{f(x)\} = \frac{1}{\sqrt{2\pi}} \int_{-1/2n}^{1/2n} n e^{-ikx} \, dx = \frac{1}{\sqrt{2\pi}} \frac{2n}{k} \sin\left(\frac{k}{2n}\right)$$

となる．ここで $n \to \infty$ とした極限は $1/\sqrt{2\pi}$ となって，デルタ関数の Fourier 変換と一致する．

(vii) デルタ関数の他の表現として関数列 $\delta_n(x) = n/\sqrt{\pi} \exp(-n^2 x^2)$ で $n \to \infty$ という定義があった．これは，図 2.9b の表現に対応する．この $\delta_n(x)$ の Fourier 変換は

$$\mathcal{F}\{\delta_n(x)\} = \frac{n}{\sqrt{2}\,\pi} \int_{-\infty}^{\infty} \exp(-n^2 x^2 - ikx) \, dx = \frac{1}{\sqrt{2\pi}} \exp\left(-\frac{k^2}{4n^2}\right)$$

であり，$n \to \infty$ では $1/\sqrt{2\pi}$ となって，デルタ関数の Fourier 変換と一致する．

(viii) デルタ関数の表現として，図 2.9c で与えたものは関数列 $\delta_n(x) = n/\pi(1+n^2 x^2)$ で $n \to \infty$ とした極限であった．この $\delta_n(x)$ の Fourier 変換は

$$\mathcal{F}\{\delta_n(x)\} = \frac{1}{\sqrt{2\pi}} \int_{-\infty}^{\infty} \frac{n}{\pi} \frac{1}{1+n^2 x^2} \exp(-ikx) \, dx = \frac{1}{\sqrt{2\pi}} \exp\left(-\frac{|k|}{n}\right)$$

であり，$n \to \infty$ とした極限は $1/\sqrt{2\pi}$ となって，デルタ関数の Fourier 変換と一致する．

(ix) 次のように定義された関数

$$f(x) = \begin{cases} \sqrt{\dfrac{2}{\pi}} \dfrac{1}{\sqrt{a^2 - x^2}} & (|x| < a) \\ 0 & (|x| > a) \end{cases}$$

の場合には

$$\mathcal{F}\{f(x)\} = J_0(ka)$$

となる．これは Fourier 余弦変換の (i) の例 (5) と同じ内容を表している．この積分を実行するにあたっては，$x = a \sin\theta$ と変数変換し

$$\mathcal{F}\{f(x)\} = \frac{1}{\pi}\int_{-a}^{a} \frac{1}{\sqrt{a^2-x^2}}\,\mathrm{e}^{-\mathrm{i}kx}\,\mathrm{d}x$$
$$= \frac{1}{\pi}\int_{-\pi/2}^{\pi/2} \mathrm{e}^{-\mathrm{i}ka\sin\theta}\,\mathrm{d}\theta = \frac{1}{2\pi}\int_{-\pi}^{\pi} \mathrm{e}^{-\mathrm{i}ka\sin\theta}\,\mathrm{d}\theta$$

と書き直した上で，Bessel 関数の積分表示式 (A.25) を用いてもよい．

b. 一般的な変換規則

与えられた関数 $f(x)$ の Fourier 変換を $F(k) \equiv \mathcal{F}\{f(x)\}$ と表すとき

(i) 定数倍
$$\mathcal{F}\{f(ax)\} = \frac{1}{\sqrt{2\pi}}\int_{-\infty}^{\infty} f(ax)\,\mathrm{e}^{-\mathrm{i}kx}\mathrm{d}x = \frac{1}{a}F\left(\frac{k}{a}\right) \tag{3.55}$$

(ii) 平行移動
$$\mathcal{F}\{f(x-a)\} = \frac{1}{\sqrt{2\pi}}\int_{-\infty}^{\infty} f(x-a)\,\mathrm{e}^{-\mathrm{i}kx}\mathrm{d}x = \mathrm{e}^{-\mathrm{i}ka}F(k) \tag{3.56}$$

(iii) 指数関数倍
$$\mathcal{F}\{\mathrm{e}^{\mathrm{i}ax}f(x)\} = \frac{1}{\sqrt{2\pi}}\int_{-\infty}^{\infty} f(x)\,\mathrm{e}^{-\mathrm{i}(k-a)x}\mathrm{d}x = F(k-a) \tag{3.57}$$

この応用として
$$\mathcal{F}\{\cos(ax)\,f(x)\} = \mathcal{F}\left\{\frac{\mathrm{e}^{\mathrm{i}ax}+\mathrm{e}^{-\mathrm{i}ax}}{2}f(x)\right\} = \frac{1}{2}[F(k-a)+F(k+a)]$$
$$\mathcal{F}\{\sin(ax)\,f(x)\} = \mathcal{F}\left\{\frac{\mathrm{e}^{\mathrm{i}ax}-\mathrm{e}^{-\mathrm{i}ax}}{2\mathrm{i}}f(x)\right\} = \frac{1}{2\mathrm{i}}[F(k-a)-F(k+a)]$$

(iv) x^n 倍

Fourier 変換の定義式
$$\mathcal{F}\{f(x)\} = \frac{1}{\sqrt{2\pi}}\int_{-\infty}^{\infty} f(x)\,\mathrm{e}^{-\mathrm{i}kx}\mathrm{d}x = F(k)$$

の辺々を k で次々に微分していくと
$$\frac{1}{\sqrt{2\pi}}\int_{-\infty}^{\infty} (-\mathrm{i}x)f(x)\,\mathrm{e}^{-\mathrm{i}kx}\mathrm{d}x = F'(k)$$

一般に
$$\frac{1}{\sqrt{2\pi}}\int_{-\infty}^{\infty} (-\mathrm{i}x)^n f(x)\,\mathrm{e}^{-\mathrm{i}kx}\mathrm{d}x = F^{(n)}(k)$$

これから
$$\mathcal{F}\{xf(x)\} = \mathrm{i}F'(k), \qquad \mathcal{F}\{x^n f(x)\} = \mathrm{i}^n F^{(n)}(k) \tag{3.58}$$

(v) 微分
$$\begin{aligned}\mathcal{F}\left\{\frac{\mathrm{d}f}{\mathrm{d}x}\right\} &= \frac{1}{\sqrt{2\pi}}\int_{-\infty}^{\infty}\frac{\mathrm{d}f}{\mathrm{d}x}\mathrm{e}^{-\mathrm{i}kx}\mathrm{d}x \\ &= \frac{1}{\sqrt{2\pi}}\left(\left[f\mathrm{e}^{-\mathrm{i}kx}\right]_{-\infty}^{\infty} + \mathrm{i}k\int_{-\infty}^{\infty}f(x)\,\mathrm{e}^{-\mathrm{i}kx}\,\mathrm{d}x\right) = \mathrm{i}kF(k)\end{aligned} \tag{3.59}$$

同様にして
$$\mathcal{F}\left\{\frac{\mathrm{d}^n f}{\mathrm{d}x^n}\right\} = (\mathrm{i}k)^n F(k) \tag{3.60}$$

ただし，$x \to \pm\infty$ で $f, f', f'', \cdots \to 0$ と仮定した．

(vi) Parseval の関係
$$\begin{aligned}\int_{-\infty}^{\infty}F(k)\,G(k)\,\mathrm{d}k &= \int_{-\infty}^{\infty}G(k)\,\mathrm{d}k\frac{1}{\sqrt{2\pi}}\int_{-\infty}^{\infty}f(x)\,\mathrm{e}^{-\mathrm{i}kx}\mathrm{d}x \\ &= \int_{-\infty}^{\infty}f(x)\,\mathrm{d}x\frac{1}{\sqrt{2\pi}}\int_{-\infty}^{\infty}G(k)\,\mathrm{e}^{-\mathrm{i}kx}\,\mathrm{d}k \\ &= \int_{-\infty}^{\infty}f(x)g(-x)\,\mathrm{d}x\end{aligned} \tag{3.61}$$

あるいは，等価な表現として
$$\int_{-\infty}^{\infty}F(k)\,\bar{G}(k)\,\mathrm{d}k = \int_{-\infty}^{\infty}f(x)\,\bar{g}(x)\,\mathrm{d}x \tag{3.62}$$

が得られる．ここで，上付バーは複素共役を示す．また，とくに $f=g$ の場合には
$$\int_{-\infty}^{\infty}|F(k)|^2\,\mathrm{d}k = \int_{-\infty}^{\infty}|f(x)|^2\,\mathrm{d}x \tag{3.63}$$

となる．この式は Fourier 級数における Parseval の関係[*1]に対応するものである．

(vii) たたみこみ

Fourier 変換でしばしば有用な演算である**たたみこみ (合成積)** についてふれておこう．Fourier 変換で用いる「たたみこみ」は
$$f*g = \int_{-\infty}^{\infty}f(u)g(x-u)\,\mathrm{d}u \quad \text{あるいは} \quad \int_{-\infty}^{\infty}f(x-u)\,g(u)\,\mathrm{d}u \tag{3.64}$$

[*1] Fourier 級数での Parseval の関係は
$$\frac{1}{\pi}\int_0^{2\pi}\{f(x)\}^2\,\mathrm{d}x = \frac{1}{2}{a_0}^2 + \sum_{n=1}^{\infty}({a_n}^2 + {b_n}^2)$$

で定義される (f と g の対称性は，変数変換により容易に確かめられる). なお，後述の Laplace 変換における「たたみこみ」とは積分区間に違いがあるので注意が必要である. $f(x), g(x)$ のそれぞれの Fourier 変換 $\mathcal{F}\{f(x)\} = F(k), \mathcal{F}\{g(x)\} = G(k)$ に対して

$$\mathcal{F}\{f * g\} = \sqrt{2\pi} F(k) G(k), \qquad \mathcal{F}^{-1}\{F(k) G(k)\} = \frac{1}{\sqrt{2\pi}} f * g \qquad (3.65)$$

が成り立つ．これは，式 (3.65) の第 1 式の左辺を計算し

$$\begin{aligned}
\mathcal{F}\{f * g\} &= \frac{1}{\sqrt{2\pi}} \int_{-\infty}^{\infty} \left(\int_{-\infty}^{\infty} f(u) g(x-u) \, du \right) e^{-ikx} \, dx \\
&= \frac{1}{\sqrt{2\pi}} \int_{-\infty}^{\infty} f(u) e^{-iku} \left(\int_{-\infty}^{\infty} g(x-u) e^{-ik(x-u)} \, dx \right) du \\
&= \left(\frac{1}{\sqrt{2\pi}} \int_{-\infty}^{\infty} f(u) e^{-iku} \, du \right) \left(\frac{1}{\sqrt{2\pi}} \int_{-\infty}^{\infty} g(v) e^{-ikv} \, dv \right) \times \sqrt{2\pi} \\
&= \sqrt{2\pi} F(k) G(k)
\end{aligned}$$

などとして確かめられる[*2].

例 3.4 たたみこみを利用した例として

$$\left(-\frac{d^2}{dx^2} + \alpha^2 \right) \psi = f(x) \qquad (3.66)$$

を解いてみよう．ただし $\alpha > 0$ としておく．上式の両辺を Fourier 変換し，$\mathcal{F}\{\psi(x)\} = \Psi(k), \mathcal{F}\{f(x)\} = F(k)$ と表すと

$$(k^2 + \alpha^2) \Psi(k) = F(k) \qquad (3.67)$$

を得る．これから，Fourier 変換された空間での解はただちに

$$\Psi(k) = \frac{F(k)}{k^2 + \alpha^2} \qquad (3.68)$$

[*2] たたみこみを一般化すると

$$\mathcal{F}\left\{ \int_{-\infty}^{\infty} f_n(u_n) \, du_n \int_{-\infty}^{\infty} f_{n-1}(u_{n-1}) \, du_{n-1} \cdots \int_{-\infty}^{\infty} f_1(u_1) g(x - u_1 - \cdots - u_n) \, du_1 \right\}$$
$$\equiv \mathcal{F}\{f_1 * f_2 * \cdots * f_n * g\} = (2\pi)^{n/2} F_1(k) F_2(k) \cdots F_n(k) G(k)$$

となる．

と求められる．これを，もとの空間にもどすために Fourier 逆変換をすればよいが，このとき

$$\frac{1}{k^2+\alpha^2} = \mathcal{F}\left\{\frac{1}{\alpha}\sqrt{\frac{\pi}{2}}\exp(-\alpha|x|)\right\} \equiv G(k) \tag{3.69}$$

であることに着目し，たたみこみを利用すると

$$\psi(x) = \frac{1}{\sqrt{2\pi}}\int_{-\infty}^{\infty} F(k)\,G(k)\,\mathrm{e}^{\mathrm{i}kx}\,\mathrm{d}k = \frac{1}{2\alpha}\int_{-\infty}^{\infty} f(u)\exp(-\alpha|x-u|)\,\mathrm{d}u \tag{3.70}$$

が得られる．じつは，$\exp(-\alpha|x-u|)/2\alpha$ は方程式 (3.66) の Green 関数になっていた [表 2.2(c) の 1 次元の Green 関数を参照]． ◁

c. 応　用　例

例 3.5 2 次元の Laplace 方程式

$$\frac{\partial^2 T}{\partial x^2} + \frac{\partial^2 T}{\partial y^2} = 0 \tag{3.71}$$

を境界条件

$$T(x,0) = f(x), \quad T(x,b) = 0 \quad (0 < x < \infty); \quad T(0,y) = 0 \quad (0 < y < b) \tag{3.72}$$

のもとで解こう．これは，半無限の帯状領域で 1 つの境界に沿って温度分布を与え，残りの境界の温度を 0 に保ったときの定常的な温度分布を求める問題である（図 3.5a を参照）．

Fourier 正弦変換

$$\mathcal{F}_s\{T(x,y)\} \equiv \sqrt{\frac{2}{\pi}}\int_0^\infty T(x,y)\sin(\xi x)\,\mathrm{d}x = \Phi(\xi,y)$$

を施すと，式 (3.71) は

$$\frac{\mathrm{d}^2\Phi}{\mathrm{d}y^2} = \xi^2\Phi \tag{3.73}$$

となるので，解は

$$\Phi = A(\xi)\cosh(\xi y) + B(\xi)\sinh(\xi y)$$

となる．ただし，$x \to \infty$ で $\partial T/\partial x, T \to 0$ と仮定した．$y=0, b$ での境界条件を使うと

$$A(\xi) = \sqrt{\frac{2}{\pi}}\int_0^\infty f(x)\sin(\xi x)\,\mathrm{d}x = \mathcal{F}_s\{f(x)\}$$

$$A(\xi)\cosh(\xi b) + B(\xi)\sinh(\xi b) = 0$$

となるので，これより A, B が決定され，$\varPhi$ は

$$\varPhi(\xi, y) = \frac{\sinh[\xi(b-y)]}{\sinh(\xi b)} A(\xi) \tag{3.74}$$

となる．そこで，これに Fourier 正弦変換の逆変換を実行すれば $T(x,y)$ が得られる．

$$\begin{aligned}
T(x, y) &= \sqrt{\frac{2}{\pi}} \int_0^\infty \frac{\sinh[\xi(b-y)]}{\sinh(\xi b)} A(\xi) \sin(\xi x)\,\mathrm{d}\xi \\
&= \frac{2}{\pi} \int_0^\infty \mathrm{d}\xi \frac{\sinh[\xi(b-y)]}{\sinh(\xi b)} \sin(\xi x) \int_0^\infty f(x') \sin(\xi x')\,\mathrm{d}x' \\
&= \int_0^\infty f(x')\,\mathrm{d}x' \frac{2}{\pi} \int_0^\infty \mathrm{d}\xi \frac{\sinh[\xi(b-y)]}{\sinh(\xi b)} \sin(\xi x) \sin(\xi x') \\
&= \int_0^\infty f(x')\,I(x, y, x')\,\mathrm{d}x' \tag{3.75}
\end{aligned}$$

ただし

$$I(x, y, x') = \frac{2}{\pi} \int_0^\infty \mathrm{d}\xi \frac{\sinh[\xi(b-y)]}{\sinh(\xi b)} \sin(\xi x)\,\sin(\xi x') \tag{3.76}$$

とおいた．

積分 I を複素積分を利用して実行してみよう．まず，被積分関数が ξ の偶関数であることから積分区間を $(-\infty, \infty)$ に拡張し，また，

$$\sin(\xi x)\sin(\xi x') = \frac{1}{2}\{\cos[\xi(x-x')] - \cos[\xi(x+x')]\} = \frac{1}{2}\mathrm{Re}\,[\mathrm{e}^{\mathrm{i}\xi(x-x')} - \mathrm{e}^{\mathrm{i}\xi(x+x')}]$$

に着目して，

$$J = \int_C \frac{\sinh(cz)}{\sinh(bz)} \mathrm{e}^{\mathrm{i}az}\,\mathrm{d}z$$

のような複素積分を考える．ただし，$z = \sigma + \mathrm{i}\tau$, $c = b - y$, $a = x \mp x'$ で，積分経路は図 3.5b に示した $C = C_1 + C_2$ である．経路 C_1 上では，$z = \sigma$, $-R \leq \sigma \leq R$ であるから，この経路での積分 J_1 は

$$J_1 = \int_{-R}^R \frac{\sinh(c\sigma)}{\sinh(b\sigma)} \mathrm{e}^{\mathrm{i}a\sigma}\,\mathrm{d}\sigma$$

であるが，この実部をとり，$R \to \infty$ とすれば $2\pi I$ の前半の積分を与える（ここで，$z = 0$ は特異点ではないことに注意）．経路 C_2 上では，$z = R\exp(\mathrm{i}\theta)$, $0 \leq \theta \leq \pi$ であるが，Jordan の補助定理（工学教程「複素関数論 I」参照）により，この経路

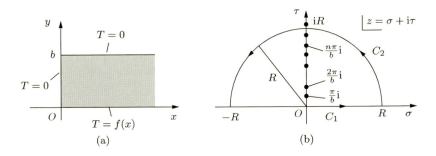

図 3.5 半無限の帯状領域での定常温度分布

上の積分の寄与は $J_2 = 0$ である．他方，閉曲線 C 内にある特異点は $z = n\pi i/b$ ($n = 1, 2, 3, \cdots$) で 1 位の極である．留数定理により $z \equiv z_1 ni = (\pi/b)ni$ (ここで $z_1 = \pi/b$ とおいた) からの寄与は

$$2\pi i \operatorname{Res}(z_1 ni) = 2\pi i \frac{\sinh(z_1 nci)}{b \cosh(z_1 nbi)} e^{-z_1 na}$$
$$= \frac{(-1)^n \pi i}{b}[e^{-z_1 n(a-ci)} - e^{-z_1 n(a+ci)}]$$

であるから，$R \to \infty$ として留数の和をとると

$$\sum_{n=1}^{\infty} 2\pi i \operatorname{Res}(z_1 ni) = -\frac{\pi i}{b}\left(\frac{e^{-z_1(a-ci)}}{1+e^{-z_1(a-ci)}} - \frac{e^{-z_1(a+ci)}}{1+e^{-z_1(a+ci)}}\right)$$
$$= \frac{\pi}{b}\frac{\sin\left(\frac{\pi c}{b}\right)}{\cosh\left(\frac{\pi a}{b}\right) + \cos\left(\frac{\pi c}{b}\right)}$$

これより

$$I = \frac{\sin\left(\frac{\pi y}{b}\right)}{2b}\left(\frac{1}{\cosh\left(\frac{\pi(x-x')}{b}\right) + \cos\left(\frac{\pi(b-y)}{b}\right)}\right.$$
$$\left. - \frac{1}{\cosh\left(\frac{\pi(x+x')}{b}\right) + \cos\left(\frac{\pi(b-y)}{b}\right)}\right) \tag{3.77}$$

を得る．この問題は 2.5.1 項の **b** で取り上げた，長方形領域 ($0 \leq x \leq a, 0 \leq y \leq b$) での Laplace 方程式の Dirichlet 問題において，$a \to \infty$ とした場合に相当する．こ

のことは，式 (2.258) の
$$\sum_{n=1}^{\infty} \frac{2}{a} \sin\left(\frac{n\pi x}{a}\right) \cdots$$
において
$$\frac{n\pi}{a} = \eta, \quad \frac{\pi}{a} = \Delta\eta, \quad \cdots$$
とおき
$$\frac{2}{\pi} \sum_{n=1}^{\infty} \Delta\eta \sin(\eta x) \to \frac{2}{\pi} \int_0^{\infty} \sin(\eta x) \cdots \mathrm{d}\eta$$
の極限移行をすれば，式 (3.76) に一致することからも確かめられる． ◁

例 3.6 1 次元の波動方程式
$$\frac{\partial^2 u}{\partial t^2} = c^2 \frac{\partial^2 u}{\partial x^2} \tag{3.78}$$
を初期条件 ($t = 0$)
$$u(x, 0) = f(x), \qquad \frac{\partial}{\partial t} u(x, 0) = g(x) \tag{3.79}$$
のもとで解こう．この問題は 2.5.2 項でも扱ったが，ここでは Fourier 変換を用いて解いていく．もとの偏微分方程式の空間部分に対して Fourier 変換を行い，時間部分についての常微分方程式に帰着させて解く方法は Stokes の方法ともよばれている．まず方程式 (3.78) の両辺に Fourier 変換
$$U(k, t) = \frac{1}{\sqrt{2\pi}} \int_{-\infty}^{\infty} u(x, t) \mathrm{e}^{-\mathrm{i}kx} \mathrm{d}x \tag{3.80}$$
を施す．これにより，方程式 (3.78) は
$$\frac{\mathrm{d}^2 U}{\mathrm{d}t^2} = -c^2 k^2 U \tag{3.81}$$
となる．これは時間 t に関する常微分方程式であり，その一般解は
$$U(k, t) = A(k) \cos(kct) + B(k) \sin(kct) \tag{3.82}$$
で与えられる．ここで，A, B は (k には依存するが t には依存しない) 任意の積分定数であり，初期条件から決定される．初期条件についても Fourier 変換を施すと

$$U(k,0) = \frac{1}{\sqrt{2\pi}} \int_{-\infty}^{\infty} u(x,0) \, \mathrm{e}^{-\mathrm{i}kx} \mathrm{d}x$$
$$= \frac{1}{\sqrt{2\pi}} \int_{-\infty}^{\infty} f(x) \, \mathrm{e}^{-\mathrm{i}kx} \mathrm{d}x \equiv F(k) \tag{3.83}$$
$$U'(k,0) = \frac{1}{\sqrt{2\pi}} \int_{-\infty}^{\infty} \frac{\partial}{\partial t} u(x,0) \, \mathrm{e}^{-\mathrm{i}kx} \mathrm{d}x$$
$$= \frac{1}{\sqrt{2\pi}} \int_{-\infty}^{\infty} g(x) \, \mathrm{e}^{-\mathrm{i}kx} \mathrm{d}x \equiv G(k) \tag{3.84}$$

となる．ここで f, g の Fourier 変換を，それぞれ F, G とおいた．一般解 (3.82) に初期条件をあてはめると $A = F$, $B = G/(kc)$ となるので，Fourier 変換した空間での解

$$U(k,t) = F(k)\cos(kct) + \frac{G(k)}{kc}\sin(kct) \tag{3.85}$$

を得る．

次に，解 (3.85) をもとの空間に戻すために，Fourier 逆変換

$$u(x,t) = \frac{1}{\sqrt{2\pi}} \int_{-\infty}^{\infty} U(k,t) \, \mathrm{e}^{\mathrm{i}kx} \mathrm{d}k$$
$$= \frac{1}{\sqrt{2\pi}} \int_{-\infty}^{\infty} [F(k)\cos(kct) + \frac{1}{kc}G(k)\sin(kct)] \, \mathrm{e}^{\mathrm{i}kx} \mathrm{d}k \tag{3.86}$$

を行う．まず，

$$\text{右辺の第 1 項} = \frac{1}{\sqrt{2\pi}} \int_{-\infty}^{\infty} F(k)\cos(kct) \, \mathrm{e}^{\mathrm{i}kx} \mathrm{d}k$$
$$= \frac{1}{2\pi} \int_{-\infty}^{\infty} \left(\int_{-\infty}^{\infty} f(x') \, \mathrm{e}^{-\mathrm{i}kx'} \mathrm{d}x' \right) \cos(kct) \, \mathrm{e}^{\mathrm{i}kx} \mathrm{d}k$$
$$= \frac{1}{2\pi} \int_{-\infty}^{\infty} f(x') \left(\int_{-\infty}^{\infty} \mathrm{e}^{-\mathrm{i}kx'} \cos(kct) \mathrm{e}^{\mathrm{i}kx} \mathrm{d}k \right) \mathrm{d}x'$$
$$= \frac{1}{2} \int_{-\infty}^{\infty} f(x') \left(\frac{1}{2\pi} \int_{-\infty}^{\infty} [\mathrm{e}^{-\mathrm{i}k(x'-ct-x)} + \mathrm{e}^{-\mathrm{i}k(x'+ct-x)}] \mathrm{d}k \right) \mathrm{d}x'$$
$$= \frac{1}{2} \int_{-\infty}^{\infty} f(x') [\delta(x'-ct-x) + \delta(x'+ct-x)] \mathrm{d}x'$$
$$= \frac{1}{2}[f(x+ct) + f(x-ct)]$$

また，

$$
\begin{aligned}
\text{右辺の第 2 項} &= \frac{1}{\sqrt{2\pi}} \int_{-\infty}^{\infty} \frac{1}{kc} G(k) \sin(kct) \, \mathrm{e}^{\mathrm{i}kx} \mathrm{d}k \\
&= \frac{1}{2\pi} \int_{-\infty}^{\infty} \frac{1}{kc} \left(\int_{-\infty}^{\infty} g(x') \, \mathrm{e}^{-\mathrm{i}kx'} \mathrm{d}x' \right) \sin(kct) \, \mathrm{e}^{\mathrm{i}kx} \mathrm{d}k \\
&= \frac{1}{2c} \int_{-\infty}^{\infty} g(x') \left(\frac{1}{2\pi} \int_{-\infty}^{\infty} \frac{\mathrm{e}^{\mathrm{i}k(x+ct-x')} - \mathrm{e}^{\mathrm{i}k(x-ct-x')}}{\mathrm{i}k} \mathrm{d}k \right) \mathrm{d}x' \\
&= \frac{1}{2c} \left(\int_{-\infty}^{x+ct} g(x') \, \mathrm{d}x' - \int_{-\infty}^{x-ct} g(x') \, \mathrm{d}x' \right) = \frac{1}{2c} \int_{x-ct}^{x+ct} g(x') \, \mathrm{d}x'
\end{aligned}
$$

となるので

$$
u(x,t) = \frac{1}{2}[f(x-ct) + f(x+ct)] + \frac{1}{2c} \int_{x-ct}^{x+ct} g(x') \, \mathrm{d}x' \tag{3.87}
$$

を得る [d'Alembert–Stokes の解 (2.261) と同じ]．ここで，デルタ関数の Fourier 変換 (2.176) および，その積分である**単位階段関数** (2.177) を使うと計算が容易である． ◁

例 3.7 拡散方程式

$$
\frac{\partial u}{\partial t} = D \frac{\partial^2 u}{\partial x^2} \tag{3.88}
$$

を初期境界条件 $u(x,0) = f(x)$ の下で解いてみよう．前の例と同様に，方程式 (3.88) の両辺および初期境界条件に Fourier 変換

$$
U(k,t) = \frac{1}{\sqrt{2\pi}} \int_{-\infty}^{\infty} u(x,t) \, \mathrm{e}^{-\mathrm{i}kx} \mathrm{d}x \tag{3.89}
$$

を施すと

$$
\frac{\mathrm{d}U(k,t)}{\mathrm{d}t} = -Dk^2 U(k,t) \tag{3.90}
$$

$$
U(k,0) = \frac{1}{\sqrt{2\pi}} \int_{-\infty}^{\infty} f(x) \, \mathrm{e}^{-\mathrm{i}kx} \mathrm{d}x \equiv F(k) \tag{3.91}
$$

を得る．これを解くと

$$
U(k,t) = F(k) \, \mathrm{e}^{-Dk^2 t} \tag{3.92}
$$

となるので，これを Fourier 逆変換し

$$
u(x,t) = \frac{1}{\sqrt{2\pi}} \int_{-\infty}^{\infty} F(k) \, \mathrm{e}^{-Dk^2 t + \mathrm{i}kx} \mathrm{d}k
$$

$$= \frac{1}{2\pi} \int_{-\infty}^{\infty} \left(\int_{-\infty}^{\infty} f(x') \mathrm{e}^{-\mathrm{i}kx'} \mathrm{d}x' \right) \mathrm{e}^{-Dk^2 t + \mathrm{i}kx} \mathrm{d}k$$

$$= \frac{1}{2\pi} \int_{-\infty}^{\infty} f(x') \left(\int_{-\infty}^{\infty} \mathrm{e}^{-Dk^2 t + \mathrm{i}k(x-x')} \mathrm{d}k \right) \mathrm{d}x'$$

$$= \frac{1}{\sqrt{4\pi Dt}} \int_{-\infty}^{\infty} f(x') \exp\left(-\frac{(x-x')^2}{4Dt}\right) \mathrm{d}x'$$

よって

$$u(x,t) = \frac{1}{\sqrt{4\pi Dt}} \int_{-\infty}^{\infty} f(x') \exp\left(-\frac{(x-x')^2}{4Dt}\right) \mathrm{d}x' \tag{3.93}$$

を得る．式 (2.244) の Green 関数，および式 (2.274) も参照されたい． ◁

3.3.3 Laplace 変換とその応用

Laplace 変換は工学教程「フーリエ・ラプラス解析」で詳しく取り上げられるので，ここでは Fourier 変換との関係をごく簡単にふれるにとどめる．Laplace 変換

$$U(s) = \int_0^\infty \mathrm{e}^{-st} u(t) \mathrm{d}t$$

において，s を複素数に拡張し，$s = x + \mathrm{i}y$ とおくと

$$U(x+\mathrm{i}y) = \int_0^\infty \mathrm{e}^{-(x+\mathrm{i}y)t} u(t) \mathrm{d}t = \int_0^\infty \mathrm{e}^{-xt} u(t) \mathrm{e}^{-\mathrm{i}yt} \mathrm{d}t$$

となる．そこで

$$v(t) = \begin{cases} \sqrt{2\pi} \mathrm{e}^{-xt} u(t) & (t \geq 0) \\ 0 & (t < 0) \end{cases}$$

を定義すると

$$U(x+\mathrm{i}y) = \frac{1}{\sqrt{2\pi}} \int_{-\infty}^{\infty} v(t) \mathrm{e}^{-\mathrm{i}yt} \mathrm{d}t$$

となるが，これは Fourier 変換 (3.37) にほかならない．これを Fourier 逆変換すると

$$u(t) = \frac{\mathrm{e}^{xt}}{\sqrt{2\pi}} v(t) = \frac{\mathrm{e}^{xt}}{2\pi} \int_{-\infty}^{\infty} U(x+\mathrm{i}y) \mathrm{e}^{\mathrm{i}yt} \mathrm{d}y$$

となるので，$x + \mathrm{i}y = z$ とおき，積分区間 $-\infty < y < \infty$ を複素平面での積分路 $\gamma - \mathrm{i}\infty < z < \gamma + \mathrm{i}\infty$ ($0 < \gamma < 1$) に選ぶことにより

$$u(t) = \frac{1}{2\pi\mathrm{i}} \int_{\gamma-\mathrm{i}\infty}^{\gamma+\mathrm{i}\infty} U(z) \mathrm{e}^{zt} \mathrm{d}z$$

を得る.これが Laplace 逆変換 (3.46) である.

a. 簡 単 な 例

Laplace 変換の簡単な例をいくつか示す.

(i) まず
$$\mathcal{L}\{e^{ax}\} = \int_0^\infty e^{-(s-a)x} dx = \frac{1}{s-a} \tag{3.94}$$
ただし,積分が収束すること $(s>a)$ は仮定している.

(ii) 次に,パラメタ a は連続量としてよいので,両辺を a で微分すると
$$\mathcal{L}\{xe^{ax}\} = \frac{1}{(s-a)^2}, \quad \mathcal{L}\{x^2 e^{ax}\} = \frac{2}{(s-a)^3}, \quad \cdots, \quad \mathcal{L}\{x^n e^{ax}\} = \frac{n!}{(s-a)^{n+1}} \tag{3.95}$$

(iii) ここでさらに $a=0$ とおけば
$$\mathcal{L}\{1\} = \frac{1}{s}, \quad \mathcal{L}\{x\} = \frac{1}{s^2}, \quad \mathcal{L}\{x^2\} = \frac{2}{s^3}, \quad \cdots, \quad \mathcal{L}\{x^n\} = \frac{n!}{s^{n+1}} \tag{3.96}$$
を得る.

(iv) 以上の結果は,(積分が収束するなら) a が複素数の場合にも成り立つので
$$\mathcal{L}\{e^{i\omega x}\} = \frac{1}{s-i\omega} \tag{3.97}$$
これから
$$\mathcal{L}\{\cos(\omega x)\} = \mathcal{L}\left\{\frac{e^{i\omega x}+e^{-i\omega x}}{2}\right\} = \frac{1}{2}\left(\frac{1}{s-i\omega}+\frac{1}{s+i\omega}\right) = \frac{s}{s^2+\omega^2} \tag{3.98}$$
$$\mathcal{L}\{\sin(\omega x)\} = \mathcal{L}\left\{\frac{e^{i\omega x}-e^{-i\omega x}}{2i}\right\} = \frac{1}{2i}\left(\frac{1}{s-i\omega}-\frac{1}{s+i\omega}\right) = \frac{\omega}{s^2+\omega^2} \tag{3.99}$$
さらに
$$\mathcal{L}\{x\sin(\omega x)\} = \frac{2\omega s}{(s^2+\omega^2)^2}, \qquad \mathcal{L}\{x\cos(\omega x)\} = \frac{s^2-\omega^2}{(s^2+\omega^2)^2} \tag{3.100}$$
$$\mathcal{L}\{e^{\gamma x}\cos(\omega x)\} = \mathcal{L}\left\{\frac{e^{(\gamma+i\omega)x}+e^{(\gamma-i\omega)x}}{2}\right\} = \cdots = \frac{s-\gamma}{(s-\gamma)^2+\omega^2} \tag{3.101}$$
なども得られる.

(v) やや複雑な例であるが,上で求めた結果と Bessel 関数のべき級数展開 (A.13) を利用すると

$$\mathcal{L}\{J_0(kx)\} = \sum_{n=0}^{\infty} \frac{(-1)^n}{(n!)^2} \int_0^{\infty} \left(\frac{kx}{2}\right)^{2n} e^{-sx} dx = \sum_{n=0}^{\infty} \frac{(-1)^n (2n)!}{(n!)^2 2^{2n} s} \left(\frac{k}{s}\right)^{2n}$$

$$= \sum_{n=0}^{\infty} \frac{(-1)^n (2n-1)!!}{n!\, 2^n\, s} \left(\frac{k}{s}\right)^{2n} = \frac{1}{\sqrt{s^2+k^2}} \tag{3.102}$$

なども得られる.

逆変換を行うには,式 (3.46) を計算すればよいが,上で求めた変換のリストを用意しておき,それに合致した変換式を見つけることができれば,容易に逆変換が求められることになる.

b. 一般的な変換規則

次のようないくつかの一般規則を用いると,変換の例がさらに豊富になる.

(i) 定数倍

$$\mathcal{L}\{f(ax)\} = \int_0^{\infty} f(ax) e^{-sx} dx$$

$$= \frac{1}{a} \int_0^{\infty} f(ax) \exp\left(-\frac{s}{a} ax\right) d(ax) = \frac{1}{a} F\left(\frac{s}{a}\right) \tag{3.103}$$

(ii) 平行移動

$$\mathcal{L}\{f(x-a)\} = \int_0^{\infty} f(x-a) e^{-sx} dx$$

$$= \int_0^{\infty} f(x-a) e^{-s(x-a)-sa} dx = e^{-sa} F(s) \tag{3.104}$$

ただし,$x<0$ で $f(x)=0$ と仮定した.これを応用すると,周期関数の Laplace 変換が計算できる.図 3.6 に示したように,$t \geq 0$ で定義された周期関数は

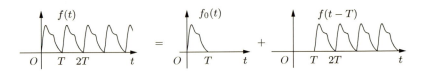

図 **3.6** 周期関数の表現

$$f(t) = f_0(t) + f(t - T) \tag{3.105}$$

の性質をもつ．ここで，1周期の長さを T，その区間だけで定義された関数を $f_0(t)$ とした．この両辺に Laplace 変換を施すと

$$F(s) = F_0(s) + \mathrm{e}^{-sT} F(s) \tag{3.106}$$

したがって

$$F(s) = \frac{F_0(s)}{1 - \mathrm{e}^{-sT}} \tag{3.107}$$

を得る．ここで $F_0(s)$ は $f_0(t)$ の Laplace 変換で

$$F_0(s) = \mathcal{L}\{f_0(t)\} = \int_0^T f(t)\,\mathrm{e}^{-st}\mathrm{d}t \tag{3.108}$$

である．

例 3.8 図 3.7 のようなクロック信号 (矩形波) の Laplace 変換を求めよう．
ただし，$f(t)$ は $0 < t < T$ での関数

$$f_0(t) = \begin{cases} V_0 & (0 < t < T/2) \\ 0 & (T/2 < t < T) \end{cases} \tag{3.109}$$

を繰り返したものである．はじめの 1 周期での関数 $f_0(t)$ に Laplace 変換を施すと

$$F_0(s) = \int_0^{T/2} V_0\,\mathrm{e}^{-st}\mathrm{d}t = \frac{V_0}{s}\left(1 - \mathrm{e}^{-sT/2}\right) \tag{3.110}$$

したがって，与えられた関数 $f(t)$ の Laplace 変換は

$$F(s) = \frac{V_0(1 - \mathrm{e}^{-sT/2})}{s(1 - \mathrm{e}^{-sT})} = \frac{V_0}{s(1 + \mathrm{e}^{-sT/2})} \tag{3.111}$$

となる． ◁

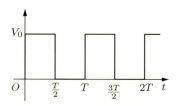

図 **3.7** クロック信号 (矩形波)

(iii) 指数関数倍

$$\mathcal{L}\{\mathrm{e}^{ax}f(x)\} = \int_0^\infty f(x)\,\mathrm{e}^{-(s-a)x}\mathrm{d}x = F(s-a) \tag{3.112}$$

この性質を使えば，式 (3.101) の計算は

$$\mathcal{L}\{\mathrm{e}^{\gamma x}\cos(\omega x)\} = \left.\frac{s}{s^2+\omega^2}\right|_{s\to s-\gamma} = \frac{s-\gamma}{(s-\gamma)^2+\omega^2}$$

のように求めることもできる．

(iv) x^n 倍

$$F'(s) = \frac{\mathrm{d}}{\mathrm{d}s}\int_0^\infty f(x)\,\mathrm{e}^{-sx}\mathrm{d}x = \int_0^\infty (-x)f(x)\,\mathrm{e}^{-sx}\mathrm{d}x = \mathcal{L}\{-xf(x)\} \tag{3.113}$$

さらに一般に

$$F^{(n)}(s) = \frac{\mathrm{d}^n}{\mathrm{d}s^n}\int_0^\infty f(x)\,\mathrm{e}^{-sx}\mathrm{d}x = \int_0^\infty (-x)^n f(x)\,\mathrm{e}^{-sx}\mathrm{d}x = \mathcal{L}\{(-x)^n f(x)\} \tag{3.114}$$

(v) 積分

$$\begin{aligned}\mathcal{L}\left\{\int_0^x f(u)\,\mathrm{d}u\right\} &= \int_0^\infty \mathrm{e}^{-sx}\int_0^x f(u)\,\mathrm{d}u\,\mathrm{d}x \\ &= \left[-\frac{\mathrm{e}^{-sx}}{s}\int_0^x f(u)\,\mathrm{d}u\right]_0^\infty + \frac{1}{s}\int_0^x \mathrm{e}^{-sx}f(x)\,\mathrm{d}x = \frac{1}{s}F(s)\end{aligned} \tag{3.115}$$

(vi) たたみこみ

Laplace 変換に登場する「たたみこみ」は，次のように定義される．

$$f*g = \int_0^x f(x-u)\,g(u)\,\mathrm{d}u = \int_0^x f(u)\,g(x-u)\,\mathrm{d}u \tag{3.116}$$

これを Laplace 変換すると

$$\begin{aligned}\mathcal{L}\{f*g\} &= \int_0^\infty \mathrm{e}^{-sx}\left(\int_0^x f(x-u)\,g(u)\,\mathrm{d}u\right)\mathrm{d}x \\ &= \int_0^\infty g(u)\left(\int_x^\infty f(x-u)\,\mathrm{e}^{-sx}\mathrm{d}x\right)\mathrm{d}u \\ &= \int_0^\infty g(u)\,\mathrm{e}^{-su}\left(\int_0^\infty f(v)\,\mathrm{e}^{-sv}\mathrm{d}v\right)\mathrm{d}u = F(s)\,G(s)\end{aligned}$$

したがって

$$\mathcal{L}\{f*g\} = F(s)\,G(s), \qquad \mathcal{L}^{-1}\{F(s)\,G(s)\} = f*g \tag{3.117}$$

となる．ただし，右辺第 2 項から 3 項に移るときに積分の順序を変更し，第 4 項に移るときに $x-u=v$ とおいた．

(vii) 微分に対する変換

$$\begin{aligned}\mathcal{L}\{u'(x)\} &= \int_0^\infty u'(x)\,\mathrm{e}^{-sx}\mathrm{d}x = \left[u(x)\,\mathrm{e}^{-sx}\right]_0^\infty + s\int_0^\infty u(x)\,\mathrm{e}^{-sx}\mathrm{d}x \\ &= s\mathcal{L}\{u(x)\} - u(0) = sU(s) - u(0)\end{aligned} \tag{3.118}$$

これを繰り返し使えば

$$\mathcal{L}\{u''(x)\} = s\mathcal{L}\{u'(x)\} - u'(0) = s^2 \mathcal{L}\{u(x)\} - [su(0) + u'(0)] \tag{3.119}$$

$$\mathcal{L}\{u^{(n)}(x)\} = s^n \mathcal{L}\{u(x)\} - [s^{n-1}u(0) + s^{n-2}u'(0) + \cdots + u^{(n-1)}(0)] \tag{3.120}$$

となるので，n 階の線形非同次微分方程式

$$a_n y^{(n)}(x) + \cdots + a_1 y'(x) + a_0 y(x) = f(x) \qquad (a_n \neq 0) \tag{3.121}$$

の左右両辺に Laplace 変換を施すことにより，次のような代数方程式を得る．

$$\begin{aligned}&a_n s^n Y(s) - a_n[s^{n-1}y(0) + s^{n-2}y'(0) + \cdots + y^{(n-1)}(0)] \\ &\quad + a_{n-1}s^{n-1}Y(s) - a_{n-1}[s^{n-2}y(0) + s^{n-3}y'(0) + \cdots + y^{(n-2)}(0)] \\ &\quad + \cdots + a_1 sY(s) - a_1 y(0) + a_0 Y(s) = F(s)\end{aligned}$$

ただし，$\mathcal{L}\{y(x)\} = Y(s), \mathcal{L}\{f(x)\} = F(s)$ とおいた．上式を整理すると

$$\phi(s)Y(s) = F(s) + P_{n-1}(s) \tag{3.122}$$

となる．ここで

$$\phi(s) = a_n s^n + a_{n-1}s^{n-1} + \cdots + a_1 s + a_0 \tag{3.123}$$

は特性多項式，$P_{n-1}(s)$ は初期条件によって決まる $(n-1)$ 次の多項式

$$P_{n-1}(s) = a_n[s^{n-1}y(0) + s^{n-2}y'(0) + \cdots + y^{(n-1)}(0)] + \cdots + a_1 y(0) \tag{3.124}$$

である．もとの常微分方程式は，Laplace 変換をした空間では代数方程式になっており，解は

$$Y(s) = \frac{F(s)}{\phi(s)} + \frac{P_{n-1}(s)}{\phi(s)} \tag{3.125}$$

と容易に求められるので，あとは逆変換 $y(x) = \mathcal{L}^{-1}\{Y(s)\}$ により，これをもとの空間での解に戻せばよい．このように Laplace 変換は微分方程式の初期値問題を解くのに便利である．なお，式 (3.125) を逆変換して解を求める方法は，本質的に Mikusiński（ミクシンスキー）の演算子法と同じものである．

c. 応　用　例

例 3.9 図 3.8a のような 4 端子回路に，信号 $e_1(t)$ を入力をするときの出力 $e_2(t)$ を求めてみよう．ただし，R は抵抗，C はコンデンサーの電気容量である．この回路を流れる電流 $i(t)$ を図 3.8 のような向きにとれば，Kirchhoff（キルヒホッフ）の法則により

$$e_1 = Ri + \frac{1}{C}\int_0^t i\,dt, \qquad e_2 = \frac{1}{C}\int_0^t i\,dt \tag{3.126}$$

となる．そこで，これらの両辺に Laplace 変換を施すと

$$E_1 = RI + \frac{1}{Cs}I, \qquad E_2 = \frac{1}{Cs}I \tag{3.127}$$

を得る．ただし，$E_1 = \mathcal{L}\{e_1\}, E_2 = \mathcal{L}\{e_2\}, I = \mathcal{L}\{i\}$ とした．これを解くと

$$I = \frac{E_1}{R + \dfrac{1}{Cs}}, \qquad E_2 = \frac{E_1}{RC\left(s + \dfrac{1}{RC}\right)} \tag{3.128}$$

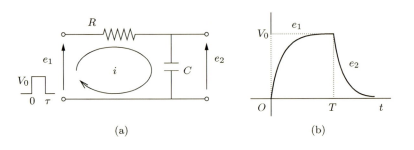

図 **3.8**　4 端子回路の過渡応答

したがって，出力応答を求めるには，(1) $e_1(t)$ を Laplace 変換して $E_1(s)$ を求め，$E_2(s)$ の右辺に代入して逆変換をするか，(2) 前述の「たたみこみ」を利用して計算をすればよい．後者の場合には

$$E_2 = \frac{E_1}{RC\left(s + \dfrac{1}{RC}\right)} = \frac{1}{RC}\mathcal{L}\{e_1(t)\}\mathcal{L}\{\mathrm{e}^{-t/RC}\} \tag{3.129}$$

に着目し，逆変換すれば

$$e_2(t) = \frac{1}{RC}\int_0^t e_1(u)\,\mathrm{e}^{-(t-u)/RC}\mathrm{d}u \tag{3.130}$$

を得る．

たとえば，具体的に

$$e_1(t) = \begin{cases} V_0 & (0 \leq t \leq T) \\ 0 & (t > T) \end{cases} \tag{3.131}$$

などを与えると

$$e_2(t) = \begin{cases} V_0(1 - \mathrm{e}^{-t/RC}) & (0 \leq t \leq T) \\ V_0(\mathrm{e}^{-(t-T)/RC} - \mathrm{e}^{-t/RC}) & (t > T) \end{cases} \tag{3.132}$$

と決定される．この様子を図 3.8b (実線) に示す．これらの時間応答は一般に**過渡現象**とよばれている． ◁

例 **3.10** 拡散方程式

$$\frac{\partial u}{\partial t} = \kappa \frac{\partial^2 u}{\partial x^2} \quad (\kappa > 0) \tag{3.133}$$

を初期境界条件

$$u = 0 \quad (t \leq 0) \tag{3.134}$$

$$u(0, t) = T_0 \quad (t > 0) \tag{3.135}$$

の下で解いてみよう．これは，断熱状態に置かれた非常に長い棒が初め 0 度に保たれており，$t > 0$ でその一端が一定温度 T_0 の熱浴に接したときの温度変化を求める問題である．

方程式 (3.133) の両辺に Laplace 変換

$$U(x,s) = \int_0^\infty u(x,t)\,\mathrm{e}^{-st}\mathrm{d}t \tag{3.136}$$

を施すと

$$\kappa \frac{\mathrm{d}^2 U}{\mathrm{d}x^2} = sU \tag{3.137}$$

となり，初期境界条件を満たす解は

$$U(x,s) = \frac{T_0}{s} \exp\left(-\sqrt{\frac{s}{\kappa}}x\right) \tag{3.138}$$

となる．これを Laplace 逆変換してもとの空間に戻そう．

Laplace 逆変換には **Bromwich 積分**

$$u(x,t) = \frac{1}{2\pi\mathrm{i}} \oint_C U(x,s)\,\mathrm{e}^{st}\mathrm{d}s = \mathcal{L}^{-1}\{U(x,s)\} \tag{3.139}$$

を実行すればよいが，被積分関数の式 (3.138) に $\sqrt{s}$ が含まれていることに注意が必要である．すなわち，これは $s=0$ を分岐点とする多価関数になっているので，この点と無限遠を結ぶ**切断線** (cut) を入れて単連結領域に制限する (ここでは s の負の実軸に沿って切断線を考える)．したがって，図 3.9 のような積分経路 C を選ぶことにする．ここで $0 < \gamma < 1$ であり，C_R, C_R' は原点を中心とした半径 R の半円弧 (の両端に短い線素 $\mathrm{Re}\,s \pm \mathrm{i}R$ $(0 \leq \mathrm{Re}\,s \leq \gamma)$ を加えたもの)，C_ϵ は半

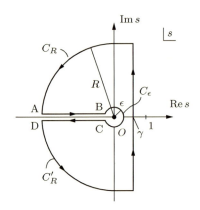

図 **3.9** 切断線のある積分路

径 ϵ の円弧である ($R \gg 1, \epsilon \ll 1$). まず,閉曲線 C 内に特異点は含まれないので,Cauchy の定理により積分は 0 となる.

$$\oint_C \cdots \mathrm{d}s = \int_{\gamma-\mathrm{i}R}^{\gamma+\mathrm{i}R} \cdots \mathrm{d}s + \int_{C_R} \cdots \mathrm{d}s$$
$$+ \int_A^B \cdots \mathrm{d}s + \int_{C_\varepsilon} \cdots \mathrm{d}s + \int_C^D \cdots \mathrm{d}s + \int_{C_{R'}} \cdots \mathrm{d}s = 0$$

(詳しくは,工学教程「複素関数論 I」を参照).したがって

$$\int_{\gamma-\mathrm{i}R}^{\gamma+\mathrm{i}R} \cdots \mathrm{d}s = -\left(\int_A^B \cdots \mathrm{d}s + \int_{C_\varepsilon} \cdots \mathrm{d}s + \int_C^D \cdots \mathrm{d}s + \int_{C_R} \cdots \mathrm{d}s + \int_{C'_R} \cdots \mathrm{d}s \right)$$

ここで,経路 C_R, C'_R に沿う部分は **Jordan**(ジョルダン)**の補助定理** を導いたときと同様の議論により,$R \to \infty$ での積分の寄与が 0 となる.AB 上では $s = re^{\pi \mathrm{i}}, \sqrt{s} = \mathrm{i}\sqrt{r}, R \geq r \geq \epsilon$,また CD 上では $s = re^{-\pi \mathrm{i}}, \sqrt{s} = -\mathrm{i}\sqrt{r}$,$\epsilon \leq r \leq R$ であることに注意すると,右辺第 1, 3 項は

$$-2\mathrm{i} \int_\varepsilon^R \frac{1}{r} e^{-rt} \sin\left(\sqrt{\frac{r}{\kappa}} x\right) \mathrm{d}r$$

となる.また,右辺第 2 項は留数定理を用いて $2\pi \mathrm{i}$ となる.これらをまとめ,$R \to \infty, \epsilon \to 0$ とすると

$$u(x,t) = \frac{1}{2\pi \mathrm{i}} \int_{\gamma-\mathrm{i}\infty}^{\gamma+\mathrm{i}\infty} \cdots \mathrm{d}s = T_0 \left[1 - \frac{1}{\pi} \int_0^\infty \frac{1}{r} e^{-rt} \sin\left(\sqrt{\frac{r}{\kappa}} x\right) \mathrm{d}r \right] \quad (3.140)$$

を得る.結果をもう少し見やすくするために,$\sqrt{r/\kappa} = \xi$ と変数変換すると

$$\frac{u}{T_0} = 1 - \frac{2}{\pi} \int_0^\infty e^{-\kappa t \xi^2} \frac{\sin(x\xi)}{\xi} \mathrm{d}\xi \quad (3.141)$$

となる.さらに

$$\int_0^\infty e^{-\lambda \xi^2} \cos(x\xi) \mathrm{d}\xi = \frac{1}{2} \sqrt{\frac{\pi}{\lambda}} \exp\left(-\frac{x^2}{4\lambda}\right)$$

を x について積分すると

$$\int_0^\infty e^{-\lambda \xi^2} \frac{\sin(x\xi)}{\xi} \mathrm{d}\xi = \frac{1}{2} \sqrt{\frac{\pi}{\lambda}} \int_0^x \exp\left(-\frac{x^2}{4\lambda}\right) \mathrm{d}x$$

が得られるので,これらをまとめ

$$\frac{u}{T_0} = 1 - \frac{1}{\sqrt{\pi \kappa t}} \int_0^x \exp\left(-\frac{x^2}{4\kappa t}\right) \mathrm{d}x = 1 - \frac{2}{\sqrt{\pi}} \int_0^{x/\sqrt{4\kappa t}} e^{-\eta^2} \mathrm{d}\eta \quad (3.142)$$

となる.最後の表式は,誤差関数や余誤差関数の式 (2.281) を用いると

$$u(x,t) = T_0 \left[1 - \mathrm{erf}\left(\frac{x}{2\sqrt{\kappa t}}\right)\right] = T_0\, \mathrm{erfc}\left(\frac{x}{2\sqrt{\kappa t}}\right) \tag{3.143}$$

のように簡潔に表現できる. ◁

3.3.4 Mellin 変換とその応用

形式的には，Mellin 変換は $(-\infty, \infty)$ に拡張した Laplace 変換から導かれる．すなわち $t \to \pm\infty$ で $|u(t)|$ が十分速く 0 になるような関数 $u(t)$ に対して

$$U(s) = \int_{-\infty}^{\infty} \mathrm{e}^{-st} u(t)\, \mathrm{d}t \tag{3.144}$$

が定義されているとき，$\mathrm{e}^{-t} = x$ という変数変換を行うと，$t = -\log x$, $\mathrm{d}t = -\mathrm{d}x/x$ であり，積分区間 $-\infty < t < \infty$ が $\infty > x > 0$ に対応するので

$$U(s) = \int_0^{\infty} u(x)\, x^{s-1}\, \mathrm{d}x \tag{3.145}$$

となる．逆変換も同様に，$0 < \gamma < 1$ に対して

$$u(t) = \frac{1}{2\pi\mathrm{i}} \int_{\gamma-\mathrm{i}\infty}^{\gamma+\mathrm{i}\infty} U(s)\, \mathrm{e}^{st}\, \mathrm{d}s = \frac{1}{2\pi\mathrm{i}} \int_{\gamma-\mathrm{i}\infty}^{\gamma+\mathrm{i}\infty} x^{-s} U(s)\, \mathrm{d}s \equiv u(x) \tag{3.146}$$

となり，Mellin 変換，逆変換の定義式 (3.48), (3.49) に一致する．

a. 簡 単 な 例

(i)
$$f(x) = \begin{cases} 1 & (x < a) \\ 0 & (x \geq a > 0) \end{cases} \qquad \text{のとき} \qquad \mathcal{M}\{f(x)\} = \int_0^a x^{s-1} \mathrm{d}x = \frac{a^s}{s}$$

(ii)
$$f(x) = \begin{cases} \log(a/x) & (x < a) \\ 0 & (x \geq a > 0) \end{cases} \qquad \text{のとき} \qquad \mathcal{M}\{f(x)\} = \int_0^a x^{s-1} \log\frac{a}{x} \mathrm{d}x = \frac{a^s}{s^2}$$

(iii)
$$f(x) = \begin{cases} x^\nu & (x < a) \\ 0 & (x \geq a > 0) \end{cases} \qquad \text{のとき} \qquad \mathcal{M}\{f(x)\} = \int_0^a x^\nu x^{s-1} \mathrm{d}x = \frac{a^{s+\nu}}{s+\nu}$$

(iv)
$$\mathcal{M}\left\{\frac{1}{a+x}\right\} = \int_0^\infty \frac{x^{s-1}}{a+x}\mathrm{d}x = \frac{\pi a^{s-1}}{\sin(\pi s)} \qquad (|\arg a| < \pi;\ 0 < \mathrm{Re}\,s < 1)$$

(v)
$$\mathcal{M}\left\{\frac{1}{x^2+a^2}\right\} = \int_0^\infty \frac{x^{s-1}}{x^2+a^2}\mathrm{d}x = \frac{\pi a^{s-2}}{2\sin(\pi s/2)} \qquad (\mathrm{Re}\,a > 0;\ 0 < \mathrm{Re}\,s < 2)$$

(vi)
$$\mathcal{M}\{\mathrm{e}^{-ax}\} = a^{-s}\Gamma(s), \quad (\mathrm{Re}\,a > 0;\ \mathrm{Re}\,s > 0) \quad \text{ただし,}\ \Gamma(s)\ \text{はガンマ関数}$$

(vii)
$$\mathcal{M}\{\sin(ax)\} = a^{-s}\Gamma(s)\sin\left(\frac{\pi s}{2}\right) \qquad (a > 0;\ -1 < \mathrm{Re}\,s < 1)$$
$$\mathcal{M}\{\cos(ax)\} = a^{-s}\Gamma(s)\cos\left(\frac{\pi s}{2}\right) \qquad (a > 0;\ 0 < \mathrm{Re}\,s < 1)$$

後者の計算は 3.3.2 項 **a** の (i) の Fourier 余弦変換の例で示した.

b. Mellin 変換の一般規則

Mellin 変換 (3.48)
$$\mathcal{M}\{\phi(x)\} = \int_0^\infty \phi(x)\,x^{s-1}\mathrm{d}x \equiv \Phi(s)$$
には次のような一般的な性質がある.

(i) 変数の定数倍の関数
$$\mathcal{M}\{\phi(ax)\} = \int_0^\infty \phi(ax)\,x^{s-1}\mathrm{d}x = a^{-s}\Phi(s) \qquad (a > 0) \tag{3.147}$$

(ii) 変数のべきとの積
$$\mathcal{M}\{x^b\phi(x)\} = \int_0^\infty x^b\phi(x)\,x^{s-1}\mathrm{d}x = \Phi(s+b) \tag{3.148}$$

(iii) 変数のべきの関数
$$\mathcal{M}\{\phi(x^c)\} = \int_0^\infty \phi(x^c)\,x^{s-1}\mathrm{d}x = \frac{1}{c}\Phi\left(\frac{s}{c}\right) \qquad (c > 0) \tag{3.149}$$
$$\mathcal{M}\{\phi(x^{-c})\} = \frac{1}{c}\Phi\left(-\frac{s}{c}\right) \qquad (c > 0)$$

とくに，後者で $c = 1$ のときには

$$\mathcal{M}\left\{\phi\left(\frac{1}{x}\right)\right\} = \Phi(-s)$$

例 3.11 前掲 b の (i)–(iii) を組み合わせると，$c > 0$ の場合に

$$\mathcal{M}\{\phi(ax^c)\} = \frac{1}{c}a^{-s/c}\Phi\left(\frac{s}{c}\right), \qquad \mathcal{M}\{x^b\phi(ax^c)\} = \frac{1}{c}a^{-(s+b)/c}\Phi\left(\frac{s+b}{c}\right)$$

なども得られる．$c < 0$ の場合も同様の表現が得られる． ◁

(iv) 微分

$$\mathcal{M}\left\{\frac{\mathrm{d}\phi}{\mathrm{d}x}\right\} = \int_0^\infty \frac{\mathrm{d}\phi}{\mathrm{d}x}x^{s-1}\mathrm{d}x$$
$$= \left[\phi\, x^{s-1}\right]_0^\infty - (s-1)\int_0^\infty \phi\, x^{s-2}\mathrm{d}x = -(s-1)\Phi(s-1)$$

同様に，

$$\mathcal{M}\left\{\frac{\mathrm{d}^2\phi}{\mathrm{d}x^2}\right\} = (s-1)(s-2)\,\Phi(s-2), \quad \cdots \tag{3.150}$$

(v) Euler 型の微分

$$\mathcal{M}\left\{x\frac{\mathrm{d}\phi}{\mathrm{d}x}\right\} = \int_0^\infty \frac{\mathrm{d}\phi}{\mathrm{d}x}x^s\mathrm{d}x = \left[\phi\, x^s\right]_0^\infty - s\int_0^\infty \phi\, x^{s-1}\mathrm{d}x = -s\Phi(s)$$
$$\mathcal{M}\left\{x\frac{\mathrm{d}}{\mathrm{d}x}\left(x\frac{\mathrm{d}\phi}{\mathrm{d}x}\right)\right\} = s^2\Phi(s)$$

一般に

$$\mathcal{M}\left\{\left(x\frac{\mathrm{d}}{\mathrm{d}x}\right)^n\phi(x)\right\} = (-1)^n s^n \Phi(s) \tag{3.151}$$

ただし，(iv), (v) では $x \to \infty$ で ϕ, $\mathrm{d}\phi/\mathrm{d}x$, $\mathrm{d}^2\phi/\mathrm{d}x^2, \cdots \to 0$ などと仮定した．

(vi) Parseval の関係

$$\frac{1}{2\pi\mathrm{i}}\int_{\gamma-\mathrm{i}\infty}^{\gamma+\mathrm{i}\infty}\Phi(s)\Psi(s)\,\mathrm{d}s = \int_0^\infty \frac{1}{\xi}\phi\left(\frac{1}{\xi}\right)\psi(\xi)\,\mathrm{d}\xi \tag{3.152}$$

これを拡張すると

$$\frac{1}{2\pi\mathrm{i}}\int_{\gamma-\mathrm{i}\infty}^{\gamma+\mathrm{i}\infty}\Phi_1(s)\Phi_2(s)\Phi_3(s)\,\mathrm{d}s$$
$$= \int_0^\infty \int_0^\infty \frac{1}{\xi_1\xi_2}\phi_1(\xi_1)\phi_2(\xi_2)\phi_3\left(\frac{1}{\xi_1\xi_2}\right)\mathrm{d}\xi_1\,\mathrm{d}\xi_2$$

なども得られる．ただし，$\Psi(s) = \mathcal{M}\{\psi\}$, $\Phi_i(s) = \mathcal{M}\{\phi_i\}$ とした．さらに

$$\frac{1}{2\pi i}\int_{\gamma-i\infty}^{\gamma+i\infty} \Phi(s)\,\Psi(1-s)\,ds = \int_0^\infty \phi(\xi)\,\psi(\xi)\,d\xi \quad ^{*3} \tag{3.153}$$

式 (3.153) の積分で $\Phi = \Psi$, $\gamma = 1/2$ とすると

$$\frac{1}{2\pi}\int_{-\infty}^{\infty} \left|\Phi\left(\frac{1}{2}+it\right)\right|^2 dt = \int_0^\infty \phi(\xi)^2 d\xi$$

となる．これは Mellin 変換に対する Parseval の公式とよばれている．また，

$$\mathcal{M}\left\{x^\alpha \int_0^\infty \xi^\beta \phi(x\xi)\,\psi(\xi)\,d\xi\right\} = \Phi(s+\alpha)\,\Psi(1-s-\alpha+\beta) \tag{3.154}$$

$$\mathcal{M}\left\{x^\alpha \int_0^\infty \xi^\beta \phi\left(\frac{x}{\xi}\right) \psi(\xi)\,d\xi\right\} = \Phi(s+\alpha)\,\Psi(1+s+\alpha+\beta) \tag{3.155}$$

これらの関係式の導出には，積分の順序を変えたのちに，$x\xi$, x/ξ を変数変換すればよい ^{*4}．

これらを利用すると，さらにいくつかの一般的な変換規則が求められる．また，特別な場合として，

---

*3

$$\frac{1}{2\pi i}\int_{\gamma-i\infty}^{\gamma+i\infty} \Phi(s)\,\Psi(1-s)\,ds = \frac{1}{2\pi i}\int_{\gamma-i\infty}^{\gamma+i\infty} \Psi(1-s)\,ds \int_0^\infty \phi(x)x^{s-1}\,dx$$

$$= \int_0^\infty \phi(x)\,dx \frac{1}{2\pi i}\int_{\gamma-i\infty}^{\gamma+i\infty} \Psi(1-s)x^{-(1-s)}\,ds$$

$$= \int_0^\infty \phi(x)\,\psi(x)\,dx$$

*4 式 (3.154) の左辺を I とすると

$$I = \int_0^\infty dx\, x^{s-1}\left(x^\alpha \int_0^\infty \xi^\beta \phi(x\xi)\,\psi(\xi)\,d\xi\right)$$

$$= \int_0^\infty d\xi\, \xi^\beta \psi(\xi) \int_0^\infty dx\, x^{s+\alpha-1}\phi(x\xi)$$

ここで，$x\xi = \eta$ とおくと，上式の積分の第 2 項の x に関する積分は

$$= \xi^{-(s+\alpha)}\int_0^\infty \eta^{s+\alpha-1}\phi(\eta)\,d\eta$$

となるので，

$$I = \int_0^\infty \eta^{s+\alpha-1}\phi(\eta)\,d\eta \int_0^\infty \xi^{\beta-(s+\alpha)}\psi(\xi)\,d\xi = \Phi(s+\alpha)\,\Psi(1-s-\alpha+\beta)$$

を得る．式 (3.155) も同様に計算し，$x/\xi = \eta$ の変数変換をすればよい．

式 (3.154) で $\alpha = \beta = 0$ の場合

$$\mathcal{M}\left\{\int_0^\infty \phi(x\xi)\,\psi(\xi)\,\mathrm{d}\xi\right\} = \Phi(s)\Psi(1-s) \tag{3.156}$$

式 (3.155) で $\alpha = \beta = 0$ の場合

$$\mathcal{M}\left\{\int_0^\infty \phi(\frac{x}{\xi})\,\psi(\xi)\,\mathrm{d}\xi\right\} = \Phi(s)\Psi(1+s) \tag{3.157}$$

式 (3.155) で $\alpha = 0$, $\beta = -1$ の場合

$$\mathcal{M}\left\{\int_0^\infty \frac{1}{\xi}\phi\left(\frac{x}{\xi}\right)\psi(\xi)\,\mathrm{d}\xi\right\} = \Phi(s)\Psi(s) \tag{3.158}$$

なども得られる．関係式 (3.158) は，Mellin 変換における「たたみこみ」に対する変換式を与える．

(vii) たたみこみ

$$\mathcal{M}^{-1}\{\Phi(s)\Psi(s)\} = \int_0^\infty \phi\left(\frac{x}{\xi}\right)\psi(\xi)\frac{\mathrm{d}\xi}{\xi} \tag{3.159}$$

c. 応　用　例

例 3.12 次の例 3.13 で使う準備として

$$\begin{aligned}\mathcal{M}\{x^{-\nu}J_\nu(x)\} &= \int_0^\infty x^{s-\nu-1}J_\nu(x)\,\mathrm{d}x \\ &= \frac{2^{s-\nu-1}\Gamma\left(\dfrac{s}{2}\right)}{\Gamma\left(\nu - \dfrac{s}{2} + 1\right)} \quad \left(0 < s < \nu + \frac{3}{2}\right)\end{aligned} \tag{3.160}$$

を導こう．

まず，次の関数

$$f(x) = \begin{cases} (1-x^2)^{\nu-1/2} & (0 \le x < 1) \\ 0 & (x > 1) \end{cases}$$

の Fourier 余弦変換を計算する．ただし，以下では $\sqrt{2/\pi}$ を除いた部分を示す．

$$I_1 \equiv \int_0^1 (1-x^2)^{\nu-1/2}\cos(kx)\,\mathrm{d}x = \sum_{n=0}^\infty \frac{(-1)^n k^{2n}}{(2n)!}\int_0^1 x^{2n}(1-x^2)^{\nu-1/2}\mathrm{d}x$$

ここで，$\cos(kx)$ を $x=0$ のまわりの Taylor 級数に展開した．区間 [0,1] の積分の部分は，$x^2 = t$ と変数変換するとよく知られたベータ関数 (付録 A.1.2 項を参照) を用いて

$$\int_0^1 x^{2n}(1-x^2)^{\nu-1/2}\mathrm{d}x = \frac{1}{2}\int_0^1 t^{n-1/2}(1-t)^{\nu-1/2}\mathrm{d}t$$

$$= \frac{1}{2}B\left(n+\frac{1}{2},\nu+\frac{1}{2}\right) = \frac{1}{2}\frac{\Gamma\left(n+\frac{1}{2}\right)\Gamma\left(\nu+\frac{1}{2}\right)}{\Gamma(n+\nu+1)}$$

と表される．これを使うと I_1 は

$$I_1 = \sum_{n=0}^{\infty} \frac{(-1)^n}{2(2n)!} \frac{\Gamma\left(n+\frac{1}{2}\right)\Gamma\left(\nu+\frac{1}{2}\right)}{\Gamma(n+\nu+1)} k^{2n}$$

となるが

$$\frac{\Gamma\left(n+\frac{1}{2}\right)}{(2n)!} = \frac{\left(n-\frac{1}{2}\right)\left(n-\frac{3}{2}\right)\cdots\Gamma\left(\frac{1}{2}\right)}{(2n)(2n-1)\cdots 3\cdot 2\cdot 1} = \frac{\sqrt{\pi}}{2^{2n}n!}$$

であるから

$$I_1 = \frac{\sqrt{\pi}}{2}\Gamma\left(\nu+\frac{1}{2}\right)\sum_{n=0}^{\infty}\frac{(-1)^n}{n!\Gamma(n+\nu+1)}\left(\frac{k}{2}\right)^{2n} = \frac{\sqrt{\pi}}{2}\Gamma\left(\nu+\frac{1}{2}\right)\left(\frac{k}{2}\right)^{-\nu}J_\nu(k)$$

を得る．ここで，Bessel 関数 $J_\nu(k)$ のべき級数展開 (A.13) を用いた．これから $f(x)$ の Fourier 余弦変換

$$\mathcal{F}_c\{f(x)\} = 2^{\nu-1/2}\Gamma\left(\nu+\frac{1}{2}\right)k^{-\nu}J_\nu(k) \equiv F_c(k) \tag{3.161}$$

を得る．

3.3.2 項 **a** の (i) の (3) で x^{a-1} の Fourier 余弦変換はすでに計算した．これを利用して $g(x) = x^{-s}$ の Fourier 余弦変換を計算してみよう．まず，$a = 1-s$ とおいて

$$\mathcal{F}_c\{g(x)\} \equiv G_c(k) = \sqrt{\frac{2}{\pi}}\Gamma(1-s)\cos\left(\frac{\pi(1-s)}{2}\right)k^{s-1} \qquad (0 < s < 1)$$

となる．ここで，ガンマ関数の性質 $\Gamma(s)\,\Gamma(1-s) = \pi/\sin(\pi s)$ [付録の式 (A.4) を参照] を考慮すると

$$G_c(k) = \sqrt{\frac{2}{\pi}}\,\frac{\pi \sin\left(\dfrac{\pi s}{2}\right)}{\Gamma(s)\,\sin(\pi s)}k^{s-1} = \sqrt{\frac{\pi}{2}}\,\frac{1}{\Gamma(s)\,\cos\left(\dfrac{\pi s}{2}\right)}k^{s-1}$$

を得る．

そこで Parseval の関係[*5]を用いると

$$\frac{2^{\nu-1}\sqrt{\pi}\,\Gamma(\nu+1/2)}{\Gamma(s)\,\cos\left(\dfrac{\pi s}{2}\right)}\int_0^\infty k^{s-\nu-1}J_\nu(k)\,\mathrm{d}k = \int_0^1 (1-x^2)^{\nu-1/2}x^{-s}\mathrm{d}x$$

となる．右辺は $x^2 = t$ とおいて変数変換し，ベータ関数，ガンマ関数を用いてまとめ直すと

$$\text{右辺} = \frac{1}{2}\int_0^1 (1-t)^{\nu-1/2}t^{-(s+1)/2}\mathrm{d}t = \frac{1}{2}B\left(\nu+\frac{1}{2},\frac{1}{2}-\frac{s}{2}\right)$$
$$= \frac{1}{2}\Gamma\left(\nu+\frac{1}{2}\right)\Gamma\left(\frac{1}{2}-\frac{s}{2}\right)\bigg/\Gamma\left(\nu-\frac{s}{2}+1\right)$$

これより

$$\int_0^\infty k^{s-\nu-1}J_\nu(k)\,\mathrm{d}k = \frac{\Gamma\left(\dfrac{1}{2}-\dfrac{s}{2}\right)\Gamma(s)\cos\left(\dfrac{\pi s}{2}\right)}{2^\nu \sqrt{\pi}\,\Gamma\left(\nu-\dfrac{s}{2}+1\right)}$$

を得る．さらにガンマ関数の性質 (A.5), (A.6) を用いて変形すると

$$\int_0^\infty k^{s-\nu-1}J_\nu(k)\,\mathrm{d}k = \frac{2^{s-\nu-1}\Gamma\left(\dfrac{s}{2}\right)}{\Gamma\left(\nu-\dfrac{s}{2}+1\right)} \tag{3.162}$$

を得る． ◁

例 3.13 一般に，ある積分変換および逆変換がそれぞれ積分核 $k(sx), h(sx)$ を用いて

$$\psi(s) = \int_0^\infty \phi(x)\,k(sx)\,\mathrm{d}x, \qquad \phi(x) = \int_0^\infty \psi(s)\,h(xs)\,\mathrm{d}s \tag{3.163}$$

[*5] Fourier 変換の項で述べた式 (3.62) と同様に，Fourier 余弦変換では

$$\int_0^\infty F_c(k)\,G_c(k)\,\mathrm{d}k = \int_0^\infty f(x)\,g(x)\,\mathrm{d}x$$

が成り立つ．

の形で表されるのは，積分核の Mellin 変換 $K(s)$, $H(s)$ の間に

$$K(s)\,H(1-s) = 1 \quad \text{あるいは} \quad K(1-s)\,H(s) = 1 \tag{3.164}$$

が成り立つときである．

　これは，実際に計算を行えば確かめられる．$\phi(x)$, $\psi(x)$ の Mellin 変換をそれぞれ $\Phi(s)$, $\Psi(s)$ と表すものとして，まず，$\phi(x)$ を Mellin 変換すると

$$\Phi(s) = \int_0^\infty x^{s-1} \phi(x)\,\mathrm{d}x = \int_0^\infty x^{s-1} \left(\int_0^\infty \psi(t)\, h(xt)\,\mathrm{d}t \right) \mathrm{d}x$$
$$= \int_0^\infty \psi(t)\,\mathrm{d}t \int_0^\infty x^{s-1} h(xt)\,\mathrm{d}x$$

ここで $xt = y$ とおき，変数を x から y に変換すると，

$$\text{上式} = \int_0^\infty t^{-s} \psi(t)\,\mathrm{d}t \int_0^\infty y^{s-1} h(y)\,\mathrm{d}y = \Psi(1-s)\,H(s)$$

すなわち，$\Phi(s) = \Psi(1-s)\,H(s)$ を得る．同様に，$\psi(x)$ を Mellin 変換して $\Psi(s) = \Phi(1-s)K(s)$ を得る．次に，こうして得られた関係

$$\Phi(s) = \Psi(1-s)\,H(s), \qquad \Psi(s) = \Phi(1-s)\,K(s)$$

を利用する．たとえば，第 1 式から $\Phi(1-s) = \Psi(s)\,H(1-s)$ となるので，これを第 2 式に代入すると

$$\Psi(s) = \Phi(1-s)\,K(s) = \Psi(s) H(1-s)\,K(s)$$

これから $H(1-s)\,K(s) = 1$ を得る．変換の対称性から (あるいは，同様に計算して)，$K(1-s)\,H(s) = 1$ も得られる．なお，証明は省くが，式 (3.164) は，積分変換およびその逆変換を行うときの核関数 $K(x,s)$, $H(s,x)$ が s と x の積 sx だけの関数として表されるための必要十分条件になっている． ◁

　(i) たとえば，y をパラメタとして $k(yx) = \sqrt{2/\pi}\sin(yx)$ とすると，本項 **a** の (vii) で見たように

$$\mathcal{M}\{\sin(ax)\} = a^{-s} \Gamma(s) \sin\left(\frac{\pi s}{2}\right)$$

となっているから，$k(x)$ の Mellin 変換は $a = 1$ とおいて $K(s) = \sqrt{2/\pi}\,\Gamma(s)\sin[(\pi/2)s]$ となる．式 (3.164) の第 2 式を使うと

$$H(s) = \frac{1}{K(1-s)} = \sqrt{\frac{\pi}{2}} \frac{1}{\Gamma(1-s)\cos\left(\frac{\pi}{2}s\right)} = \sqrt{\frac{2}{\pi}}\,\Gamma(s)\sin\left(\frac{\pi}{2}s\right)$$

を得るが，これは $k(x)$ の Mellin 変換と同じであるから，逆変換の核 $h(x)$ は $k(x)$ と同じ形になる．ここで，ガンマ関数の性質 (A.4) を使った．

(ii) また，$k(x) = x^{1/2} J_\nu(x)$ の場合には，Mellin 変換は

$$\mathcal{M}\{x^{1/2} J_\nu(x)\} = \frac{2^{s-1/2} \Gamma\left(\dfrac{\nu}{2} + \dfrac{s}{2} + \dfrac{1}{4}\right)}{\Gamma\left(\dfrac{\nu}{2} - \dfrac{s}{2} + \dfrac{3}{4}\right)} = K(s)$$

となる．これは，式 (3.162) において，$s \to \nu + s + 1/2$ とおけばよい．これより

$$H(s) = \frac{1}{K(1-s)} = \frac{2^{s-1/2} \Gamma\left(\dfrac{\nu}{2} + \dfrac{s}{2} + \dfrac{1}{4}\right)}{\Gamma\left(\dfrac{\nu}{2} - \dfrac{s}{2} + \dfrac{3}{4}\right)} = K(s)$$

したがって，$h(x) = x^{1/2} J_\nu(x)$ を得る．これは，次に述べる Hankel 変換にほかならない．

これらの例で見たように，積分変換の核関数 $k(s,x)$ と逆変換の核関数 $h(s,x)$ が等しい場合には，この核関数を Fourier 核とよんでいる． ◁

Mellin 変換はくさび型 (特別な場合として直交した壁の間，1 平板，あるいは半平板も含まれる) の境界値問題などに適している．このような応用例の 1 つを次に示す．

例 3.14 [無限くさびの熱的定常状態] ここでは交差する 2 枚の無限に広い境界の内部 (無限くさび領域内) での熱的な定常状態を考えてみよう．これは 2 次元の問題であり，境界の形を考慮すると極座標系 (r, θ) で考えるのが便利である．境界の位置は $\theta = -\alpha, \alpha$ とする．基礎方程式は 2.1.2 項で考えた拡散方程式 あるいは熱伝導方程式 (2.5) であるが，定常状態では時間依存性がないので 2 次元の Laplace 方程式，すなわち

$$r\frac{\partial}{\partial r}\left(r\frac{\partial T}{\partial r}\right) + \frac{\partial^2 T}{\partial \theta^2} = 0 \tag{3.165}$$

となる．これは通常の Laplace 方程式の全体を r^2 倍したものである．

以下では，Dirichlet 型の境界条件

$$\theta = -\alpha \text{ で } T = f(r), \qquad \theta = \alpha \text{ で } T = g(r)$$

$$0 \leq |\theta| < \alpha, \qquad r \to \infty \text{ で } T \to 0 \tag{3.166}$$

を与えた場合について考える．式 (3.165) の両辺に Mellin 変換

$$\mathcal{M}\{T(r,\theta)\} = \int_0^\infty T(r,\theta)\, r^{s-1} \mathrm{d}r \equiv \Phi(s,\theta)$$

を施し，3.3.4 項 **b** の (v) の性質を利用すると，方程式 (3.165) は

$$\left(\frac{\mathrm{d}^2}{\mathrm{d}\theta^2} + s^2\right)\Phi(s,\theta) = 0 \tag{3.167}$$

となり，その一般解は

$$\Phi(s,\theta) = A(s)\cos(s\theta) + B(s)\sin(s\theta) \tag{3.168}$$

と求められる．他方，境界条件 (3.166) も同様に Mellin 変換し

$$\Phi(s,-\alpha) = \mathcal{M}\{f(r)\} = F(s), \qquad \Phi(s,\alpha) = \mathcal{M}\{g(r)\} = G(s) \tag{3.169}$$

を得るので，これを満たすように式 (3.168) の A, B を決めると，解は

$$\Phi(s,\theta) = \frac{F(s)\sin[(\alpha-\theta)s] + G(s)\sin[(\alpha+\theta)s]}{\sin(2\alpha s)} \tag{3.170}$$

となる．とくに，対称な境界条件の場合には $G = F$ であり，式 (3.170) は

$$\Phi(s,\theta) = \frac{F(s)\cos(\theta s)}{\cos(\alpha s)} \tag{3.171}$$

と表せる．そこで，式 (3.170) あるいは式 (3.171) に Mellin 逆変換

$$T(r,\theta) = \mathcal{M}^{-1}\{\Phi(s,\theta)\} = \frac{1}{2\pi \mathrm{i}}\int_{\gamma-\mathrm{i}\infty}^{\gamma+\mathrm{i}\infty}\Phi(s,\theta)\, r^{-s}\mathrm{d}s \tag{3.172}$$

を施せば実空間での解が求められる．

たとえば，$0 \le x \le 1$ で $f = g = 1$; $x > 1$ で $f = g = 0$ の場合には

$$T(r,\theta) = \mathcal{M}^{-1}\left\{\frac{\cos(\theta s)}{s\cos(\alpha s)}\right\} = \frac{1}{2\pi \mathrm{i}}\int_{\gamma-\mathrm{i}\infty}^{\gamma+\mathrm{i}\infty}\frac{\cos(\theta s)}{s\cos(\alpha s)}r^{-s}\mathrm{d}s \tag{3.173}$$

この積分を実行するために，図 3.10 に示したような複素 s 平面での経路積分を考える．ただし，被積分関数の特異点 $s = 0, (n+1/2)\pi/\alpha, n = 0, \pm 1, \pm 2, \cdots$ はすべて 1 位の極であり，くさびの内角 2α が 180° より小さいときには，虚軸にもっとも近い極 $\pi/2\alpha$ が 1 より大きくなり，$0 < \gamma < 1 < \pi/2\alpha$ となっていること，また，$r^{-s} = \exp(-s\log r)$ であることから，$0 < r < 1$ と $r > 1$ の場合に分けて考える必要があることなどに注意する．

(1) $0 < r < 1$ の場合

虚軸に沿った $s = \gamma - iR$ から $\gamma + iR$ への積分経路 C_0 に図の左半平面の円弧 C_L(直線部の長さ $2R$ と円弧の半径 R は, のちに無限大にする) を接続して閉曲線をつくり, その内部の留数を計算すればよいので

$$T = \frac{1}{2\pi i}\int_{C_0} \cdots \mathrm{d}s = \frac{1}{2\pi i}\int_{C_0+C_L} \cdots \mathrm{d}s$$
$$= \mathrm{Res}\,(s=0) + \sum_{n=0}^{\infty} \mathrm{Res}\left(s = -\frac{(2n+1)\pi}{2\alpha}\right)$$
$$= 1 - \sum_{n=0}^{\infty} \frac{2(-1)^n}{(2n+1)\pi} r^{(2n+1)\pi/2\alpha} \cos\left(\frac{(2n+1)\pi}{2\alpha}\theta\right) \qquad (3.174)$$

を得る.

(2) $r > 1$ の場合

C_0 に図 3.10 の右半平面の円弧 C_R を接続して閉曲線をつくり, その内部の留数を計算すればよいので

$$T = \sum_{n=0}^{\infty} \frac{2(-1)^n}{(2n+1)\pi} r^{-(2n+1)\pi/2\alpha} \cos\left(\frac{(2n+1)\pi}{2\alpha}\theta\right) \qquad (3.175)$$

を得る. 図 3.10b に温度分布の一例を示す. これは $\alpha = \pi/4$ の場合であり, 境界面 $\theta = -\alpha$ を x 軸, $\theta = \alpha$ を y 軸に一致させて描いてある. ◁

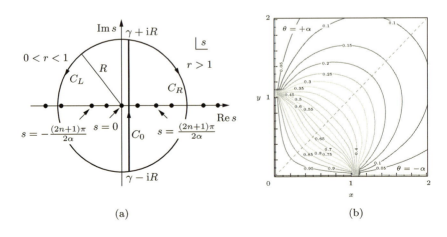

図 **3.10**　(a) 積分路, (b) 無限くさび内の定常温度分布

3.3.5 Hankel 変換とその応用

2 変数 x,y の関数 $f(x,y)$ が $-\infty < x < \infty, -\infty < y < \infty$ で定義されている. これに Fourier 変換を 2 重に施すと

$$F(\xi,\eta) = \frac{1}{2\pi}\int_{-\infty}^{\infty}\int_{-\infty}^{\infty} e^{-i(\xi x+\eta y)} f(x,y)\,\mathrm{d}x\,\mathrm{d}y \tag{3.176}$$

を得る. ただし積分は存在するものと仮定している. これに対する逆変換は

$$f(x,y) = \frac{1}{2\pi}\int_{-\infty}^{\infty}\int_{-\infty}^{\infty} e^{i(\xi x+\eta y)} F(\xi,\eta)\,\mathrm{d}\xi\,\mathrm{d}\eta \tag{3.177}$$

である.

ここで直角座標系 (x,y) から極座標系 (r,θ) に変換してみよう. ξ,η に対応した極座標を ρ,ϕ とすると, $\xi x+\eta y = \rho r\cos(\phi-\theta)$ となるので, 式 (3.176) は

$$F(\rho,\phi) = \frac{1}{2\pi}\int_0^\infty \mathrm{d}r\,r\int_0^{2\pi}\mathrm{d}\theta\,e^{-i\rho r\cos(\phi-\theta)} f(r,\theta) \tag{3.178}$$

となる. ここでもし軸対称な場合であれば, f は r だけに依存し, 角度変数 θ,ϕ については相対角度 $\phi-\theta$ だけが意味をもつので, $\varphi = \phi-\theta-\pi/2$ として

$$F(\rho) = \frac{1}{2\pi}\int_0^\infty \mathrm{d}r\,r\int_0^{2\pi}\mathrm{d}\theta\,e^{-i\rho r\cos(\phi-\theta)} f(r)$$

$$= \int_0^\infty \mathrm{d}r\,rf(r)\left(\frac{1}{2\pi}\int_\alpha^{2\pi+\alpha} e^{i\rho r\sin\varphi}\,\mathrm{d}\varphi\right) = \int_0^\infty f(r)\,r\,J_0(\rho r)\,\mathrm{d}r$$

となる. ただし, 上式の計算で Bessel 関数の積分表示 (A.25)

$$J_n(x) = \frac{1}{2\pi}\int_\alpha^{2\pi+\alpha} e^{i(x\sin\theta-n\theta)}\mathrm{d}\theta \tag{3.179}$$

で $n=0$ の結果を用いた. α は任意定数である. したがって

$$F(\rho) = \int_0^\infty f(r)\,rJ_0(\rho r)\,\mathrm{d}r \tag{3.180}$$

となるが, 式 (3.180) は Hankel 変換 (3.51) の $n=0$ の場合にほかならない. Fourier 逆変換と同様の過程を経れば, 式 (3.180) に対応した Hankel 逆変換が

$$f(r) = \int_0^\infty F(\rho)\,\rho J_0(\rho r)\,\mathrm{d}\rho \tag{3.181}$$

であることも容易に導かれよう.

◁

なお，一般の Hankel 変換は式 (3.51) や式 (3.52) で定義したように ν 次の Bessel 関数を用いて

$$\mathcal{H}\{u(x)\} \equiv \int_0^\infty u(x)\,xJ_\nu(\xi x)\,\mathrm{d}x = U(\xi)$$

$$u(x) = \int_0^\infty U(\xi)\,\xi J_\nu(x\xi)\,\mathrm{d}\xi = \mathcal{H}^{-1}\{U(\xi)\}$$

で定義される．さらに，$\nu = 1/2$ の場合には $J_{1/2}(x) = \sqrt{2/(\pi x)}\sin(x)$ であり (付録 A.2.3 項を参照)

$$U(\xi) = \sqrt{\frac{2}{\pi\xi}}\int_0^\infty \sqrt{x}\,u(x)\,\sin(\xi x)\,\mathrm{d}x$$

などとなるので，$v(x) = \sqrt{x}\,u(x)$, $V(\xi) = \sqrt{\xi}\,U(\xi)$ と表記すれば，上で述べた関係は

$$V(\xi) = \sqrt{\frac{2}{\pi}}\int_0^\infty v(x)\,\sin(\xi x)\,\mathrm{d}x, \quad v(x) = \sqrt{\frac{2}{\pi}}\int_0^\infty V(\xi)\,\sin(\xi x)\,\mathrm{d}\xi \quad (3.182)$$

となる．これは Fourier 正弦変換にほかならない．また，$\nu = -1/2$ の場合には $J_{-1/2}(x) = \sqrt{2/(\pi x)}\cos(x)$ となるので，Fourier 余弦変換に帰着する．

a. 簡 単 な 例

(i) Fourier–Bessel の積分公式 (3.53) から $0 \leq x < \infty$, $0 \leq \xi < \infty$ に対して

$$\delta(x - \xi) = \xi\int_0^\infty \rho J_n(x\rho)J_n(\xi\rho)\,\mathrm{d}\rho$$

が得られる．これは $J_n(\lambda\rho)$ ($\lambda = x$ または ξ) の Hankel 変換の一例でもある．

(ii) Bessel 関数を含む区間 $(0, \infty)$ での積分は，すべて Hankel 変換とみなすことができる．Laplace 変換の例で示した式 (3.102) は s と k について対称であるから

$$\frac{1}{\sqrt{s^2 + k^2}} = \int_0^\infty \mathrm{e}^{-sx}J_0(kx)\,\mathrm{d}x = \int_0^\infty \mathrm{e}^{-kx}J_0(sx)\,\mathrm{d}x$$

が成り立つ．これらの表式は $\mathrm{e}^{-\lambda x}/x$ ($\lambda = k,\ s > 0$) の Hankel 変換と見ることもできる．また，上式の最右辺で $k = \mathrm{i}\kappa$ とおくと

$$\frac{1}{\sqrt{s^2 - \kappa^2}} = \int_0^\infty \mathrm{e}^{-\mathrm{i}\kappa x}J_0(sx)\,\mathrm{d}x = \int_0^\infty [\cos(\kappa x) - \mathrm{i}\sin(\kappa x)]J_0(sx)\,\mathrm{d}x$$

となるので，これから

$$\int_0^\infty J_0(sx)\cos(\kappa x)\,\mathrm{d}x = \begin{cases} 0 & (|s|<|\kappa|) \\ \dfrac{1}{\sqrt{s^2-\kappa^2}} & (|s|>|\kappa|) \end{cases} \qquad (3.183)$$

$$\int_0^\infty J_0(sx)\sin(\kappa x)\,\mathrm{d}x = \begin{cases} \dfrac{1}{\sqrt{\kappa^2-s^2}} & (|s|<|\kappa|) \\ 0 & (|s|>|\kappa|) \end{cases} \qquad (3.184)$$

などが得られる．これらは，(定数倍の違いを除いて) それぞれ $J_0(sx)$ の Fourier 余弦変換，Fourier 正弦変換と見ることもできるし，また，$\cos(\kappa x)/x$ や $\sin(\kappa x)/x$ の Hankel 変換と解釈することもできる．

(iii) 前項の式 (3.183) をさらに κ で積分すると

$$\int_0^\infty J_0(sx)\frac{\sin(\kappa x)}{x}\,\mathrm{d}x = \begin{cases} \pi/2 & (|s|\leq|\kappa|) \\ \arcsin(\kappa/s) & (|s|\geq|\kappa|) \end{cases} \qquad (3.185)$$

が得られる．これは $\sin(\kappa x)/x^2$ の Hankel 変換，あるいは $J_0(sx)/x$ の Fourier 正弦変換である (ただし定数倍の違いを除く)．

(iv) さらに，前掲 (iii) の式 (3.185) を s で微分すると

$$\int_0^\infty J_1(sx)\sin(\kappa x)\,\mathrm{d}x = \begin{cases} 0 & (|s|<|\kappa|) \\ \dfrac{\kappa}{s\sqrt{s^2-\kappa^2}} & (|s|>|\kappa|) \end{cases} \qquad (3.186)$$

が得られる．これは $\sin(\kappa x)/x$ の J_1 を用いた Hankel 変換，あるいは $J_1(sx)$ の Fourier 正弦変換である (ただし定数倍の違いを除く)．

(v) Mellin 変換の応用例で導いた関係式 (3.162) で $\nu=0$ とすると

$$\int_0^\infty k^{s-1}J_0(k)\,\mathrm{d}k = \frac{2^{s-1}\Gamma\left(\dfrac{s}{2}\right)}{\Gamma\left(1-\dfrac{s}{2}\right)}$$

となっている．ここで $k=r\rho$ とおいて変数を k から r に変換すると

$$\rho^s\int_0^\infty r^{s-1}J_0(r\rho)\,\mathrm{d}r = \frac{2^{s-1}\Gamma\left(\dfrac{s}{2}\right)}{\Gamma\left(1-\dfrac{s}{2}\right)} = \frac{2^{s-1}\Gamma\left(\dfrac{s}{2}\right)^2\sin\left(\dfrac{\pi s}{2}\right)}{\pi}$$

すなわち

$$\mathcal{H}\{r^{s-2}\} = \frac{2^{s-1}\Gamma\left(\frac{s}{2}\right)^2 \sin\left(\frac{\pi s}{2}\right)}{\pi \rho^s} \tag{3.187}$$

となる．ここで式 (A.4) を使った．とくに $s=1$ の場合には

$$\mathcal{H}\left\{\frac{1}{r}\right\} = \int_0^\infty J_0(\rho r)\,\mathrm{d}r = \frac{1}{\rho} \tag{3.188}$$

を得る．

b. 一般的な変換規則

Hankel 変換は，Fourier 変換を極座標系で表現したときに現れ，軸対称な場合に対して有効な変換であるが，Fourier 変換などで見られた一般規則，たとえば，微分した関数の変換をもとの関数の変換と関係づけるような簡単な公式があるわけではない．したがって，一般的な変換規則は次のようなものに限られる．

(i) 定数倍

$$\mathcal{H}\{f(ar)\} = \int_0^\infty r f(ar)\,J_0(\rho r)\,\mathrm{d}r = \frac{1}{a^2}\int_0^\infty \xi f(\xi)\,J_0\left(\frac{\rho}{a}\xi\right)\,\mathrm{d}\xi = \frac{1}{a^2} F\left(\frac{\rho}{a}\right)$$

(ii) Parseval の関係

$$\begin{aligned}
\int_0^\infty \rho F(\rho) G(\rho)\,\mathrm{d}\rho &= \int_0^\infty \rho\, G(\rho)\,\mathrm{d}\rho \int_0^\infty r f(r)\,J_0(\rho r)\,\mathrm{d}r \\
&= \int_0^\infty r\,f(r)\,\mathrm{d}r \int_0^\infty \rho G(\rho)\,J_0(\rho r)\,\mathrm{d}\rho \\
&= \int_0^\infty r f(r)\,g(r)\,\mathrm{d}r
\end{aligned} \tag{3.189}$$

この式は Parseval の関係とよばれている．

c. 応 用 例

例 3.15 2 次元の修正 Helmholtz 方程式の Green 関数 (主要部) g を求めてみよう．解くべき方程式は

$$(\triangle - k^2)g = \frac{\partial^2 g}{\partial x^2} + \frac{\partial^2 g}{\partial y^2} - k^2 g = -\delta(x-\xi)\,\delta(y-\eta) \tag{3.190}$$

である．特異点を原点に移動し極座標系 (r,θ) で表すと，対称性から式 (3.190) は

$$\frac{\mathrm{d}^2 g}{\mathrm{d}r^2} + \frac{1}{r}\frac{\mathrm{d}g}{\mathrm{d}r} - k^2 g = -\frac{1}{2\pi r}\delta(r) \tag{3.191}$$

となる．そこで両辺に Hankel 変換 $\mathcal{H}\{g(r)\} \equiv G(\rho)$ を施すと

$$\begin{aligned}
\mathcal{H}\Big\{\frac{\mathrm{d}^2 g}{\mathrm{d}r^2} + \frac{1}{r}\frac{\mathrm{d}g}{\mathrm{d}r}\Big\} &= \mathcal{H}\Big\{\frac{1}{r}\frac{\mathrm{d}}{\mathrm{d}r}\Big(r\frac{\mathrm{d}g}{\mathrm{d}r}\Big)\Big\} = \int_0^\infty \frac{\mathrm{d}}{\mathrm{d}r}\Big(r\frac{\mathrm{d}g}{\mathrm{d}r}\Big) J_0(\rho r)\,\mathrm{d}r \\
&= \Big[r\frac{\mathrm{d}g}{\mathrm{d}r} J_0(\rho r)\Big]_0^\infty - \int_0^\infty r\frac{\mathrm{d}g}{\mathrm{d}r} J_0'(\rho r)\rho\,\mathrm{d}r \\
&= -\int_0^\infty g'(r)\,\rho r J_0'(\rho r)\,\mathrm{d}r \\
&= \int_0^\infty \rho g(r) \big[\rho r J_0''(\rho r) + J_0'(\rho r)\big]\,\mathrm{d}r \\
&= -\rho^2 \int_0^\infty r\,g(r)\,J_0(\rho r)\,\mathrm{d}r = -\rho^2 G(\rho)
\end{aligned}$$

など (部分積分し，J_0 の満たす方程式を利用すればよい) に注意して

$$G(\rho) = \frac{1}{2\pi}\frac{1}{\rho^2 + k^2} \tag{3.192}$$

を得る．なお，プライム (′) は表示された関数の引数に関する微分を表す．これを Hankel 逆変換し

$$g(r) = \frac{1}{2\pi}\int_0^\infty \frac{\rho}{\rho^2 + k^2} J_0(r\rho)\,\mathrm{d}\rho = \frac{1}{2\pi}K_0(kr) \tag{3.193}$$

を得る．ここで，$K_0(x)$ は第 2 種の変形された Bessel 関数である (付録 A.2.4 項参照)．この結果は表 2.2(c) の 2 次元に対応した Green 関数である． ◁

例 3.16 平面上に置かれた半径 a の円板に一定の電位 ϕ_0 を与えたときの電位 ϕ を求めてみよう．この平面に垂直で円板の中心を通るように z 軸を選び，軸からの距離を ρ とした円柱座標系 (ρ, φ, z) を選ぶ．対称性から φ 依存性はないので，ポテンシャル ϕ は

$$\triangle \phi(\rho, z) = \frac{\partial^2 \phi}{\partial \rho^2} + \frac{1}{\rho}\frac{\partial \phi}{\partial \rho} + \frac{\partial^2 \phi}{\partial z^2} = \frac{1}{\rho}\frac{\partial}{\partial \rho}\Big(\rho\frac{\partial \phi}{\partial \rho}\Big) + \frac{\partial^2 \phi}{\partial z^2} = 0 \tag{3.194}$$

を満たし，境界条件は

$$z = 0 \text{ で } \begin{cases} \phi = \phi_0 & (0 \leq \rho \leq a) \\ \dfrac{\partial \phi}{\partial z} = 0 & (\rho > a) \end{cases} \tag{3.195}$$

$$|z| \to \infty \quad \text{で} \quad \phi \to 0$$

と与えられる．条件式 (3.195) は，いわゆる混合境界値問題とよばれているもので，境界の一部分では ϕ の値が，他の部分ではその微分係数が与えられていることに注意して解いてみよう．以下では，対称性を考慮して $z \geq 0$ で考える．まず，式 (3.194) に Hankel 変換

$$\mathcal{H}\{\phi(\rho, z)\} = \int_0^\infty \rho \phi(\rho, z) J_0(k\rho) \, d\rho \equiv \Phi(k, z) \tag{3.196}$$

を施し，式 (3.194) を代入したのちに部分積分を実行すると

$$\begin{aligned}
\frac{\partial^2 \Phi}{\partial z^2} &= \int_0^\infty \rho \frac{\partial^2 \phi}{\partial z^2} J_0(k\rho) \, d\rho = -\int_0^\infty \frac{\partial}{\partial \rho}\left(\rho \frac{\partial \phi}{\partial \rho}\right) J_0(k\rho) \, d\rho \\
&= \left[-\rho \frac{\partial \phi}{\partial \rho} J_0(k\rho)\right]_0^\infty + k \int_0^\infty \rho \frac{\partial \phi}{\partial \rho} J_0'(k\rho) \, d\rho \\
&= \left[k\rho \phi J_0'(k\rho)\right]_0^\infty - k \int_0^\infty \phi \left(k\rho J_0''(k\rho) + J_0'(k\rho)\right) d\rho \\
&= k^2 \int_0^\infty \phi \rho J_0(k\rho) \, d\rho = k^2 \Phi \tag{3.197}
\end{aligned}$$

を得る．方程式 (3.197) の基本解は $\exp(\pm kz)$ であるが，そのうち $z \to \infty$ で $\phi \to 0$ となるものを採用し，$\Phi(k, z) = A(k) \exp(-kz)$ の形に解が表される（$A(k)$ は任意定数）．これに Hankel 逆変換を行うと

$$\phi(\rho, z) = \int_0^\infty k \, A(k) e^{-kz} J_0(k\rho) \, dk \tag{3.198}$$

を得るので，次に境界条件 (3.195) をあてはめる．

$$\int_0^\infty k A(k) \, J_0(k\rho) \, dk = \phi_0 \qquad (0 \leq \rho < a) \tag{3.199}$$

$$\int_0^\infty k^2 A(k) \, J_0(k\rho) \, dk = 0 \qquad (\rho > a) \tag{3.200}$$

前述したように，ϕ の境界値は $0 \leq \rho < a$ でしか与えられていないので，$\rho > a$ では $\phi = g(\rho)$ であると仮定し，この未知関数 $g(\rho)$ と $A(k)$ が境界条件 (3.199) と式 (3.200) を満たすようにすればよい．

そこで，$J_0(k\rho)$ を含み，$[0, \infty)$ で積分すると境界条件 (3.199) を満たすような関数の候補として，式 (3.185) で $\kappa = a, s = \rho, x = k$ とおいた

$$\int_0^\infty \frac{\sin(ak)}{k} J_0(k\rho)\, dk = \begin{cases} \dfrac{\pi}{2} & (\rho \leq a) \\ \arcsin\left(\dfrac{a}{\rho}\right) & (\rho \geq a) \end{cases} \tag{3.201}$$

を考え，境界条件 (3.199) と比較すると

$$A(k) = \frac{2\phi_0}{\pi} \frac{\sin(ak)}{k^2} \tag{3.202}$$

を得る．この $A(k)$ を境界条件 (3.200) に代入すると

$$\frac{2\phi_0}{\pi} \int_0^\infty \sin(ak) J_0(k\rho)\, dk = \begin{cases} \dfrac{2\phi_0}{\pi} \dfrac{1}{\sqrt{a^2 - \rho^2}} & (\rho < a) \\ 0 & (\rho > a) \end{cases}$$

となり，$\rho > a$ での条件を満たしていることが確認できる．

以上の結果を，式 (3.198) に代入して

$$\phi(\rho, z) = \frac{2\phi_0}{\pi} \int_0^\infty \frac{\sin(ak)}{k} e^{-kz} J_0(k\rho)\, dk \tag{3.203}$$

を得る．さらに右辺の積分を実行すると

$$\phi(\rho, z) = \frac{2\phi_0}{\pi} \arcsin\left(\frac{2a}{\sqrt{z^2 + (a+\rho)^2} + \sqrt{z^2 + (a-\rho)^2}}\right) \tag{3.204}$$

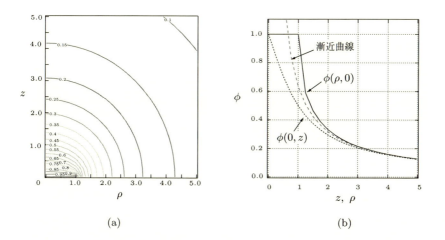

図 **3.11**　(a) 円板のまわりの等電位線 (半径 $a = 1$ の円板上で $\phi = 1$). (b) 円板の軸上，および円板面上での電位．

と表すことができる[16].円板のまわりの等電位線を図 3.11a に示す.円板の軸上の遠方 $\rho = 0, z \gg a$ では

$$\phi(0, z) = \frac{2\phi_0}{\pi} \arcsin\left(\frac{a}{\sqrt{z^2 + a^2}}\right) \sim \frac{2\phi_0}{\pi} \frac{a}{z}$$

円板の置かれている面上の遠方 $z = 0, \rho \gg a$ では

$$\phi(\rho, 0) \sim \frac{2\phi_0}{\pi} \frac{a}{\rho}$$

となっていて,与えられた電荷から十分遠方では,そこからの距離に比例して電位の減少していく様子がわかる (図 3.11b). ◁

3.3.6 積分変換の積分方程式への応用

理工学の多くの問題は微分方程式で記述されるが,たとえば,ある種の拡散,回折,輸送の問題などにおいて,観測された出力データからその原因となる要素の詳細を知りたいといった場合に,積分を用いなければ表せないことがある.その結果,未知関数が積分の中に含まれた方程式が現れる.これを**積分方程式**とよぶ.

積分方程式は,積分区間が固定されている **Fredholm** (フレドホルム) **方程式**と積分区間の一端が変数になっている **Volterra** (ボルテラ) **方程式**に大別され,さらに未知関数が積分の中だけに現れる「第 1 種」と積分の内外に現れる「第 2 種」に分類される.したがって,未知関数を $\phi(t)$ とし,関数 $f(x)$ と積分核 $k(x,t)$ を既知として

(1) 第 1 種 Fredholm 方程式

$$f(x) = \int_a^b k(x,t)\,\phi(t)\,\mathrm{d}t \tag{3.205}$$

(2) 第 2 種 Fredholm 方程式

$$\phi(x) = f(x) + \lambda \int_a^b k(x,t)\,\phi(t)\,\mathrm{d}t \tag{3.206}$$

(3) 第 1 種 Volterra 方程式

$$f(x) = \int_a^x k(x,t)\,\phi(t)\,\mathrm{d}t \tag{3.207}$$

(4) 第 2 種 Volterra 方程式

$$\phi(x) = f(x) + \lambda \int_a^x k(x,t)\,\phi(t)\,\mathrm{d}t \tag{3.208}$$

の形に表現される.

例 3.17 これまで登場した積分変換は積分方程式の例と考えてもよい. たとえば Fourier 変換は

$$f(x) = \frac{1}{\sqrt{2\pi}} \int_{-\infty}^{\infty} \mathrm{e}^{-\mathrm{i}xt} \phi(t)\,\mathrm{d}t$$

となっていた. これは, 関数 $f(x)$ と積分核 $\mathrm{e}^{-\mathrm{i}xt}/\sqrt{2\pi}$ を既知として, 未知関数 $\phi(t)$ を求める第 1 種 Fredholm の積分方程式とみなすことができ, その解は

$$\phi(t) = \frac{1}{\sqrt{2\pi}} \int_{-\infty}^{\infty} \mathrm{e}^{\mathrm{i}tx} f(x)\,\mathrm{d}x$$

で与えられた. 同様にして, Laplace 変換, Mellin 変換, Hankel 変換では積分区間を $[0,\infty)$ とし, 積分核をそれぞれ e^{-xt}, t^{x-1}, $tJ_n(xt)$ とした第 1 種 Fredholm の積分方程式であり, それぞれに対応した逆変換の表式が解を与えていた. ◁

積分方程式は, 工学教程「常微分方程式」で扱われているので, 以下では積分変換を応用して簡単に解ける場合, たとえば線形の積分方程式で積分核 $k(x,t)$ が $k(x-t)$ の場合を主として取り上げる.

a. 積分区間が $(-\infty,\infty)$ の場合

(i) 第 1 種 Fredholm 方程式

この場合には, 第 1 種 Fredholm 方程式 (3.205) は式 (3.64) を用いて

$$f(x) = \int_{-\infty}^{\infty} k(x-t)\phi(t)\,\mathrm{d}t = k * \phi$$

と表されるので, Fourier 変換とたたみこみを利用した解法が有用である. まず, 方程式全体に Fourier 変換を施すと

$$F(\omega) = \sqrt{2\pi} K(\omega) \Phi(\omega)$$

となる [式 (3.65) を参照]. ただし, Fourier 変換は

$$F(\omega) = \mathcal{F}\{f(x)\} = \frac{1}{\sqrt{2\pi}} \int_{-\infty}^{\infty} f(x)\mathrm{e}^{-\mathrm{i}\omega x}\mathrm{d}x$$

$$\Phi(\omega) = \mathcal{F}\{\phi(x)\}, \qquad K(\omega) = \mathcal{F}\{k(x)\}$$

などと定義している. これより

$$\Phi(\omega) = \frac{F(\omega)}{\sqrt{2\pi}K(\omega)}$$

を得るので, 解は

$$\phi(x) = \frac{1}{2\pi}\int_{-\infty}^{\infty}\frac{F(\omega)}{K(\omega)}e^{ix\omega}\,d\omega \qquad (3.209)$$

となる.

(ii) 第 2 種 Fredholm 方程式

第 2 種 Fredholm 方程式 (3.206) も同様に

$$\phi(x) = f(x) + \lambda\int_{-\infty}^{\infty} k(x-t)\phi(t)\,\mathrm{d}t = f + \lambda k * \phi$$

と表されるので, 式全体に Fourier 変換を施して

$$\Phi(\omega) = F(\omega) + \sqrt{2\pi}\lambda K(\omega)\Phi(\omega)$$

これより

$$\Phi(\omega) = \frac{F(\omega)}{1 - \sqrt{2\pi}\lambda K(\omega)}$$

したがって, 解は

$$\phi(x) = \frac{1}{\sqrt{2\pi}}\int_{-\infty}^{\infty}\frac{F(\omega)}{1 - \sqrt{2\pi}\lambda K(\omega)}e^{ix\omega}\,\mathrm{d}\omega \qquad (3.210)$$

となる[*6].

[*6] 非線形の積分方程式であっても

$$\phi(x) = f(x) + \lambda\int_{-\infty}^{\infty}\phi(x-t)\phi(t)\,\mathrm{d}t = f + \lambda\phi * \phi$$

のような型であれば, たたみこみが利用できるので解くことができる. 実際, 両辺に Fourier 変換を施せば

$$\Phi = F + \sqrt{2\pi}\lambda\Phi^2$$

となるので, これを解いて

$$\Phi = \frac{1}{2\sqrt{2\pi}\lambda}\left(1 \pm \sqrt{1 - 4\sqrt{2\pi}\lambda F}\right)$$

したがって, これを Fourier 逆変換すれば未知関数 ϕ を得る. なお, 次項に述べる第 2 種 Volterra 方程式でも, 積分核が ϕ になっているような非線形積分方程式であれば事情は同じである.

b. 積分区間が $(0, x)$ の場合

(i) この場合には，第 1 種 Volterra 方程式 (3.207) は式 (3.116) を用いて

$$f(x) = \int_0^x k(x-t)\,\phi(t)\,\mathrm{d}t = k * \phi$$

と表されるので，Laplace 変換とたたみこみを利用した解法が有用である．まず，方程式全体に Laplace 変換を施すと

$$F(s) = K(s)\,\Phi(s)$$

となる [式 (3.117) を参照]．ただし，Laplace 変換は

$$F(s) = \mathcal{L}\{f(x)\} = \int_0^\infty f(x)\,\mathrm{e}^{-sx}\mathrm{d}x$$

$$\Phi(s) = \mathcal{L}\{\phi(x)\}, \qquad K(s) = \mathcal{L}\{k(x)\}$$

などと定義している．これより

$$\Phi(s) = \frac{F(s)}{K(s)}$$

を得るので，解は

$$\phi(x) = \frac{1}{2\pi\mathrm{i}} \int_{\gamma-\mathrm{i}\infty}^{\gamma+\mathrm{i}\infty} \frac{F(s)}{K(s)}\,\mathrm{e}^{xs}\,\mathrm{d}s \tag{3.211}$$

となる．

(ii) 第 2 種 Volterra 方程式

第 2 種 Volterra 方程式 (3.208) も同様に

$$\phi(x) = f(x) + \lambda \int_0^x k(x-t)\,\phi(t)\,\mathrm{d}t = f + \lambda k * \phi$$

と表されるので，式全体に Laplace 変換を施して

$$\Phi(s) = F(s) + \lambda K(s)\,\Phi(s)$$

これより

$$\Phi(s) = \frac{F(s)}{1 - \lambda K(s)}$$

したがって，解は

$$\phi(x) = \frac{1}{2\pi\mathrm{i}} \int_{\gamma-\mathrm{i}\infty}^{\gamma+\mathrm{i}\infty} \frac{F(s)}{1 - \lambda K(s)}\,\mathrm{e}^{xs}\,\mathrm{d}s \tag{3.212}$$

となる．

例 3.18 Abel 方程式

$$f(x) = \int_0^x \frac{\phi(t)}{(x-t)^\alpha}\,dt \qquad (0 < \alpha < 1,\ x > 0) \tag{3.213}$$

を解いてみよう．ここで，$\phi(x)$ は未知関数，$f(x)$ は既知関数である．この方程式は第 1 種 Volterra 方程式であるから，前掲の Laplace 変換を用いた解法を試みる．まず

$$\mathcal{L}\{f(x)\} = F(s), \qquad \mathcal{L}\{\phi(x)\} = \Phi(s), \qquad \mathcal{L}\{x^{-\alpha}\} = \frac{(-\alpha)!}{s^{1-\alpha}}$$

を用いると，Laplace 変換を行った空間での解は

$$\Phi(s) = \frac{s^{1-\alpha}}{(-\alpha)!}F(s)$$

と与えられる．次に，ガンマ関数の性質 (A.4) を利用して $(-\alpha)!$ を書き替えると

$$\Phi(s) = \frac{\sin(\pi\alpha)}{\pi}\frac{(\alpha-1)!F(s)}{s^{\alpha-1}} = \frac{\sin(\pi\alpha)}{\pi}s\mathcal{L}\{x^{\alpha-1}\}F(s)$$

あるいは

$$\frac{1}{s}\Phi(s) = \frac{\sin(\pi\alpha)}{\pi}\mathcal{L}\{x^{\alpha-1}\}F(s)$$

を得る．そこで，両辺に Laplace 逆変換を施せば $\phi(x)$ が求められる．その際，式 (3.115) および (3.117) を使い，左辺は ϕ の積分の Laplace 変換，右辺は「たたみこみ」で表現されることに注意すると

$$\phi(x) = \frac{\sin(\pi\alpha)}{\pi}\frac{d}{dx}\int_0^x \frac{f(t)}{(x-t)^{1-\alpha}}\,dt \tag{3.214}$$

を得る． ◁

さらに，式 (3.213) を少し拡張した Abel 型の積分方程式

$$f(x) = \int_a^x \frac{\phi(t)}{(x^2-t^2)^\alpha}\,dt \qquad (0 < \alpha < 1,\ a < x) \tag{3.215}$$

の解は

$$\phi(x) = \frac{2\sin(\pi\alpha)}{\pi}\frac{d}{dx}\int_a^x \frac{t\,f(t)}{(x^2-t^2)^{1-\alpha}}\,dt \tag{3.216}$$

となる．これは変数変換 $t^2 = u$ などにより容易に確かめられる．

例 3.19 ジェットコースターではレールの形が決まっているので，その上のある点 $P(x,y)$ からスタートして目的点 $O(0,0)$ まで到達する時間 $f(y)$ が計算できる．これを逆にして，決められた時間の後に点 O に到達するようなレールの形 $\phi(y)$ を求めよ，というのが Abel の提唱した問題であった (1823 年)．

レール上の物体の運動に働く摩擦が無視できると仮定するとエネルギー保存則が成り立つ．そこで，重力加速度 g を一定とし，レール上の任意の点 $Q(\xi,\eta)$ を考えると，この点を通過する物体の速さは $v = \sqrt{2g(y-\eta)}$ となる (図 3.12 参照)．ただし，スタート点 $P(x,y)$ で物体は静止しているものとした．点 Q の近傍で斜面に沿った線分 ds を考えると，この微小区間を通過するのに要する時間 df は $df = ds/v$ で与えられ，また $ds = \sqrt{1 + (d\xi/d\eta)^2}\,d\eta$ であるから，点 P から点 O まで到達するのに必要な時間は

$$f(y) = \int_y^0 \frac{\sqrt{1 + (d\xi/d\eta)^2}}{\sqrt{2g(y-\eta)}}\,d\eta \tag{3.217}$$

となる．これは Abel 方程式で，$\alpha = 1/2$ とし，x, t をそれぞれ y, η に対応させ，

$$\phi(\eta) = -\frac{\sqrt{1 + (d\xi/d\eta)^2}}{\sqrt{2g}}$$

としたものである．したがって，解は

$$\phi(y) = -\frac{\sqrt{1 + (dx/dy)^2}}{\sqrt{2g}} = \frac{1}{\pi}\frac{d}{dy}\int_0^y \frac{f(\eta)}{\sqrt{y-\eta}}\,d\eta \tag{3.218}$$

となる． ◁

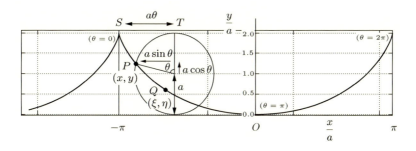

図 **3.12** サイクロイド $(a = A/2)$

一例として点 O まで到達する時間が出発点 P によらないと仮定してみよう．この場合には $f(y) = T_0$ （一定）となるので，式 (3.218) は

$$\phi(y) = \frac{T_0}{\pi} \frac{\mathrm{d}}{\mathrm{d}y} \int_0^y \frac{1}{\sqrt{y - \eta}} \mathrm{d}\eta = \frac{T_0}{\pi \sqrt{y}}$$

すなわち

$$\frac{\mathrm{d}y}{\mathrm{d}x} = \pm \sqrt{\frac{y}{A - y}}, \qquad A = \frac{2gT_0^2}{\pi^2} \tag{3.219}$$

となる．ここで，平方根をとるときに現れた $\pm$ の符号のうち，物理的な配置 (図 3.12) を考慮して $-$ の符号を採用する．この微分方程式 (3.219) を解くにあたり，$y = A\cos^2(\theta/2)$ とおいて積分し，パラメタ表示をすると

$$x = \frac{A}{2}(\theta - \sin\theta) + C, \qquad y = \frac{A}{2}(1 + \cos\theta) \tag{3.220}$$

を得る．ただし，C は積分定数である．初期位置として $t = 0$ で $x = x_0, y = y_0$ にあったと仮定すると，このときの θ を θ_0 として式 (3.220) の第 2 式から θ_0 が決まり，これが第 1 式を満たすように定数 C が決まる (初期位置が図の S 点なら $C = 0$ となる)．

式 (3.220) の表す曲線はサイクロイドとよばれ，$\theta = 2\pi$ の周期関数である．半径 a の円が $y = 2a$ の直線に沿って滑ることなく転がるとき，円周上の一点につけたマーカーがその後に描く軌跡となっている．また，この形をした摩擦のない凹面上の勝手な位置から物体を放つと，最下点 (図 3.12 の点 O) を中心とした往復運動を行う．その周期は初期に物体を置く位置，したがって振動の振幅によらず一定の値をもつ．これはサイクロイド振り子として知られている．

付録 **A**

ここでは，本書に登場した特殊関数のいくつかの性質について補足する．

A.1 ガンマ関数とベータ関数

A.1.1 ガンマ関数

ガンマ関数は

$$\Gamma(z) = \int_0^\infty e^{-t} t^{z-1} \, dt \quad \text{ただし，} \quad \text{Re}\, z > 0 \tag{A.1}$$

で定義される．部分積分により

$$\int_0^\infty e^{-t} t^z \, dt = z \int_0^\infty e^{-t} t^{z-1} \, dt$$

すなわち

$$\Gamma(z+1) = z\Gamma(z) \tag{A.2}$$

を得るので，z が整数 n の場合には

$$\Gamma(n+1) = n! \quad (n = 1, 2, 3, \cdots) \tag{A.3}$$

となる．ただし $0! = 1$ と約束する．また，$\Gamma(1/2) = \sqrt{\pi}$ である．

ガンマ関数の詳しい説明は，工学教程「複素関数論 II」にゆずり，ここでは本書で用いた，いくつかの性質を列挙しておく．

$$\Gamma(z)\Gamma(1-z) = (z-1)!(-z)! = \frac{\pi}{\sin \pi z} \tag{A.4}$$

$$\Gamma\left(\frac{1}{2}+z\right)\Gamma\left(\frac{1}{2}-z\right) = \frac{\pi}{\cos \pi z} \tag{A.5}$$

$$\Gamma(2z) = \frac{2^{2z-1}}{\sqrt{\pi}} \Gamma(z) \Gamma\left(z + \frac{1}{2}\right) \tag{A.6}$$

A.1.2 ベータ関数

ベータ関数 $B(p,q)$ は

$$B(p,q) = \int_0^1 t^{p-1}(1-t)^{q-1} \mathrm{d}t \qquad (\mathrm{Re}\, p > 0, \mathrm{Re}\, q > 0) \tag{A.7}$$

と定義される．これは，変数変換により

$$B(p,q) = \int_0^\infty \frac{t^{p-1}}{(1+t)^{p+q}} \mathrm{d}t = 2\int_0^{\pi/2} \cos^{2p-1}\theta \sin^{2q-1}\theta \, \mathrm{d}\theta$$

とも表現される．ガンマ関数 Γ とは

$$B(p,q) = \frac{\Gamma(p)\Gamma(q)}{\Gamma(p+q)} = B(q,p) \tag{A.8}$$

の関係がある．詳細は他書にゆずる．

A.2 Bessel 関数

A.2.1 Bessel 関数，Neumann 関数

Laplace 方程式 $\triangle \Phi = 0$ を円柱座標系 (ρ, φ, z) で表すと

$$\frac{1}{\rho}\frac{\partial}{\partial \rho}\left(\rho \frac{\partial \Phi}{\partial \rho}\right) + \frac{1}{\rho^2}\frac{\partial^2 \Phi}{\partial \varphi^2} + \frac{\partial^2 \Phi}{\partial z^2} = 0 \tag{A.9}$$

となる．この式を $\Phi(\rho, \varphi, z) = f(\rho)\exp(\mathrm{i}n\varphi \pm kz)$ の形に変数分離したときに f の満たす方程式は

$$\frac{\mathrm{d}^2 f}{\mathrm{d}\rho^2} + \frac{1}{\rho}\frac{\mathrm{d}f}{\mathrm{d}\rho} + \left(k^2 - \frac{n^2}{\rho^2}\right) f = 0 \tag{A.10}$$

あるいは，さらに $k\rho = x$ とおいて

$$\frac{\mathrm{d}^2 f}{\mathrm{d}x^2} + \frac{1}{x}\frac{\mathrm{d}f}{\mathrm{d}x} + \left(1 - \frac{n^2}{x^2}\right) f = 0 \tag{A.11}$$

で与えられる．この方程式の解 $J_n(x)$ を第 1 種 n 次の円柱関数，あるいは **Bessel** (ベッセル) 関数とよぶ．

以下では，Bessel 関数の性質をいくつかまとめておく．

a. 原点のまわりの級数解

常微分方程式の級数解法にしたがって，原点のまわりの級数解を求めると

$$J_0(x) = 1 - \frac{x^2}{4} + \frac{x^4}{64} - \cdots, \qquad J_1(x) = \frac{x}{2} - \frac{x^3}{16} + \frac{x^5}{384} - \cdots, \qquad (A.12)$$

一般に

$$J_n(x) = \sum_{m=0}^{\infty} \frac{(-1)^m}{(n+m)!m!} \left(\frac{x}{2}\right)^{2m+n} \qquad (A.13)$$

を得る．この展開式は n が実数 ν の場合にも成り立ち，ν が整数でなければ $\nu = -n$ とした $J_{-n}(x)$ は $J_n(x)$ と独立な解となっている．

しかし，n が整数の場合には注意が必要である．まず，式 (A.13) で形式的に $n \to -n$ とすると

$$J_{-n}(x) = \sum_{m=0}^{\infty} \frac{(-1)^m}{(m-n)!m!} \left(\frac{x}{2}\right)^{2m-n}. \qquad (A.14)$$

を得るが，$m = 0, 1, 2, \cdots, n-1$ までは分母に $(-n)!, (1-n)!, \cdots, (-1)!$ のように負の数の階乗が現れる．負の数の階乗は，たとえば

$$(-1)! = (-1)(-2)(-3)\cdots, \qquad (-2)! = (-2)(-3)(-4)\cdots, \qquad \cdots$$

のように負の数が無限個掛け合わせられるので，正または負の無限大になる．したがって，式 (A.14) の級数展開の係数のうち m が 0 から $n-1$ までは 0 になり，

$$J_{-n}(x) = \sum_{m=n}^{\infty} \frac{(-1)^m}{(m-n)!m!} \left(\frac{x}{2}\right)^{2m-n} = \sum_{k=0}^{\infty} \frac{(-1)^{n+k}}{k!(n+k)!} \left(\frac{x}{2}\right)^{n+2k} = (-1)^n J_n(x)$$

を得る [上式の第 2 項から第 3 項に移るときに $m = n+k$ とおき，最右辺へは式 (A.13) と比較した]．このように，n が整数の場合には $J_{-n}(x)$ は $J_n(x)$ と独立ではない．

そこで，$J_n(x)$ に独立な第 2 の解として

$$N_\nu(x) = \frac{J_\nu(x)\cos\nu\pi - J_{-\nu}(x)}{\sin\nu\pi}, \qquad N_n(x) = \lim_{\nu \to n} N_\nu(x) \qquad (A.15)$$

を定義する．$N_n(x)$ を第 2 種 n 次の円柱関数，あるいは **Neumann** (ノイマン) 関数とよぶ．

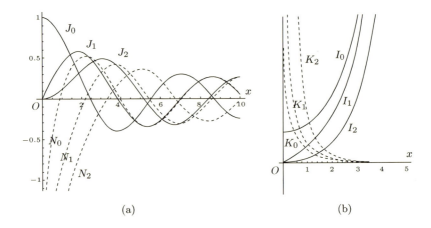

図 **A.1** Bessel 関数 (a) J_n, N_n, (b) I_n, K_n

Neumann 関数の級数解の具体形は

$$N_0(x) = \frac{2}{\pi}\left(\log x - \log 2 + \gamma\right) J_0(x) + \frac{2}{\pi}\left(\frac{x^2}{4} - \frac{3x^4}{128} + \cdots\right) \quad \text{(A.16)}$$

$$N_1(x) = \frac{2}{\pi}\left(\log x - \log 2 + \gamma\right) J_1(x) - \frac{2}{\pi}\left(\frac{1}{x} + \frac{x}{4} - \frac{5x^5}{64} + \cdots\right) \quad \text{(A.17)}$$

一般に

$$N_n(x) = \frac{2}{\pi}\left(\log x - \log 2 + \gamma\right) J_n(x)$$
$$- \frac{1}{\pi}\sum_{m=0}^{\infty}\frac{(-1)^m}{(n+m)!m!}\left[\sum_{l=1}^{m}\frac{1}{l} + \sum_{l=1}^{m+l}\frac{1}{l}\right]\left(\frac{x}{2}\right)^{2m+n}$$
$$- \frac{1}{\pi}\sum_{m=0}^{n-1}\frac{(n-m-1)!}{m!}\left(\frac{x}{2}\right)^{2m-n} \quad \text{(A.18)}$$

で与えられる.ただし $\gamma = 0.5772156649\cdots$ は Euler 定数である.これらのふるまいを図 A.1a に示す.

b. 漸 近 形

次数 n が半整数の場合には

$$J_{1/2}(x) = \sqrt{\frac{2}{\pi x}} \sin x, \quad J_{-1/2}(x) = \sqrt{\frac{2}{\pi x}} \cos x,$$
$$J_{3/2}(x) = \sqrt{\frac{2}{\pi x}} \left(-\cos x + \frac{\sin x}{x}\right), \quad J_{-3/2}(x) = -\sqrt{\frac{2}{\pi x}} \left(\sin x + \frac{\cos x}{x}\right) \tag{A.19}$$

のように,よく知られた関数で表現できる.x の増加にともない振動しながら $x^{-1/2}$ に比例して減少していく.また,x 軸を横切る点 (零点) も交互に現れる.一般の次数の Bessel 関数においても同様に,漸近的ふるまいは $x \gg 1$ で

$$J_n(x) \sim \sqrt{\frac{2}{\pi x}} \cos\left(x - \frac{(2n+1)\pi}{4}\right) \tag{A.20}$$

$$N_n(x) \sim \sqrt{\frac{2}{\pi x}} \sin\left(x - \frac{(2n+1)\pi}{4}\right) \sim J_{n+1}(x) \tag{A.21}$$

となる.

c. 直交性と零点

$J_n(x)$ の i 番目の零点を $\lambda_i^{(n)}$ $(0 < \lambda_1^{(n)} < \lambda_2^{(n)} < \cdots)$ とするとき

$$\int_0^1 x J_n(\lambda_i^{(n)} x) J_n(\lambda_j^{(n)} x) \, dx = \frac{1}{2}[J_{n+1}(\lambda_i^{(n)})]^2 \delta_{ij} \tag{A.22}$$

が成り立つ.これを利用して,区間 $[0, a]$ で

$$F(x) = \sqrt{2} \sum_{i=1}^\infty \frac{c_i}{J_{n+1}(\lambda_i^{(n)})} J_n\left(\lambda_i^{(n)} \frac{x}{a}\right)$$

$$c_i = \frac{\sqrt{2}}{a^2 J_{n+1}(\lambda_i^{(n)})} \int_0^a x F(x) J_n\left(\lambda_i^{(n)} \frac{x}{a}\right) dx \tag{A.23}$$

の展開 (Bessel 展開) ができる.これは円筒上で境界条件が与えられている問題などに有効である.

d. 母関数

関数 $\exp\left[\frac{x}{2}\left(\zeta - \frac{1}{\zeta}\right)\right]$ を真性特異点 $\zeta = 0$ のまわりに Laurent 展開すると

$$\exp\left[\frac{x}{2}\left(\zeta - \frac{1}{\zeta}\right)\right] = \sum_{n=-\infty}^\infty \zeta^n J_n(x) \tag{A.24}$$

が成り立つ. 式 (A.24) の左辺の関数を Bessel 関数の母関数とよぶ. これは, 具体的に左辺を展開して

$$\exp\left[\frac{x}{2}\left(\zeta - \frac{1}{\zeta}\right)\right] = \exp\left(\frac{x\zeta}{2}\right)\exp\left(-\frac{x}{2\zeta}\right)$$

$$= \sum_{m=0}^{\infty}\frac{1}{m!}\left(\frac{x\zeta}{2}\right)^m \sum_{n=0}^{\infty}\frac{1}{n!}\left(-\frac{x}{2\zeta}\right)^n$$

$$= \sum_{m=0}^{\infty}\sum_{n=0}^{\infty}\frac{1}{m!\,n!}\frac{(-1)^n}{2^{m+n}}x^{m+n}\zeta^{m-n}$$

$$= \sum_{k=-\infty}^{\infty}\zeta^k \sum_{n=0}^{\infty}\frac{(-1)^n}{n!\,(k+n)!}\left(\frac{x}{2}\right)^{k+2n}$$

とし, 最右辺と式 (A.13) を比較することにより, 容易に確かめられる.

e. 積 分 表 示

Bessel 関数 $J_n(x)$ は, 母関数展開式 (A.24) における ζ^n の係数であるから, これを得るには

$$J_n(x) = \frac{1}{2\pi\mathrm{i}}\int_C \frac{1}{\zeta^{n+1}}\exp\left[\frac{x}{2}\left(\zeta - \frac{1}{\zeta}\right)\right]\mathrm{d}\zeta$$

を計算すればよい. ここで C は $\zeta = 0$ を取り囲む任意の閉曲線である. そこで $\zeta = \exp(\mathrm{i}\theta)$ と変数変換すると

$$J_n(x) = \frac{1}{2\pi}\int_{\alpha}^{2\pi+\alpha} \mathrm{e}^{\mathrm{i}(x\sin\theta - n\theta)}\mathrm{d}\theta \tag{A.25}$$

を得る (α は任意の実定数).

f. 漸 化 式

Bessel 関数は漸化式

$$J_{n-1}(x) = \frac{2n}{x}J_n(x) - J_{n+1}(x), \quad J_{n+1}(x) = \frac{2n}{x}J_n(x) - J_{n-1}(x) \tag{A.26}$$

を満たす. これを利用すると高次の Bessel 関数がすべて J_0 と J_1 で表される. たとえば

$$J_2(x) = \frac{2}{x}J_1(x) - J_0(x),$$
$$J_3(x) = \frac{4}{x}J_2(x) - J_1(x) = \left(\frac{8}{x^2} - 1\right)J_1(x) - \frac{4}{x}J_0(x), \quad \cdots \tag{A.27}$$

また，微分に関する漸化式は

$$\left(\frac{\mathrm{d}}{\mathrm{d}x} - \frac{n}{x}\right) J_n(x) = -J_{n+1}(x), \quad \left(\frac{\mathrm{d}}{\mathrm{d}x} + \frac{n}{x}\right) J_n(x) = J_{n-1}(x) \tag{A.28}$$

である．この演算は J_n の次数を1つ上下させるので，昇降演算子とよばれる．これらを用いると，たとえば

$$J_0' = -J_1, \quad J_1' = J_0 - \frac{1}{x}J_1, \quad \cdots \tag{A.29}$$

さらに，2種類の漸化式を組み合わせて

$$J_2' = J_1 - \frac{2}{x}J_2 = \frac{2}{x}J_0 + \left(1 - \frac{4}{x^2}\right)J_1, \quad \cdots \tag{A.30}$$

などを得る．ただし，$\mathrm{d}f/\mathrm{d}x = f'$ などと略記した．

A.2.2　Hankel 関数

前述の J_n と N_n を組み合わせた

$$H_n^{(1)}(x) = J_n(x) + \mathrm{i}N_n(x), \quad H_n^{(2)}(x) = J_n(x) - \mathrm{i}N_n(x) \tag{A.31}$$

を **Hankel**（ハンケル）関数あるいは第3種の円柱関数とよぶ．これは Euler の公式 $\exp(\pm \mathrm{i}x) = \cos x \pm \mathrm{i}\sin x$ との類似性をもち，$x \gg 1$ で

$$\left.\begin{array}{c} H_n^{(1)} \\ H_n^{(2)} \end{array}\right\} \sim \sqrt{\frac{2}{\pi x}} \exp\left[\pm \mathrm{i}\left(x - \frac{(2n+1)\pi}{4}\right)\right] \tag{A.32}$$

のような漸近的なふるまいをする．

漸化式は J_n や N_n の場合と同じである．また，引数が純虚数の場合に

$$H_0^{(1)}(\mathrm{i}x) = \frac{2}{\pi \mathrm{i}} K_0(x) \tag{A.33}$$

などの関係がある．ここで K_0 は A.2.4 項で述べる第2種0次の「変形された Bessel 関数」である．

A.2.3 球 Bessel 関数

Bessel 関数の次数 n が半整数の場合が球 Bessel 関数である．微分方程式は

$$\frac{d^2 f}{dx^2} + \frac{2}{x}\frac{df}{dx} + \left(1 - \frac{n(n+1)}{x^2}\right)f = 0 \tag{A.34}$$

この方程式の解は，前述の J_n, N_n, $H_n^{(1)}$, $H_n^{(2)}$ で次数を半整数に対応させたもので，j_n, n_n, $h_n^{(1)}$, $h_n^{(2)}$ と表記される．ここで

$$j_n(x) = \sqrt{\frac{\pi}{2x}} J_{n+1/2}(x), \qquad n_n(x) = \sqrt{\frac{\pi}{2x}} N_{n+1/2}(x) \tag{A.35}$$

$$h_n^{(1)}(x) = \sqrt{\frac{\pi}{2x}} H_{n+1/2}^{(1)}(x), \qquad h_n^{(2)}(x) = \sqrt{\frac{\pi}{2x}} H_{n+1/2}^{(2)}(x) \tag{A.36}$$

の関係がある．したがって，式 (A.19) と合わせて具体的な形を示すと

$$j_0(x) = \frac{\sin x}{x}, \ j_1(x) = -\frac{\cos x}{x} + \frac{\sin x}{x^2}, \ j_2(x) = \left(-\frac{1}{x} + \frac{3}{x^3}\right)\sin x - \frac{3}{x^2}\cos x \tag{A.37}$$

$$n_0(x) = -\frac{\cos x}{x}, \ n_1(x) = -\frac{\sin x}{x} - \frac{\cos x}{x^2}, \ n_2(x) = \left(\frac{1}{x} - \frac{3}{x^3}\right)\cos x - \frac{3}{x^2}\sin x \tag{A.38}$$

また，式 (A.31) を使って

$$\begin{aligned} h_0^{(1)}(x) &= -\frac{i}{x}e^{ix}, \quad h_1^{(1)}(x) = -\left(\frac{1}{x} + \frac{i}{x^2}\right)e^{ix}, \quad \cdots \\ h_0^{(2)}(x) &= \frac{i}{x}e^{-ix}, \quad h_1^{(2)}(x) = \left(-\frac{1}{x} + \frac{i}{x^2}\right)e^{-ix}, \quad \cdots \end{aligned} \tag{A.39}$$

などとなる．x の増加にともない振動しながら $1/x$ のように減少していく．また，x 軸を横切る点 (零点) も交互に現れる．

A.2.4 変形された Bessel 関数

式 (A.9) を $\Phi(\rho, \varphi, z) = f(\rho)\exp(in\varphi \pm ikz)$ の形に変数分離し，$k\rho = x$ とおくと f の満たす方程式は

$$\frac{d^2 f}{dx^2} + \frac{1}{x}\frac{df}{dx} - \left(1 + \frac{n^2}{x^2}\right)f = 0 \tag{A.40}$$

となる. その解 $I_n(x), K_n(x)$ をそれぞれ第 1 種および第 2 種の (n 次の) **変形された Bessel** (ベッセル) **関数**とよぶ. 形式的には前項の Bessel 関数で k を ik としたものである. 図 A.1b にそのふるまいを示す.

a. 原点付近のふるまい

$$I_0(x) = 1 + \frac{x^2}{4} + \frac{x^4}{64} + \cdots, \qquad I_1(x) = \frac{x}{2} + \frac{x^3}{16} + \frac{x^5}{384} + \cdots$$

$$K_0(x) = -(\log x - \log 2 + \gamma) I_0(x) + \frac{x^2}{4} + \frac{3x^4}{128} + \cdots$$

$$K_1(x) = \frac{1}{x} + (\log x - \log 2 + \gamma) I_1(x) - \frac{x}{4} - \frac{5x^3}{64} + \cdots \qquad (A.41)$$

$$I_n(x) \approx \frac{1}{\Gamma(n+1)} \left(\frac{x}{2}\right)^n, \qquad K_n(x) \approx \frac{\Gamma(n)}{2} \left(\frac{2}{x}\right)^n$$

b. n が半整数の場合

この場合には初等関数で表される. たとえば

$$I_{1/2}(x) = \sqrt{\frac{2}{\pi x}} \sinh x, \qquad I_{-1/2}(x) = \sqrt{\frac{2}{\pi x}} \cosh x$$

$$I_{3/2}(x) = \sqrt{\frac{2}{\pi x}} \left(\cosh x - \frac{\sinh x}{x}\right)$$

$$I_{-3/2}(x) = \sqrt{\frac{2}{\pi x}} \left(\sinh x - \frac{\cosh x}{x}\right), \quad \cdots \qquad (A.42)$$

$$K_{1/2}(x) = K_{-1/2}(x) = \sqrt{\frac{\pi}{2x}} e^{-x}$$

$$K_{3/2}(x) = K_{-3/2}(x) = \sqrt{\frac{\pi}{2x}} \left(1 + \frac{1}{x}\right) e^{-x}, \quad \cdots$$

c. x が大きいところでの漸近展開

$$I_n(x) \sim \frac{e^x}{\sqrt{2\pi x}} \left(1 - \frac{4n^2 - 1}{8x} + \cdots\right)$$

$$K_n(x) \sim \frac{\sqrt{\pi} e^{-x}}{\sqrt{2x}} \left(1 + \frac{4n^2 - 1}{8x} + \cdots\right) \qquad (A.43)$$

である.

A.3 Legendre 関数

Laplace 方程式 $\triangle \Phi = 0$ を球座標系 (r, θ, φ) で表すと

$$\frac{1}{r^2}\frac{\partial}{\partial r}\left(r^2\frac{\partial \Phi}{\partial r}\right) + \frac{1}{r^2 \sin\theta}\frac{\partial}{\partial \theta}\left(\sin\theta \frac{\partial \Phi}{\partial \theta}\right) + \frac{1}{r^2 \sin^2\theta}\frac{\partial^2 \Phi}{\partial \varphi^2} = 0 \quad (A.44)$$

となる．解を $\Phi(r, \theta, \varphi) = r^n Y_n(\theta, \varphi)$ $(n = 0, 1, 2, \cdots)$ と仮定すると，Y_n は

$$\frac{1}{\sin\theta}\frac{\partial}{\partial \theta}\left(\sin\theta \frac{\partial Y_n}{\partial \theta}\right) + \frac{1}{\sin^2\theta}\frac{\partial^2 Y_n}{\partial \varphi^2} + n(n+1)Y_n = 0 \quad (A.45)$$

を満たす．ここで，$Y_n(\theta, \varphi)$ は n 次の**球面調和関数**とよばれる．さらに $Y_n(\theta, \varphi) = \Theta(\theta)\exp(\pm im\varphi)$ と変数分離すると Θ は

$$\frac{1}{\sin\theta}\frac{\mathrm{d}}{\mathrm{d}\theta}\left(\sin\theta \frac{\mathrm{d}\Theta}{\mathrm{d}\theta}\right) + \left[n(n+1) - \frac{m^2}{\sin^2\theta}\right]\Theta = 0 \quad (A.46)$$

を満たす．この方程式の解 $P_n^m(\cos\theta), Q_n^m(\cos\theta)$ は，それぞれ第 1 種および第 2 種の **Legendre** (ルジャンドル) **陪関数**とよばれる．ただし，$m = 1, 2, 3, \cdots, n$ であり，$m > n$ では $P_n^m, Q_n^m = 0$ である．おのおのの n に対して $m = 0, 1, 2, \cdots, n$ とした $2n+1$ 個の関数 [$\exp(\pm im\varphi)$ には $\cos m\varphi$, $\sin m\varphi$ が対応する] は線形独立である．

A.3.1 Legendre 関数

$m = 0$ の場合をみてみよう．この場合は軸対称な解であり，Θ の満たす方程式は

$$\frac{1}{\sin\theta}\frac{\mathrm{d}}{\mathrm{d}\theta}\left(\sin\theta \frac{\mathrm{d}\Theta}{\mathrm{d}\theta}\right) + n(n+1)\Theta = 0 \quad (A.47)$$

あるいは $\cos\theta = x$ とおいて

$$(1-x^2)\frac{\mathrm{d}^2\Theta}{\mathrm{d}x^2} - 2x\frac{\mathrm{d}\Theta}{\mathrm{d}x} + n(n+1)\Theta = 0 \quad (A.48)$$

となる．その解 $P_n(\cos\theta), Q_n(\cos\theta)$ は，それぞれ第 1 種および第 2 種の **Legendre** (ルジャンドル) **関数**とよばれる．のちに示すように，$P_n(\cos\theta)$ は $\theta = \pm\pi$ で有限であるが $Q_n(\cos\theta)$ は発散する．したがって，$\triangle\Phi = 0$ のうち，軸対称で，$r = 0$ で正則な解は

$$\Phi = \sum_{n=0}^{\infty} A_n r^n P_n(\cos\theta) \quad (A.49)$$

のように展開される．

以下では，Legendre 関数や Legendre 陪関数の性質について簡単に述べよう．

a. $x=0$ のまわりの級数解

特異点は $x=\pm 1$ にあるので，級数は $-1<x<1$ で収束する．とくに n が整数の場合には，解は多項式で表され

$$P_0(x)=1, P_1(x)=x, P_2(x)=\frac{1}{2}(3x^2-1), P_3(x)=\frac{1}{2}(5x^3-3x),\cdots \quad \text{(A.50)}$$

一般に，**Rodrigues** (ロドリーグ) の公式

$$P_n(x)=\frac{1}{2^n n!}\frac{d^n}{dx^n}(x^2-1)^n \quad \text{(A.51)}$$

あるいは

$$P_n(x)=\frac{1}{2^n}\sum_{k=0}^{[n/2]}(-1)^k\frac{(2n-2k)!}{k!(n-k)!(n-2k)!}x^{n-2k} \quad \text{(A.52)}$$

で与えられる．これらを **Legendre** (ルジャンドル) **多項式**とよぶ．この展開からも明らかなように，関数の偶奇性は $P_n(-x)=(-1)^n P_n(x)$ となっている．$P_n(x)$ のふるまいを図 A.2a に示す．

他方，第 2 種の Legendre 関数は

$$Q_0(x)=\frac{1}{2}\log\frac{1+x}{1-x}, \qquad Q_1(x)=\frac{x}{2}\log\frac{1+x}{1-x}-1 \quad \text{(A.53)}$$

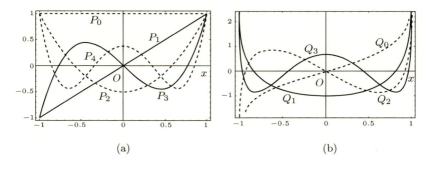

図 **A.2** (a) 第 1 種 Legendre 多項式 P_n ($n=0,1,2,3,4$)，(b) 第 2 種 Legendre 多項式 Q_n ($n=0,1,2,3,4$)．

$$Q_2(x) = \frac{1}{4}(3x^2 - 1)\log\frac{1+x}{1-x} - \frac{3}{2}x, \quad \cdots \tag{A.54}$$

一般に

$$Q_n(x) = \frac{1}{2}P_n(x)\log\frac{1+x}{1-x} - W_{n-1}(x) \tag{A.55}$$

ただし，

$$W_{-1} = 0, \qquad W_{n-1}(x) = \sum_{s=0}^{[(n-1)/2]} \frac{(2n-4s-1)}{(2s+1)(n-s)} P_{n-2s-1}(x) \tag{A.56}$$

と表される．$Q_n(x)$ のふるまいを図 A.2b に示す．

b. 直 交 性

Legendre 多項式 $P_n(x)$ は区間 $(-1, 1)$ で直交性がある．すなわち

$$\int_{-1}^{1} P_m(x) P_n(x) dx = \frac{2}{2n+1} \delta_{mn} \tag{A.57}$$

であり，$\sqrt{(2n+1)/2}\, P_n(x)$ $(n = 0, 1, 2, \cdots)$ は区間 $(-1, 1)$ で規格直交関数系となる．

c. 母 関 数

Legendre 多項式 $P_n(x)$ は，展開

$$G(x, t) \equiv \frac{1}{\sqrt{1 - 2xt + t^2}} = \sum_{n=0}^{\infty} P_n(x) t^n \tag{A.58}$$

の展開係数として与えられる．このために $G(x, t)$ を $P_n(x)$ の母関数とよぶ．これを用いると，原点 O からの距離が r, r' の 2 点 A, B の距離を $R = \sqrt{r^2 - 2rr'\cos\theta + r'^2}$ として

$$\frac{1}{R} = \begin{cases} \displaystyle\sum_{n=0}^{\infty} \frac{r^n}{r'^{n+1}} P_n(\cos\theta) & (r' > r) \\ \displaystyle\sum_{n=0}^{\infty} \frac{r'^n}{r^{n+1}} P_n(\cos\theta) & (r' < r) \end{cases} \tag{A.59}$$

のような展開ができる．

A.3.2　Legendre 陪関数

Legendre の陪微分方程式の解 $P_n^m(x), Q_n^m(x)$ は

$$P_n^m(x) = (1-x^2)^{m/2}\frac{\mathrm{d}^m}{\mathrm{d}x^m}P_n(x), \quad Q_n^m(x) = (1-x^2)^{m/2}\frac{\mathrm{d}^m}{\mathrm{d}x^m}Q_n(x) \quad \text{(A.60)}$$

である．それぞれ第 1 種および第 2 種の **Legendre** (ルジャンドル) **陪関数**とよぶ．たとえば $x = \cos\theta$ とおいて

$$\begin{aligned}
&P_0^0(x) = P_0(x), \quad &&P_1^0(x) = P_1(x), \quad &&P_1^1(x) = \sqrt{1-x^2} = \sin\theta \\
&P_2^0(x) = P_2(x), \quad &&P_2^1(x) = 3x\sqrt{1-x^2} = 3\sin\theta\cos\theta = \frac{3}{2}\sin 2\theta \\
&P_2^2(x) = 3(1-x^2) = 3\sin^2\theta = \frac{3}{2}(1-\cos 2\theta)
\end{aligned} \quad \text{(A.61)}$$

などと表される．なお，一般に

$$P_n^{-m}(x) = (-1)^m\frac{(n-m)!}{(n+m)!}P_n^m(x) \quad (m > 0) \quad \text{(A.62)}$$

が成り立つ．直交性は

$$\int_{-1}^1 P_l^m(x)P_n^m(x)\mathrm{d}x = \frac{2}{2n+1}\frac{(n+m)!}{(n-m)!}\delta_{ln} \quad \text{(A.63)}$$

である．

A.3.3　球面調和関数

この項のはじめの方で，$\triangle \Phi = 0$ の球座標系による解のうち r を分離した解 $Y_n(\theta,\varphi)$ に言及した．これは言い換えると，「$r = $ 一定」という球面上での調和関数になっているので**球面調和関数**とよばれる．その解のうち球面上で有界な $P_n^m(\cos\theta)$ と $\mathrm{e}^{\pm \mathrm{i}m\varphi}$ を用いて規格化した直交関数系を示しておく．通常は θ,φ の依存性を明確にするために $Y_n(\theta,\varphi)$ を $Y_{n,m}(\theta,\varphi)$ と表し

$$Y_{n,m}(\theta,\varphi) = \tilde{P}_n^m(\cos\theta)\,\tilde{\Phi}_m(\varphi) \quad (m = 0, \pm 1, \pm 2, \cdots, \pm n) \quad \text{(A.64)}$$

$$\tilde{P}_n^m(\cos\theta) = \sqrt{\frac{2n+1}{2}\frac{(n-m)!}{(n+m)!}}P_n^m(\cos\theta), \quad \tilde{\Phi}_m(\varphi) = \frac{1}{\sqrt{2\pi}}\mathrm{e}^{\mathrm{i}m\varphi} \quad \text{(A.65)}$$

とする．したがって

$$Y_{0,0}(\theta,\varphi) = \frac{1}{\sqrt{4\pi}}, \quad Y_{1,0}(\theta,\varphi) = \sqrt{\frac{3}{4\pi}}\cos\theta, \quad Y_{1,\pm 1}(\theta,\varphi) = \pm\sqrt{\frac{3}{8\pi}}\sin\theta\,\mathrm{e}^{\pm\mathrm{i}\varphi}$$

$$Y_{2,0}(\theta,\varphi) = \frac{1}{2}\sqrt{\frac{5}{4\pi}}(3\cos^2\theta - 1), \quad Y_{2,\pm 1}(\theta,\varphi) = \pm\sqrt{\frac{15}{8\pi}}\sin\theta\cos\theta\,\mathrm{e}^{\pm\mathrm{i}\varphi}$$

$$Y_{2,\pm 2}(\theta,\varphi) = \frac{1}{2}\sqrt{\frac{15}{8\pi}}\sin^2\theta\,\mathrm{e}^{\pm 2\mathrm{i}\varphi}, \quad Y_{3,0}(\theta,\varphi) = \frac{1}{2}\sqrt{\frac{7}{4\pi}}\cos\theta(5\cos^2\theta - 3), \quad \cdots$$

(A.66)

などとなる．

参 考 文 献

全　般

[1] 寺沢寛一：自然科学者のための数学概論 (増訂版), 岩波書店, 1983.
[2] 寺沢寛一 編：自然科学者のための数学概論, 応用編, 岩波書店, 1960.
[3] P. M. Morse, H. Feshbach: *Methods of theoretical physics*, McGraw-Hill, 1953.
[4] G. F. Carrier, M. Krook, C. E. Pearson: *Functions of a complex variable*, McGraw-Hill, 1966, 第 7 章.
[5] E. Butkov: *Mathematical Physics*, Addison-Wesley, 1973.
[6] G. Arfken: *Mathematical Methods for Physicists*, Academic Press, 1985.
[7] 佐野 理：キーポイント微分方程式, 岩波書店, 1993.
[8] 河村哲也：キーポイント偏微分方程式, 岩波書店, 1997.

第 1 章

[9] スミルノフ (福原満州雄ほか訳)：スミルノフ高等数学教程 IV 巻, 第 2 分冊, 共立出版, 1961, 第 3 章.
[10] S. ファーロウ (伊理正夫, 伊理由美 訳)：偏微分方程式　科学者・技術者のための使い方と解き方, 朝倉書店, 1996.

第 2 章

[11] コシリヤコフ, グリニエル, スミルノフ (藤田 宏, 池辺晃生, 高見穎郎 訳)：物理・工学における偏微分方程式 (上), 岩波書店, 1974, 第 6 章.
[12] コシリヤコフ, グリニエル, スミルノフ (藤田 宏, 池辺晃生, 高見穎郎 訳)：物理・工学における偏微分方程式 (下), 岩波書店, 1976, 第 33 章.
[13] 中村宏樹：偏微分方程式とフーリエ解析, 東京大学出版会, 1995.
[14] 神部 勉：理工学者が書いた数学の本 偏微分方程式, 講談社, 1987.

第 3 章

[15] 今村 勤：物理とフーリエ変換, 岩波書店, 1976.
[16] E. C. Titchmarsh: *Introduction to the theory of Fourier integrals*, 2nd ed., Oxford University Press, 1948.
[17] I. N. Sneddon: *Mixed Boundary Value Problems in Potential Theory*, North-Holland, 1966.
[18] W. Magnus, F. Oberhettinger, F. G. Tricomi (ed. A. Erdélyi): *Tables of Integral Transforms*, Vol. I, McGraw-Hill, 1954.

おわりに

　「はじめに」でも述べたとおり，偏微分方程式の裾野は広いので，これらをすべてカバーするのは困難であるし，学問上のバックグラウンド，関心の度合いや重点が読者ごとに異なることを考えれば，至るところで記述が不十分との誹りは免れないであろう．それでも敢えて本書を世に出すことにしたのは，伝統的な工学教育と急速に学際化や複合化を続ける先端工学研究をいかにしてつないでいくかという課題に応えるべく企画された工学教程の趣旨に共感したからにほかならない．本書がその趣旨にどの程度応えているかは，読者のご判断にお任せしたい．今回の執筆にあたり，テーマの選択，相応しい説明の仕方，あるいは全体の構成などについて迷うところも多々あった．とくに，筆者のひとりよがりや，他の工学教程との齟齬などについてもご指摘いただければ，今後に生かして改善に努めたい．ぜひとも読者の忌憚のないご意見ご批判をお願いする次第である．

2014 年 12 月

佐 野　　理

索　引

欧　文

Abel (アーベル) 方程式 (Abel equation)　194

Bessel (ベッセル) 関数 (Bessel function)　73, 87, 129, 198
Bessel (ベッセル) の不等式 (Bessel's inequality)　81
Bromwich (ブロムウィッチ) 積分 (Bromwich integral)　147, 170

Cauchy (コーシー) 条件 (Cauchy condition)　57, 77
Cauchy 問題 (Cauchy's problem)　20, 57
Clairaut (クレイロー) の方程式 (Clairaut equation)　25, 35

d'Alembert–Stokes (ダランベール–ストークス) の解　114, 161
d'Alembert (ダランベール) の解 (d'Alembert's solution)　60
Dirichlet (ディリクレ) 条件 (Dirichlet condition)　77

Euler–Lagrange (オイラー–ラグランジュ) 方程式　37

Fourier–Bessel (フーリエ–ベッセル) 展開 (Fourier–Bessel expansion)　88, 132
Fourier–Bessel (フーリエ–ベッセル) の積分公式 (Fourier–Bessel integral)　147
Fourier (フーリエ) 式級数 (Fourier series)　80

Fourier (フーリエ) 正弦変換 (Fourier sine transform)　146, 150, 184, 185
Fourier (フーリエ) の積分公式 (Fourier' integral formula)　145, 146
Fourier (フーリエ) 変換 (Fourier transform)　145, 148
Fourier (フーリエ) 余弦変換 (Fourier cosine transform)　146, 148, 184, 185
Fredholm (フレドホルム) 方程式 (Fredholm equation)　190

Gram–Schmidt (グラム–シュミット) の直交化法 (Gram–Schmidt orthogonalization method)　85
Green (グリーン) 関数 (Green's function)　93, 102, 110, 156, 162
Green (グリーン) の公式 (Green's formula)　91, 112, 118, 125

Hamilton–Jacobi (ハミルトン–ヤコビ) の方程式 (Hamilton–Jacobi equation)　44
Hamilton (ハミルトン) 関数 (Hamiltonian)　41
Hamilton (ハミルトン) の主関数 (Hamilton's principal function)　44
Hamilton (ハミルトン) の方程式 (Hamilton's equation)　41
Hankel (ハンケル) 関数 (Hankel function)　110, 134, 203
Hankel (ハンケル) 変換 (Hankel transform)　147, 183
Heaviside (ヘヴィサイド) 関数　90
Helmholtz (ヘルムホルツ) 方程式 (Helmholtz equation)　62, 110, 132, 134, 186

— 215 —

Hermite (エルミート) 多項式 (Hermite polynomial) 86

Jordan (ジョルダン) の補助定理 (Jordan's lemma) 96, 157, 171

Lagrange–Charpit (ラグランジュ–シャルピー) の方法 (Lagrange–Charpit method) 31

Lagrange (ラグランジュ) 関数 (Lagrangian) 40

Lagrange (ラグランジュ) の偏微分方程式 (Lagrange partial differential equation) 8, 18, 20

Laguerre (ラゲール) 多項式 (Laguerre polynomial) 86

Laplace (ラプラス) 変換 (Laplace transform) 146, 162

Laplace (ラプラス) 方程式 (Laplace equation) 51, 55, 94, 109, 110, 113, 156, 180

Legendre (ルジャンドル) 関数 (Legendre function) 71, 126, 206

Legendre (ルジャンドル) 多項式 (Legendre polynomial) 84, 207

Legendre (ルジャンドル) 陪関数 (associated Legendre function) 206, 209

Legendre (ルジャンドル) 変換 (Legendre transformation) 40, 46

Mellin (メリン) 変換 (Mellin transform) 147, 172

Monge (モンジュ) の錐面 (Monge cone) 16, 22

Neumann (ノイマン) 関数 (Neumann function) 87, 199

Neumann (ノイマン) 条件 (Neumann condition) 77

Parseval (パーセバル) の関係 (Parseval's relation) 88, 154, 174, 186

Poisson (ポアソン) の積分公式 126

Poisson (ポアソン) 方程式 (Poisson equation) 51, 55, 112

Rodrigues (ロドリーグ) の公式 (Rodrigues' formula) 207

Sturm–Liouville (スツルム–リウヴィル) 方程式 (Sturm–Liouville equation) 77

Volterra (ボルテラ) 方程式 (Volterra equation) 190

あ 行

アーベル方程式 → Abel 方程式

一般解 (general solution) 6, 24

因果律 (causality) 61, 103, 104

エルミート多項式 → Hermite 多項式

円環座標系 (toroidal coordinates) 76

円柱座標系 (circular cylindrical coordinates) 72

オイラー–ラグランジュ方程式 → Euler–Lagrange 方程式

か 行

解 (solution) 9, 56

階数 (order) 4

回転放物面座標系 (paraboloidal coordinates) 71

拡散定数 (diffusion constant) 51

拡散方程式 (diffusion equation) 51, 56, 62, 106, 110, 118, 169

過渡現象 (transient phenomena) 169

完全解 (complete solution) 23, 27

ガンマ関数 (gamma function) 149, 197

球 Bessel (ベッセル) 関数 (spherical Bessel function) 128, 204

球座標系 (spherical coordinates)　70
球面調和関数 (spherical surface harmonic function)　206, 209
境界条件 (boundary condition)　50

グラム–シュミットの直交化法 → Gram–Schmidt の直交化法
グリーン関数 → Green 関数
グリーンの公式 → Green の公式
クレイローの方程式 → Clairaut の方程式

計量 (metric)　63

コーシー条件 → Cauchy 条件
コーシー問題 → Cauchy 問題
誤差関数 (error function)　122, 171
固有関数 (eigenfunction)　77
固有関数展開 (eigenfunction expansions)　80
固有値 (eigenvalue)　77, 81

さ 行

最速降下線 (brachistochrone)　37

自己随伴表式 (self-adjoint differential operator)　92
縮退 (degenerate)　145
主要解 (principal solution)　94, 102, 106
準線形 (quasi-linear)　8, 18
初期条件 (initial condition)　11, 17, 21, 51
初期値問題 (initial value problem)　20, 56, 168
ジョルダンの補助定理 → Jordan の補助定理
随伴 Green (グリーン) 関数 (adjoint Green's equation)　102
随伴微分表式 (adjoint differential operator)　91

スツルム–リウヴィル方程式 → Sturm–Liouville 方程式

正準変換 (canonical transform)　42
正準方程式 (canonical equation)　41, 44
積分可能条件 (integrable condition)　29
積分曲面 (integral surface)　9, 56
積分変換 (integral transform)　137
積分方程式 (integral equation)　190
切断線 (cut)　170
線形 (linear)　5, 8, 52

双曲型偏微分方程式 (hyperbolic PDE)　54
双極座標系 (bipolar coordinates)　75
双極柱座標系 (bipolar cylindrical coordinates)　75
相反性 (reciprocity principle)　102

た 行

楕円型偏微分方程式 (elliptic PDE)　55
楕円柱座標系 (elliptic cylindrical coordinates)　73
たたみこみ (convolution)　154, 166, 176
ダランベール–ストークスの解 → d'Alembert–Stokes の解
ダランベールの解 → d'Alembert の解
単位階段関数 (unit step function)　90, 104, 161

調和関数 (harmonic function)　51
直角座標系 (rectangular coordinates)　64
直交曲線座標系 (curvilinear coordinates)　63
直交性 (orthogonality)　77
直交多項式系 (orthogonal polynomials)　84

ディリクレ条件 → Dirichlet 条件

218　索　引

デルタ関数 (delta function)　90, 152

特異解 (singular solution)　23
特解 (particular solution)　6, 24
特性曲線 (characteristic curve)　10, 14, 15, 17, 58
特性帯 (characteristic strip)　17
特性微分方程式 (characteristic differential equation)　10, 15, 58
特性方向 (characteristic direction)　14

　　　な　行

熱伝導方程式 (heat conduction equation)　56

ノイマン関数 → Neumann 関数
ノイマン条件 → Neumann 条件

　　　は　行

パーセバルの関係 → Parseval の関係
波動方程式 (wave equation)　50, 54, 83, 102, 110, 114, 141, 159
ハミルトンの主関数 → Hamilton の主関数
ハミルトンの方程式 → Hamilton の方程式
ハミルトン–ヤコビの方程式 → Hamilton–Jacobi の方程式
汎関数 (functional)　36
ハンケル関数 → Hankel 関数
ハンケル変換 → Hankel 変換
フーリエ式級数 → Fourier 式級数
フーリエ正弦変換 → Fourier 正弦変換
フーリエの積分公式 → Fourier の積分公式
フーリエ–ベッセル展開 seeFourier–Bessel 展開　88
フーリエ–ベッセルの積分公式 → Fourier–Bessel の積分公式
フーリエ変換 → Fourier 変換

フーリエ余弦変換 → Fourier 余弦変換
フレドホルム方程式 → Fredholm 方程式
ブロムウィッチ積分 → Bromwich 積分

ヘヴィサイド関数 → Heaviside 関数
ベータ関数 (beta function)　177, 198
ベッセル関数 → Bessel 関数
ベッセルの不等式 → Bessel の不等式
ヘルムホルツ方程式 → Helmholtz 方程式
変形された Bessel (ベッセル) 関数 (modified Bessel function)　110, 187, 205
変数分離 (separation of variables)　28, 61
偏長回転楕円体座標系 (prolate spheroidal coordinates)　67
偏微分方程式 (partial differential equation)　3
変分 (variation)　36
偏平回転楕円体座標系 (oblate spheroidal coordinates)　69

ポアソンの積分公式 → Poisson's integral formula
ポアソン方程式 → Poisson 方程式
放物型偏微分方程式 (parabolic PDE)　56
放物柱座標系 (parabolic cylindrical coordinates)　74
母関数 (generating function)　42, 201, 208
ボルテラ方程式 → Volterra 方程式

　　　ま　行

メリン変換 → Mellin 変換

モンジュの錐面 → Monge の錐面

　　　や　行

余誤差関数 (complementary error function)　122, 171

ら 行

ラグランジュ–シャルピーの方法 → Lagrange–Charpit の方法
ラグランジュの偏微分方程式 → Lagrange の偏微分方程式
ラゲール多項式 → Laguerre 多項式
ラプラシアン (Laplacian)　55
ラプラス変換 → Laplace 変換
ラプラス方程式 → Laplace 方程式

ルジャンドル関数 → Legendre 関数
ルジャンドル多項式 → Legendre 多項式
ルジャンドル陪関数 → Legendre 陪関数
ルジャンドル変換 → Legendre 変換

ロドリーグの公式 → Rodrigues の公式

東京大学工学教程

編纂委員会	光 石　　衛 (委員長)
	相 田　　仁
	北 森 武 彦
	小 芦 雅 斗
	佐 久 間 一 郎
	関 村 直 人
	高 田 毅 士
	永 長 直 人
	野 地 博 行
	原 田　　昇
	藤 原 毅 夫
	水 野 哲 孝
	吉 村　　忍 (幹事)

数学編集委員会	永 長 直 人 (主査)
	竹 村 彰 通
	室 田 一 雄

物理編集委員会	小 芦 雅 斗 (主査)
	押 山　　淳
	小 野 靖
	近 藤 高 志
	高 木 周
	高 木 英 典
	田 中 雅 明
	陳　　　　昱
	山 下 晃 一
	渡 邉　　聡

化学編集委員会	野 地 博 行 (主査)
	加 藤 隆 史
	高 井 ま ど か
	野 崎 京 子
	水 野 哲 孝
	宮 山　　勝
	山 下 晃 一

2014 年 12 月

著者の現職
佐野　理（さの・おさむ）
東京農工大学名誉教授

東京大学工学教程　基礎系　数学
偏微分方程式

　　　　　　平成 27 年 1 月 30 日　発　　　行
　　　　　　令和 4 年 11 月 20 日　第 3 刷発行

編　者　東京大学工学教程編纂委員会
著　者　佐　野　　理
発行者　池　田　和　博
発行所　丸善出版株式会社
　　　〒101-0051　東京都千代田区神田神保町二丁目17番
　　　編集：電話 (03)3512-3266／FAX (03)3512-3272
　　　営業：電話 (03)3512-3256／FAX (03)3512-3270
　　　https://www.maruzen-publishing.co.jp

ⓒ The University of Tokyo, 2015
印刷・製本／大日本印刷株式会社
ISBN 978-4-621-08904-0 C 3341　　Printed in Japan

JCOPY 〈(一社)出版者著作権管理機構　委託出版物〉
本書の無断複写は著作権法上での例外を除き禁じられています．複写される場合は，そのつど事前に，(一社)出版者著作権管理機構(電話 03-5244-5088, FAX 03-5244-5089, e-mail : info@jcopy.or.jp)の許諾を得てください．